# THESIS SERIES

Series Editor: Birgit Holzner, Tilmann D. Märk

*i*up • *innsbruck* university press

Diese Publikation wurde mit finanzieller Unterstützung
des österreichischen Bundesministeriums für Wissenschaft und Forschung
und der Leopold-Franzens-Universität Innbruck im Rahmen der
Druckkostenzuschüsse für österreichische Dissertationen gedruckt.


Universität Innsbruck, Vizerektorat für Forschung
1. Auflage


Umschlag: Gregor Sailer
Produktion: Books on Demand, Norderstedt

www.uibk.ac.at/iup

ISBN 978-3-902719-11-9

Birgit E. Schmid

# Beteiligungsorientierung in Unternehmen

Eine Studie zum Einfluss von partizipativen Strukturen und Verfahren auf die psychologische Bindung von Unternehmensmitgliedern

# Inhaltsverzeichnis

## Vorwort

Der Inhalt der vorliegenden Publikation basiert auf der im Jahr 2008 an der Leopold-Franzens-Universität Innsbruck eingereichten Dissertationsschrift *„Organisationale Demokratie und Commitment"*. Die Arbeit widmet sich der Frage nach den potentiellen Einflüssen beteiligungsorientierter Unternehmensstrukturen auf die psychologische Bindung von Unternehmensmitgliedern an ihre Organisation. Sie geht damit einer Fragestellung nach, die in der Arbeits- und Organisationspsychologie während vieler Jahre vernachlässigt worden ist, tatsächlich aber durchaus zukunftsweisende Bedeutung hat.

Die Dissertation entstand in Zusammenhang mit dem vom österreichischen Bundesministerium für Bildung, Wissenschaft und Kultur im Rahmen des Forschungsprogramms >*node*< geförderten Forschungsprojekts *ODEM – Organisationale Demokratie – Ressourcen für soziale, demokratieförderliche Handlungsbereitschaften*. Das Projekt wurde unter der Leitung von Univ.-Prof. Dr. Wolfgang G. Weber in den Jahren 2004 bis 2006 am Institut für Psychologie an der LFU Innsbruck durchgeführt. Für die Chance im Projekt mitzuarbeiten danke ich Wolfgang G. Weber. Ein besonderer Dank gilt auch den Ko-Betreuern der Arbeit a.o. Univ.-Prof. Anna N. Iwanowa und Univ.-Prof. Dr. Pierre Sachse sowie Prof. Dr. Dr. h.c. Eberhard Ulich für die Begutachtung und die damit verbundenen wertvollen weiterführenden Anregungen.

Inzwischen selber in Führungsverantwortung stehend und die Herausforderungen einer beteiligungsorientierten Führung und Gestaltung von Unternehmensstrukturen und –verfahren aus eigener Erfahrung kennend, hoffe ich, dass die Inhalte und Ergebnisse der Untersuchung nicht nur von der science community wahrgenommen, sondern vor allem auch von zahlreichen betrieblichen Praktikern aufgenommen und in ihren Führungsalltag integriert werden können. Dafür wünsche ich guten Mut und langen Atem.

Bad Neuenahr-Ahrweiler, im April 2009 — Birgit E. Schmid

# 1 Einleitung

Dank einer Reihe neuerer Studien (vgl. Global Workforce Study, 2006; Gallup Engagement Index, 2005) ist das Mitarbeiterengagement in letzter Zeit wieder neu in den Mittelpunkt des organisations- und wirtschaftspsychologischen Interesses gerückt. Dies belegt eine Reihe von Forschungsberichten und wissenschaftlichen Arbeiten, die in letzter Zeit vorgelegt wurden (u.a. Hauser, Schubert & Aicher, 2008; Weber et al., 2006; Nerdinger, 2006; Pundt & Nerdinger, 2006). Dieses neu belebte Interesse erwächst nicht zuletzt aus der drängenden Suche von Unternehmen und Organisationen nach einer Antwort auf die zunehmend existenzielle Frage, wie qualifizierte Mitarbeiter gewonnen und gehalten werden können. Dies ist natürlich alles verbunden mit der Erwartung, dass die Mitarbeitenden ein Höchstmaß an Leistungs- und Einsatzbereitschaft zeigen und dieses auch überzeugt einbringen, wenn es darauf ankommt – und das tut es aus Sicht der Unternehmen eigentlich immer. Dem entgegen steht eine neue Generation von gut ausgebildeten und qualifizierten Menschen, die sich nicht mehr nur über ihre Arbeit definieren und daher nicht so ohne weiteres bereit sind, sich ihren Arbeitsaufgaben mit Haut und Haar zu verschreiben, von ihren Unternehme(r)n aber gleichzeitig gute finanzielle Entlohnung, optimale Arbeitsbedingungen, einen sicheren Arbeitsplatz, geregelte Arbeitszeiten ohne Überstunden (mit Blick auf die Work-Life-Balance), menschliche Anerkennung und Wertschätzung, Sinngebung und Wohlbefinden fordern. Mit Blick auf eine globale Wirtschaft, bei der es keinen Gebietsschutz oder vergleichbare Schutzmechanismen für einzelne Produktionsstandorte und Absatzmärkte mehr gibt, wird die Auseinandersetzung mit dem nur andeutungsweise skizzierten Interessensgegensatz und seine Auflösung in eine win-win-Situation für beide Seiten zunehmend bedeutsam.

„Mitarbeiterbeteiligung motiviert die Belegschaft" oder „Beteiligte Mitarbeiter halten ihrem Betrieb die Treue". So oder in so ähnlicher Form wird immer öfters auch in der Tagespresse postuliert und damit suggeriert, dass Mitarbeiterbeteiligung starkes Engagement der Mitarbeitenden sowie eine enge Bindung der Mitarbeiter an das Unternehmen bewirkt. Doch lässt sich diese Heilsbotschaft so ohne weiteres verifizieren? Die bereits genannten Studien zeichnen ein wenig erfreuliches Bild, was das Mitarbeiterengagement betrifft. Der Gallup Engagement Index 2004 (Gallup, 2005) berichtet, dass lediglich 13 Prozent der Arbeitnehmer in Deutschland ihrer Arbeit mit vollem Engagement nachgehen. Die Global Workforce Studie aus den Jahren 2004 bis 2006 (Towers Perrin, 2006) enthält vergleichbare Ergebnisse. Demnach beschreiben sich nur rund 20 Prozent der Befragten als engagierte Mitarbeiter. Gleichzeitig wird in dieser Studie aber auch darauf verwiesen, dass sich Arbeitnehmer durchaus motivieren lassen. Als Treiber für Mitarbeiterengagement gelten:

- Kommunikation von Karrieremöglichkeiten
- Ausreichende Entscheidungsfreiheit
- Ruf des Unternehmens als Arbeitgeber
- Faire Vergütung im Vergleich zu Arbeitskollegen
- Angemessene Nebenleistungen
- Vorgesetzter versteht, was mich motiviert
- Work/Life-Balance
- Bindung von erfolgskritischen Mitarbeitern
- Programme und Anreize zur Gesundheitsvorsorge
- Vorgesetzte sind offen und zugänglich

In einem kürzlich publizierten Forschungsbericht zu *Unternehmenskultur, Arbeitsqualität und Mitarbeiterengagement in den Unternehmen in Deutschland* (Hauser, Schubert & Aicher, 2008) wird die Situation etwas besser bewertet als in den beiden zuvor genannten Studien. In der Untersuchung zeigen sich rund 40 Prozent der Mitarbeiter in Deutschland als eindeutig für ihre Arbeit und ihr Unternehmen engagiert. Die Autoren der Studie betonen dabei allerdings zu Recht, dass selbst diese 40 Prozent für eine nachhaltige Sicherung der Wettbewerbsfähigkeit langfristig nicht ausreichend sein dürften. Als Treiber für das Mitarbeiterengagement werden in dieser Studie vor allem Elemente der Unternehmenskultur benannt (ebd., S. 126):

- Teamorientierung: „Wir-Gefühl"
- Fairness: Vollwertiges Mitglied
- Förderung: Wertschätzung
- Fürsorge: Interesse an Person
- Führung: Kompetenz (Kompetente Leitung)
- Führung: Integrität (Vertrauen)
- Veränderungsfähigkeit und Innovation: Fähigkeiten entwickeln
- Führung: Kommunikation (Offene Antworten)
- Partizipation: Vorschläge und Ideen der Mitarbeiter
- Leistungsorientierung: Qualität als Leitsatz
- Kundenorientierung: Erfüllung von Kundenbedürfnissen

Diese Antworten auf die Frage nach den Treibern von Mitarbeiterengagement decken sich in weiten Teilen mit Ergebnissen der vorliegenden Studie. Dabei fällt allerdings durchaus kritisch auf, dass sich die genannten Treiber vorrangig auf Elemente der Unternehmens- und Führungskultur beschränken. Die Studien beschäftigen sich nicht mit Fragen der Aufbaustruktur von Unternehmen oder ihrer Betriebsverfassung, und wenn an einzelnen Stellen doch, dann relativ oberflächlich. Selbst Fairness wird auf die individuelle Wahrnehmung des Befragten als vollwertiges Mitglied des Teams eingegrenzt (siehe oben). Die Absicherung von Fairness als Strukturelement der Organisation bleibt dabei ausgeblendet.

Ohne Zweifel bestimmt gerade die Unternehmenskultur wesentlich die Art und Weise der Selbstorganisation von sozialen Gruppen und Unternehmungen. Ihre Wirksamkeit und Erfahrbarkeit im betrieblichen Alltag ist dabei allerdings sehr stark an Menschen und hier vorrangig an Führungspersönlichkeiten gebunden. Kultur braucht Fahnenträger, die die geteilten Normen und Werte der Organisation verkörpern und vorleben und sie damit erfahrbar und verbindlich machen. Das ist einerseits positiv zu bewerten, sind wir Menschen als soziale Wesen doch wesentlich aufeinander verwiesen und orientieren uns dadurch immer auch an glaubwürdigen Repräsentanten – wir lernen am Modell. Es gibt dabei aber auch eine Seite, die durchaus kritisch zu betrachten ist. Was geschieht, wenn der Fahnenträger die Bühne verlässt und eine neue Leitfigur auftritt mit anderen Werten und Vorstellungen? Nicht zuletzt in solchen Fällen ist es gut und hilfreich, wenn die grundlegenden Werte der Organisation so weit als möglich in der Verfassung der Organisation festgeschrieben und in der Aufbau- und Ablauforganisation strukturell verankert sind. In der vorliegenden Studie wird daher den Strukturmerkmalen der Organisationen im Bereich von Beteiligung/Partizipation/Mitbestimmung besonderes Augenmerk geschenkt. Dahinter steht die Überzeugung, dass eine substanzielle, in den Satzungen des Unternehmens verankerte Beteiligung von Organisationsmitgliedern an betrieblichen Entscheidungs- und Verteilungsprozessen einen wesentlichen Beitrag zur Bindung der Mitglieder an ihr Unternehmen leistet.

# 2 Der Mensch in der Organisation

*Die heutigen Menschen glauben,*
*dass man die Arbeit so einrichten müsse,*
*dass sie möglichst viel Ertrag abwerfe.*
*Das ist ein falscher Glaube;*
*man muss die Arbeit so einrichten,*
*dass sie die Menschen beglückt.*[1]

Paul Ernst
(1866-1933)

Organisationen gelten in der sozialwissenschaftlichen Literatur als „'soziale Werkzeuge', deren sich die Menschen[2] bedienen, um bestimmte Ziele zu erreichen" (Liebig, 2002, S. 151), als Ressourcenzusammenlegung individueller Akteure zur Steigerung ihrer eigenen Rendite bzw. zur Sicherung ihrer Eigeninteressen (vgl. Coleman, 1979, 1990), als „der Versuch, Kontexte zu markieren, und damit die Unendlichkeit der Deutungsmöglichkeiten von Situationen zu limitieren und koordiniertes Handeln zu ermöglichen" bzw. als „Versuch, die Vielfalt von Handlungsmöglichkeiten durch Regeln und andere Fest-Legungen einzuschränken" (Weiskopf, 2004, S. 214). Auch die Organisationspsychologie bedient sich sozialwissenschaftlicher Definitionen zur Explikation: „Eine Organisation ist ein soziales Gebilde, das bestimmte Ziele verfolgt und formale Regelungen aufweist, mit deren Hilfe die unter die Mitgliedschaftsbedingungen fallenden Aktivitäten der Mitglieder auf diese Ziele ausgerichtet werden sollen" (Scholl, 1995 in Anlehnung an Kieser & Kubicek, 1983).

Diese Bestimmungsversuche lassen ein wenig das Gefühl aufkommen, dass das Individuum in der Organisation nicht viel zu sagen hat. Zwar können sich laut obiger Definition die Menschen der Organisation quasi als Werkzeug bedienen, die Inanspruchnahme dieses Werkzeugs ist allerdings mit allerlei Einschränkungen verbunden. James Coleman (1979, 1990), der mit seiner Theorie korporativer Akteure eine fundierte Beschreibung von Organisationen und Gesellschaftsstruktur bietet, benennt diese Einschränkungen deutlich:

> Wenn Menschen sich zusammentun, um einen korporativen Akteur zu schaffen – sei dies nun ein Industrieunternehmen, eine Gewerkschaft, eine Nachbarschaftsvereinigung oder eine politische Partei –, so sehen sie sich mit einem Dilemma konfrontiert: Um in den Genuß der Vorteile zu kommen, die [sic] Or-

1 Quelle unbekannt

2 Zum Stichwort „Mensch" sei der Hinweis erlaubt, dass im gesamten Text selbstverständlich immer beide Geschlechter gemeint sind, auch wenn aufgrund der besseren Lesbarkeit in der Regel die maskuline Form gewählt wird.

> ganisation bietet, müssen sie die Nutzung gewisser Rechte, Ressourcen oder Macht an die Kooperation abtreten. Nur so kann der korporative Akteur die erforderliche Macht erhalten, um die Zwecke zu verfolgen, derentwegen er geschaffen wird. Dadurch jedoch, daß sie die Rechte überträgt, verliert jede Person weitgehend die Kontrolle über sie. Denn der korporative Akteur kann durchaus in einer Weise handeln, die sie nicht billigt. (Coleman, 1979, S. 25)

Nach dieser Analyse hat der Mensch in der Organisation, zumal in der formalen Organisation eines modernen korporativen Akteurs, tatsächlich einen schweren Stand. Trotzdem formieren sich tagtäglich Menschen zu neuen korporativen Akteuren oder geben sich in deren Dienst, in der Hoffnung, dass sie den erwarteten bzw. vereinbarten Ertrag für ihre eingebrachten Ressourcen erhalten.

## 2.1 Organisationstheoretische Grundlage

Ein korporativer Akteur wird erst durch die Übertragung der Verfügungsrechte über die Handlungen der natürlichen Personen zu einer handlungsfähigen Größe. Die Person schließt mit dem korporativen Akteur einen Vertrag, wonach dieser von den zur Verfügung gestellten Ressourcen der Person Gebrauch machen kann, indem er sie für Zwecke nutzt, von denen der Investor sich Vorteile erhofft. Der Verlust der Kontrolle über die eigenen Ressourcen wird in der Hoffnung ertragen, dass damit weit größere Vorteile verbunden sein mögen, als wenn er die Ressourcen unter eigener Verfügung halten würde.

> Die Organisation ermöglicht es ihren Mitgliedern, Spiele zu spielen, denen sie sich nicht mit Haut und Haar verschreiben müssen. Sie trennt ihre Zwecke von denjenigen der Mitglieder – und ermöglicht sich eben dadurch eine Verfügungsfreiheit und eine nur ihr eigene Verfahrensrationalität, die sie nicht besäße, wenn Mitgliedschaftsmotiv und Organisationszweck zusammenfielen. (Walter-Busch, 1996)

Mit dieser Verfügungsfreiheit verbunden ist aber auch ein ernsthaftes Steuerungsproblem der Organisation. Als juristische Person ist sie auf die Leistungsbereitschaft bzw. Vertragserfüllung der natürlichen Personen, also ihrer Mitglieder, angewiesen. Da Verträge per se nicht alle Tätigkeiten bzw. Verhaltensweisen bis ins Detail regeln können („zone of indifference", Barnard, 1938), ist es notwendig Personen mit der Koordination bzw. Kontrolle der Leistungserbringung zu betrauen. Um nicht in Abhängigkeit von den natürlichen Personen zu geraten, kommt es zur Trennung von Person und Position und damit zum Aufbau eines Herrschaftsverbands und einer Positionsstruktur.

Die Herrschaftsbeziehung zwischen korporativem Akteur und Agenten wird durch eine Verfahrensordnung (Vanberg, 1983) bzw. durch die Verfassung (Coleman, 1979, 1990) geregelt. Nach Coleman besteht die Verfassung eines Unternehmens im „Vertrag zwischen der Person als der Quelle der Macht, und dem korporativen Akteur, als demjenigen, der die Macht ausübt" (Coleman, 1979, S. 30). Hierin wird festgehalten, „welche Handlungen die Personen zu vollziehen haben und über welche Rechte sie dabei verfügen. ... Die Ausübung der Herrschaft geschieht dann dadurch, dass die Personen, die vom korporativen Akteur damit betraut wurden, die Einhaltung der formalen und informalen Regeln sanktionieren" (Liebig, 2002, S. 158). Als weiteres Mittel um die Abhängigkeit von individuellen Personen möglichst zu vermeiden, dient der Organisation die Positionsstruktur. Nach Luhmann (1964) wird in ihr eine Trennung von Person und Position vorgenommen. Damit soll sichergestellt werden, dass auch tatsächlich die Ziele und Interessen des korporativen Akteurs verfolgt werden. Bei der Gründung eines korporativen Akteurs kommt es daher zu allererst zu einer Definition der für die Zielerreichung notwendigen Fertigkeiten und Fähigkeiten. Diese werden in Form von Stellenbeschreibungen, d.h. Positionen festgehalten. Erst danach werden diese Positionen auch mit natürlichen Personen besetzt.

Damit kann der korporative Akteur seine Unabhängigkeit von individuellen Akteuren weitestgehend sicherstellen. Doch das eigentliche Steuerungsproblem – Wie bekomme ich als korporativer Akteur von meinem Mitgliedern die Leistung, die ich haben möchte? – ist damit noch nicht wirklich gelöst. Tatsächlich bedeutet der Vollzug der Mitgliedschaft nicht gleichzeitig auch, dass die geforderten bzw. vertraglich zugesicherten Leistungen in vollem Umfang erbracht werden (Luhmann, 1964). Die Vorenthaltung der dem korporativen Akteur zugesagten Leistungen kann verschiedene Gründe haben. Coleman selbst führt sie auf die Interessendivergenz zwischen dem korporativen Akteur und seinen Mitgliedern zurück. Dies lässt sich anhand der „principal-agent"-Theorie (Moe, 1984; Coleman, 1990) verdeutlichen. Die Mitarbeiter einer Organisation müssen als „agents" dem Träger der Organisation als „principal" bestimmte Leistungen erbringen, um dafür einen bestimmten Lohn zu erhalten. Im Sinne des homo oeconomicus tendiert der „agent" nun dazu, sich diesen Lohn mit dem kleinstmöglichen Aufwand seinerseits zu sichern, also nur die unbedingt notwendige Arbeit dafür zu erbringen. Es lässt sich trefflich und begründet darüber streiten, ob mit dem Bild des homo oeconomicus ein wesenskonformes Menschenbild gezeichnet wird, oder ob der Mensch darin nicht reduziert wird auf eine Spielart seines vielfältigen Verhaltensrepertoires, welches nicht unabhängig von bestimmten Situationsmerkmalen sein wird. Tatsächlich könnte man auch argumentieren, dass der Mensch vor allem dort zum homo oeconomicus wird, wo er meint nicht zu dem zu kommen, was ihm seiner Meinung nach zusteht, wo er sich eventuell ausgenutzt fühlt, insgesamt also keine positive psychologische Bindung an das Unternehmen aufbaut, aufbauen kann oder aufbauen will. Derartigen Situationen kann ein Verhalten entwachsen, das auch als *shirking* bezeichnet wird und verschiedenste Ausprägungen annehmen kann. „Many kinds of behavior in bureaucracies derive from this fundamental defect: stealing from an employer, loafing on job, featherbedding (in which two persons do the work of one), padding of expense accounts, use of organizational resources for personal ends, and waste" (Coleman, 1990, S. 79). In dieser Aufzählung sind Verhaltensweisen genannt, die dem Ausführenden dienen und der Organisation Schaden beifügen. Ganz unabhängig davon, ob dies bewusst oder unbewusst vom Ausführenden in Kauf genommen wird, ist es nach unseren gängigen Wertvorstellungen Unrecht, das hier verübt wird. Ob dies von den Personen auch als solches wahrgenommen und bewertet wird, hängt von verschiedenen externen, wie auch personeninternen Faktoren ab. Es gibt aber durchaus organisationale Merkmale, welche ein solches Verhalten befördern können, beispielsweise wenn Mitarbeiter die betrieblichen Verteilungsverfahren als intransparent und ungerecht erleben und bewerten (vgl. Greenberg, 1990).

Das grundlegende Steuerungsproblem wird aus dem Blickwinkel der Organisationstheorie jedenfalls darin gesehen, die Mitglieder dazu zu bewegen, ihre Handlungen auf die Interessen und Ziele des korporativen Akteurs abzustimmen. Die organisationswissenschaftliche Literatur ist voller Inhalte, die sich diesem Steuerungsproblem im weitesten Sinne widmen. Stichworte hierfür sind beispielsweise Motivationsforschung, Entwicklung von Anreizsystemen, Stärkung der Identifizierung der Mitarbeiter und ganz aktuell die neu boomende Leadership-Forschung. Ziel all dieser Ansätze ist es die Nutzenabwägung des Individuums positiv zu beeinflussen und dadurch die gewünschte Leistung oder gar darüber hinausgehendes Extrarollen-Verhalten zu generieren (vgl. Nerdinger, 1998; Konovsky & Organ, 1996).

Ein weiterer Ansatz das Steuerungsproblem zu lösen stammt von Coleman (1990) selbst. Dabei setzt er direkt bei der Austauschbeziehung zwischen dem korporativen und dem individuellen Akteur an. Diese Austauschbeziehung sieht er aufgrund des Herrschaftsverbandes asymmetrisch zu Gunsten des korporativen Akteurs bzw. zu Ungunsten des individuellen Akteurs ausgeprägt: „The usage rights are increasingly in the hands of corporate bodies, and the benefits remain in the hands of individual persons. The result is a population that is increasingly alienated from direct control over its resources and increasingly supported by a set of corporate bodies in whom it has vested that direct control" (Coleman, 1990, S. 457). Als Lösungsansatz schlägt er vor, korporative Akteure den kollektiven Akteuren ähnlicher zu machen und den Mitgliedern mehr Mitspracherechte bei der Formulierung der Akteursziele einzuräumen (Liebig, 2002). Über diese Maßnahme soll die Identifikation der Mitglieder mit den Zielen und Interessen erhöht werden. Der Gedanke dahinter ist, dass Personen, die ihre eigenen Interessen durch den korporativen Akteur verwirklicht sehen, die Einschränkungen, die mit dem nach wie vor existierenden Herrschaftsverband und der Positionsstruktur verbunden sind, weniger wahrnehmen. Man könnte Colemans Vorschlag dahin gehend deuten, dass er zu mehr Demokratie in Unternehmen, möglicherweise gar zur Selbstverwaltung aufruft, ist mit dieser

Organisationsform die stärkste Abflachung des Herrschaftsverbandes verbunden. Doch das wäre sicherlich eine sehr gewagte Auslegung des Colemanschen Ansatzes.

Tatsächlich legt der Mensch unserer Zeit und unserer westlichen Kultur großen Wert auf seine Autonomie und Selbstbestimmtheit. Über lange Zeit hinweg anwachsender Wohlstand, technischer Fortschritt sowie politische Stabilität haben ihm den Eindruck uneingeschränkter Mobilität, Unabhängigkeit und Freiheit vermittelt. Er bewegt sich frei wohin er will, er bestimmt, was er wann und wie tut und vor allem, wann er Lust dazu hat. Er erlebt sich als das Subjekt des eigenen Handelns (Klages, 2001), zumindest trifft dies auf den Freizeit- und Privatbereich zu. Nun besteht das Leben aber nicht nur aus Freizeit und Vergnügen, sondern zu einem wesentlichen Teil auch aus Arbeit. Real sind die meisten Menschen mehr oder weniger gezwungen, sich ihren Lebensunterhalt zu verdienen und dafür mit ihren Talenten und Ressourcen zu handeln bzw. zu arbeiten. Es gilt nach wie vor, dass die Lebensbedingungen der Menschen weitestgehend durch die Formen, Inhalte und Produkte gesellschaftlich organisierter Arbeit bestimmt sind. „Arbeit ist und bleibt also eine Konstituante menschlicher Existenz und ihrer gesellschaftlichen Regelungen" (Hoff, Lappe & Lempert, 1985, S. 8). Diese besondere Bedeutsamkeit von Arbeit für den Menschen bzw. die menschliche Gesellschaft lässt zunächst einmal nach dem Begriff und der Geschichte der Arbeit fragen.

## 2.2 Zum Begriff der Arbeit

Nach Riedel (1973) hat das Wort *Arbeit* seinen Ursprung im germanischen *arba* (= Knecht). Neuere Forschungen sehen im germanischen **arbējiðiz* (got. = Mühsal, Not) den Ursprung für das althochdeutsche *arbeit, arabeit, arebeit*, für das sich in allen germanischen Dialekten Entsprechungen finden. Die Etymologie ist noch unsicher. Man nimmt an, dass das Wort mit dem indoeuropäischen **orbh-s* („verwaist", „ein zu schwerer körperlicher Tätigkeit verdungenes Kind", vgl. auch griechisch *orphanós*, lateinisch *orphanus*, französisch und englisch *orphan* „Waise") oder auch mit dem altslawischen *robota* bzw. *rabota* (Knechtschaft, Sklaverei) verwandt ist. Im Französischen leitet sich das Wort Arbeit *(travail)* von einem frühmittelalterlichen Folterinstrument ab. Sowohl das italienische *lavoro* wie auch das englische *labour* gehen auf das „Mühe" bedeutende lateinische *labor, laborare* zurück (Heide, 2002).

Der Wortgeschichte entsprechend ist Arbeit den Großteil der Geschichte hindurch negativ besetzt und keineswegs als erstrebenswertes oder begehrenswertes Gut betrachtet worden. Bereits in der Antike herrschte eine eher skeptische Betrachtung von Arbeit vor. Arbeit stand sowohl mit Freiheit als auch mit Bürgerrechten in Spannung. In der jüdisch-christlichen Tradition gilt Arbeit als

Fluch und Segen, ebenso wie als Strafe und Auftrag zugleich (vgl. Gen 3,14-19; Ps 90,10; Ps 128,2; Matth 6,28; Lk 5,5; Lk 10,2 u.a.). Selbst in einigen Mönchsregeln, die entschieden für die Arbeit als göttlichen Auftrag plädieren, finden sich Anklänge an die Arbeit als Buße für die menschliche Sündhaftigkeit. Im Laufe der Entwicklung verliert sich zwar dieser Aspekt des „Erdulden müssen" und der Passivität, Arbeit ist aber auch im Mittelhochdeutschen noch eine eher mühselige und unterwürfige Tätigkeit, die vorrangig von denen verrichtet wird, die es notwendig haben ihren Lebensunterhalt zu verdienen. Diese Wertung hält sich bis Ende des Mittelalters. Vor allem durch Luther gewinnt Arbeit eine neue, positivere Bedeutung (vgl. protestantische Arbeitsethik). Im Zuge der Reformation und der lutherischen Bibelübersetzung bekommt Arbeit die Bedeutung einer „zweckmäßigen beruflichen Tätigkeit" mit der Konnotation von kreativem Schaffen (vgl. Heide, 2002). Wenn Karl Marx allerdings rund 200 Jahre später von der „Selbsterzeugung" des Menschen durch die Arbeit spricht, steht dies in vollkommenem Gegensatz zum jüdisch-christlichen Verständnis, nachdem sich der Mensch „dem Schöpfungshandeln Gottes verdankt" (hier und im folgenden Wannenwetsch, 2004, S. 41f.). In der christlichen Theologie und Gesellschaftslehre gehört die Arbeit zur „Grundausstattung der Schöpfung". Schon in der Schöpfungsgeschichte wird der Mensch beauftragt den Garten Eden zu bebauen und zu bewahren (Gen 2,15). Dabei sind die beiden hebräischen Begriffe *abad* (bebauen) und *schamar* (bewahren) am ehesten mit dem deutschen Wort „wirken" zu übersetzen, einem „Tätigsein, das nicht erst im Werk, sondern in sich selbst - im Wirken - sinnvoll ist" (ebd.). Erst mit dem Sündenfall, dem sich Erheben des Menschen gegenüber seinem Schöpfer, dem Drang Gott gleich zu sein, bekommt die Arbeit eine andere Qualität: Arbeit als *amal*, als „Mühsal" oder „schwere Last". „Im Schweiße deines Angesichts sollst du dein Brot essen" (Gen 3,18). Die Mühsal ist von nun an bleibend mit der Arbeit des Menschen verbunden oder nach Wannenwetsch: „Brot ist der Arbeit verheißen, nicht aber die Emanzipation von der Mühsal" (ebd., S. 43). Der Selbsterzeugung des Menschen durch die Arbeit bei Marx steht bei Luther (vgl. Luther, 1883) entgegen, dass der Mensch wohl arbeiten solle und muss, aber daneben doch wissen möge, dass Gottes Segen ihn nährt, weil nämlich Gott ohne des Menschen Arbeit nichts schenkt. Arbeit ist demnach Mittel zum Leben, nicht Quelle und nicht Zweck. Sie ist das Mittel, ohne das Gott nichts gibt (vgl. Luther, 1883). Theologisch ist Arbeit als ein elementares Schöpfungsgut zu betrachten und soll daher allen Menschen zugänglich sein. In der Pastoralkonstitution „Gaudium et spes" (Die Kirche in der Welt von heute) formuliert das Zweite Vatikanische Konzil dies 1965 wie folgt:

> Die in der Gütererzeugung, der Güterverteilung und in den Dienstleistungsgewerben geleistete menschliche Arbeit hat Vorrang vor allen anderen Faktoren des wirtschaftlichen Lebens, denn diese sind nur werkzeuglicher Art.

> Die Arbeit nämlich, gleichviel, ob selbständig ausgeübt oder im Lohnarbeitsverhältnis stehend, ist unmittelbarer Ausfluß der Person, die den stofflichen Dingen ihren Stempel aufprägt und sie ihrem Willen dienstbar macht. Durch seine Arbeit erhält der Mensch sein und der Seinigen Leben, tritt in tätigen Verbund mit seinen Brüdern und dient ihnen; so kann er praktische Nächstenliebe üben und seinen Beitrag zur Vollendung des Schöpfungswerkes Gottes erbringen. Ja wir halten fest: Durch seine Gott dargebrachte Arbeit verbindet der Mensch sich mit dem Erlösungswerk Jesu Christi selbst, der, indem er in Nazareth mit eigenen Händen arbeitete, der Arbeit eine einzigartige Würde verliehen hat. Daraus ergibt sich für jeden Einzelnen sowohl die Verpflichtung gewissenhafter Arbeit wie auch das Recht auf Arbeit; Sache der Gesellschaft aber ist es, nach jeweiliger Lage der Dinge für ihren Teil behilflich zu sein, dass ihre Bürger Gelegenheit zu ausreichender Arbeit finden können. Schließlich ist die Arbeit so zu entlohnen, dass dem Arbeiter die Mittel zu Geboten stehen, um sein und der Seinigen materielles, soziales, kulturelles und spirituelles Dasein angemessen zu gestalten – gemäß der Funktion und Leistungsfähigkeit des Einzelnen, der Lage des Unternehmens und unter Rücksicht auf das Gemeinwohl. (Gaudium et spes, 2. Hauptteil, III. Abschnitt, zit. nach Rahner und Vorgrimler, 1966, S. 522)

In der Aufklärung wurde Arbeit zum Naturrecht des Menschen (Jean-Jacques Rousseau) und zur einzigen Legitimation für die Schaffung von Eigentum (John Locke) erklärt. Schließlich kommt es zur Proklamation des *Rechts auf Arbeit* (Charles Fourier, 1808). In der deutschen Philosophie wird nach Kant die Arbeit zur Existenzbedingung und sittlichen Pflicht. Hegel hingegen führt schon frühzeitig den Begriff der „Entfremdung" ein. Die im Zuge der Industrialisierung stattfindende Verschiebung von der freien Arbeit hin zur abhängigen Arbeit bzw. Arbeitern als Ware und die damit einhergehende Verelendung großer Teile der Arbeiterschaft (Kinderarbeit, Arbeitsunfälle und -krankheiten, drückende Akkordarbeit) betrachtet er als wesentliche Merkmale der neu aufkommenden „sozialen Frage". In den Folgen dieser Arbeitsumstände kann der Arbeiter zum Produkt seiner eigenen Arbeit keine Beziehung mehr entwickeln. Es gibt nur noch das bare Lohnverhältnis, was Arbeit zunehmend sinnentleert macht. Der Begriff der Entfremdung wird von Karl Marx in seiner „Kritik der politischen Ökonomie" aufgegriffen. Für den lohnabhängigen Arbeiter sind der Zweck und das primäre Ziel der Arbeit der Arbeitslohn und nicht die Ergebnisse und Qualität seiner Arbeit (Werthaltigkeit), was seine *konkrete* Arbeit zu *entfremdeter* Arbeit macht. Marx kritisiert, dass der Lohnarbeiter gezwungen ist, seine Arbeitskraft an die Produzenten zu verkaufen, wodurch die Arbeitskraft selbst Warencharakter bekommt (Zweckrationalität). In diesem Verständnis kann Selbstverwirklichung nur außerhalb der Arbeit möglich werden, kann der Mensch das Leben, auf das es ihm eigentlich ankommt, nur in seiner Freizeit führen. Insofern kann zunehmende Selbstverwirklichung nur in der Verringerung bzw. Abschaffung von Arbeit verwirklicht werden. Demgegenüber spricht Kurt Lewin (1920) von den „zwei Gesichtern" der Arbeit und betont die Notwendigkeit, unerfreuliche Arbeit soweit als möglich in Arbeit mit eigenem Lebenswert zu verwandeln:

> Beruf sowohl wie Arbeit treten dem einzelnen mit zwei verschiedenen Gesichtern entgegen.
>
> Arbeit ist einmal Mühe, Last, Kraftaufwand. Wer nicht durch Renten oder Herrschaft oder Liebe versorgt ist, muss notgedrungen arbeiten, um seinen Lebensunterhalt zu verdienen. Arbeit ist unentbehrliche Voraussetzung zum Leben, aber sie ist selbst noch nicht wirkliches Leben. Sie ist nichts als ein Mittel, ein Ding ohne eigenen Lebenswert, das Gewicht hat nur, weil es die Möglichkeit zum Leben schafft, und zu bejahen ist nur, sofern es solche schafft. Wie man nicht lebt, um zu essen, sondern isst, um zu leben, so arbeitet man wohl notgedrungen, um zu leben, aber man lebt nicht, um zu arbeiten ... Darum Arbeit so kurz und bequem wie möglich! Also ökonomischste Gestaltung des Arbeitsprozesses. Aller Fortschritt in Arbeitsdingen gehe auf Erleichterung der Arbeitsmühe und Erhöhung ihrer Leistungsquote, sein Ziel sei möglichste Befreiung vom Zwang zur Arbeit durch Herabdrücken ihrer zeitlichen Ausdehnung und ihres Gewichtes den andern Lebensdingen gegenüber auf ein Minimum ...
>
> Demgegenüber das andere Gesicht der Arbeit:
>
> Die Arbeit [ist] dem Menschen unentbehrlich in ganz anderem Sinne. Nicht weil die Notdurft des Lebens sie erzwingt, sondern weil das Leben ohne Arbeit hohl und halb ist. Auch vom Zwange der Notdurft befreit, sucht jeder Mensch, der nicht krank oder alt ist, eine Arbeit, irgend ein Wirkungsfeld. Dieses Bedürfnis nach Arbeit, die Flucht vor dauerndem Müßiggang, die bei zu kurzer Arbeitszeit zur Arbeit außerhalb des Berufes treibt, beruht nicht auf bloßer Gewohnheit zu arbeiten, sondern gründet sich auf den „Lebenswert" der Arbeit ... Diese Fähigkeit der Arbeit, dem individuellen Leben Sinn und Gewicht zu geben, wohnt irgend wie jeder Arbeit inne, ob sie schwer oder leicht, abwechslungsreich oder monoton ist, sofern sie nur keine Scheinleistungen hervorbringt, wie das sinnlose Hin- und Herstapeln von Holz in Gefängnishöfen; sie kommt freilich verschiedenen Arbeiten in sehr verschiedenem Maße zu. Weil die Arbeit selbst Leben ist, darum will man auch alle Kräfte des Lebens an sie heranbringen und in ihr auswirken können. Darum will man die Arbeit reich und weit, vielgestaltig und nicht krüppelhaft beengt. Darum sei Liebe zum Werk in ihr, Schaffensfreude, Schwung, Schönheit. Sie hemme die persönliche Entwicklungsmöglichkeit nicht, sondern bringe sie zur vollen Entfaltung. Der Fortschritt der Arbeitsweise gehe also nicht auf möglichste Verkürzung der Arbeitszeit, sondern auf Steigerung des Lebenswerts der Arbeit, mache sie reicher und menschenwürdiger. (Lewin, 1920, S. 11-12)

Humanistische Konzeptionen von Arbeit schließen sich dem weitestgehend an und stellen den Anspruch, menschliche Arbeit auch und besonders dort, wo sie zweckrational orientiert ist, in eine Form von Arbeit „umzugestalten", in der der Mensch vom reinen Objekt zum geachteten und aktiven Subjekt (Quaas, 2006) wird. Eine derartige Form lässt personal sinnvolle Tätigkeit und die Herstellung/Produktion von Waren zusammenfallen und erschwert auch die Anwendung rein ökonomischer Rationalitätskriterien auf den Arbeitsprozess. Der Mensch wird hier wieder vom Mittel der Arbeit zum Mittelpunkt der Arbeit[3].

Heutige Definitionen von Arbeit an sich sind vielfältig und vor allem abhängig vom Kontext bzw. der jeweiligen wissenschaftlichen Disziplin. So bedeutet das Wort Arbeit u.a. die zielgerichtete, zweckgebundene menschliche Verrichtung allgemeiner Art, in der Philosophie die bewusste schöpferische Auseinandersetzung des Menschen mit der Natur und der Gesellschaft, in der Soziologie die zielbewusste und sozial durch Institutionen abgestützte Tätigkeit, in der Volkswirtschaftslehre einen Produktionsfaktor, in der Theologie schließlich ist die Arbeit ein Gut für den Menschen, weil er durch die Arbeit nicht nur die Natur umwandelt und seinen Bedürfnissen anpasst, sondern auch sich selbst als Mensch verwirklicht, ja gewissermaßen "mehr" Mensch wird (siehe oben). „In einem sehr allgemeinen Sinne heißt >A.< jede menschliche Tätigkeit, die um der Herstellung zweckdienlicher Situationen und Gegenstände willen ausgeführt wird." (Enzyklopädie Philosophie und Wissenschaftstheorie, S. 151). Im Brockhaus (1997) findet sich die Definition von Arbeit als „bewusstes, zielgerichtetes Handeln des Menschen zum Zweck der Existenzsicherung wie der Befriedigung von Einzelbedürfnissen; zugleich wesentliches Moment der Daseinserfüllung" (S. 234). Arbeitspsychologen schließlich definieren Arbeit als „zielgerichtete menschliche Tätigkeit zum Zwecke der Transformation und Aneignung der Umwelt aufgrund selbst- oder fremddefinierter Aufgaben, mit gesellschaftlicher, materieller oder ideeller Bewertung, zur Realisierung oder Weiterentwicklung individueller oder kollektiver Bedürfnisse, Ansprüche und Kompetenzen" (Semmer & Udris, 1995, S. 134).

Die Arbeits- und organisationspsychologische Forschung beschäftigt sich seit ihren Anfängen (vgl. Lewin, 1920) mit der Frage, welche Arbeit gut für den Menschen ist (Volpert, 1994). Im Sinne einer humanistischen Arbeitswissenschaft formulierten verschiedene Autoren Kriterien, denen Arbeitsbedingungen entsprechen sollen, damit sie entwicklungs- und lernförderliche Wirkpotenziale für den Menschen bereitstellen. Volpert (1994) beispielsweise definiert folgende neun Humankriterien:

(1) Handlungsspielraum
(2) Zeitlicher Spielraum
(3) Strukturierbarkeit
(4) Freiheit von Regulationsbehinderungen
(5) ausreichende und vielfältige körperliche Aktivität
(6) Beanspruchung vielfältiger Sinnesqualitäten
(7) konkreter Umgang mit realen Gegenständen und sozialen Situationen

---

[3] Vergleich dazu das bekannte Wortspiel bei Oswald Neuberger: „Der Mensch ist Mittelpunkt. Der Mensch ist Mittel. Punkt."

(8) zentrierte Variabilität (im Sinne wenig standardisierter, abwechslungsreicher Arbeitsbedingungen, die vielfältige Erfahrungen ermöglichen) und
(9) Kooperation und unmittelbarer zwischenmenschlicher Kontakt.

Aus Sicht einer allgemeinen Arbeitspsychologie lassen sich in Anlehnung an Hacker (1998) fünf Gestaltungs- und Bewertungskriterien menschengerechter Arbeit formulieren:

(1) Erwartungsgerechte Ausführbarkeit
(2) Schädigungslosigkeit
(3) Beeinträchtigungsfreiheit
(4) Persönlichkeitsförderlichkeit
(5) Sozialverträglichkeit

Mit dem Kriterium der Sozialverträglichkeit ist dabei implizit bereits eine ethische Komponente menschengerechter Arbeitsgestaltung angesprochen, die über den individuellen Arbeitsplatz und die konkret betroffene Person hinausgeht und eine gemeinwesenbezogene, gesellschaftliche Komponente von Arbeits- und Organisationsgestaltung anspricht. Ulich (2001, S. 147) bezeichnet Arbeitstätigkeiten als human, wenn sie „die psychophysische Gesundheit der Arbeitstätigen nicht schädigen, ihr psychosoziales Wohlbefinden nicht – oder allenfalls vorübergehend – beeinträchtigen, ihren Bedürfnissen und Qualifikationen entsprechen, individuelle und/oder kollektive Einflussnahme auf Arbeitsbedingungen und Arbeitssysteme ermöglichen und zur Entwicklung ihrer Persönlichkeit im Sinne der Entfaltung ihrer Potenziale und Förderung ihrer Kompetenzen beizutragen vermögen".

In seinem jüngst erschienen Positionspapier zum aktuellen Stand der Arbeitswissenschaft und den daraus resultierenden Aufgaben für die zukünftige Weiterentwicklung des Faches, insbesondere auch einer konkreten Psychologie der Tätigkeit, formuliert Wolfgang Quaas (2006, S. 144) fünf Forderungen an eine „Humanistische Arbeitswissenschaft". Eine solche Arbeitswissenschaft muss:

1. auf den Menschen bezogen sein.
2. ein adäquates Menschenbild beinhalten, das ein adäquates und zeitgerechtes Bild des Beziehungsgefüges Mensch-Arbeit einschließt.
3. dem Menschen dienlich sein.
4. den Menschen nicht nur als Objekt, sondern zugleich auch als geachtetes und aktives Subjekt der Analyse und Gestaltung seiner Arbeits- und Lebenssituation verstehen.
5. eine eigene auf Menschenwürde gerichtete Fachethik entwickeln.

Arbeit ist für Quaas ein „durch Erleben und Handeln realisierter Wertschöpfungsprozess„ und das „vielfach beschworene sogenannte ‚Dilemma' zwischen

Humanität und Wirtschaftlichkeit in der Arbeit" auch kein wirkliches Dilemma der Arbeit, „sondern allenfalls ein Dilemma arbeitsbezogener Analysen und Zielstellungen (Vereinseitigung, Vernachlässigung von Wechselwirkungspotenzialen, Zielkonflikte). Arbeit ist mit dem Charakter eines Wertschöpfungsprozesses immer auch auf Wirtschaftlichkeit und Verbrauchsbegrenzung und das Bestreben nach rationeller Ausführung bzw. Innovation gerichtet" (Quaas, 2006, S. 156). Effizienzstreben und Rationalisierung gehören denn auch zum Wesen der menschlichen Arbeit und sind zugleich Ausdruck der Anlage des Menschen auf Entwicklung hin (vgl. Lewin, 1920). Das Setzen und Verfolgen wirtschaftlicher Ziele wird daher als legitim und unterstützenswert betrachtet, „solange sie nicht zu inakzeptablen Personen- und Sozialwirkungen führen. Ja mehr noch: das Streben nach Effizienz und Verbesserung und damit auch Innovationen ist zugleich eine wichtige Entäußerung des Menschseins, eine Form seiner Selbstverwirklichung, die bewusst auch menschengerecht zu gestalten ist" (Quaas, 2006, S. 156).

Wie steht es nun aber um die Umsetzung arbeitswissenschaftlicher Forderungen und Erkenntnisse in der betrieblichen Realität korporativer Akteure? Gilt nicht nach wie vor, dass man am Werkstor seine Bürgerrechte oder in der Terminologie Colemans gesprochen, die Verfügungsmacht über einen wesentlichen Teil seiner Rechte und Ressourcen abgibt?

## 2.3 Organisationsbürgerrechte in Zeiten einer „halbierten Demokratie"

Der Soziologe und Philosoph Ulrich Beck spricht in diesem Zusammenhang von der „halbierten Demokratie" (u.a. Beck, 1996). Während der einzelne Bürger in seinem privaten und politischen Leben Demokratie weitestgehend praktizieren kann (zumindest in unserem Kulturkreis), ist diese demokratische Teilhabe in der Arbeitswelt und der Privatwirtschaft stark eingeschränkt. Zusätzlich übersteigt die Macht transnational agierender korporativer Akteure inzwischen immer deutlicher die Definitions-, Steuerungs- und Gestaltungsmacht nationaler Politik. Es drängt sich daher die durchaus berechtigte Frage auf, ob auf diese Weise nicht die Grundfesten der Demokratie an sich unterlaufen werden (u.a. Weber, 2004; Barber, 1994). Hier schließt sich denn auch der Diskurs über die so genannten Bürgerrechte im Unternehmen an. Während im politischen Kontext *Partizipation* beispielsweise die Beteiligung der Mitglieder einer Gesellschaft an *demokratischen* Entscheidungsprozessen bezeichnet, steht sie im Kontext von Arbeit und Organisationen für die „Beteiligung an *herrschaftlichen* Entscheidungsprozessen, denen keine Legitimierung von Herrschaft durch Wahlen vorangingen" (Moldaschl, 2004, S. 219). Selbst von Seiten der Unternehmerschaft gibt es hierzu kritische Stellungnahmen, wie folgendes Zitat des brasilianischen (Reform)Unternehmers Ricardo Semler (1995) belegt:

> Im Zeitalter des Schlagworts von der neuen Weltordnung glaubt fast jeder, dass alle Menschen ein Recht darauf haben, die zu wählen, welche sie führen sollen, zumindest im öffentlichen Bereich. Aber noch hat die Demokratie nicht Einzug in die Arbeitswelt gehalten. Noch immer können in den Büros und Fabriken auf der ganzen Welt Diktatoren und Despoten schalten und walten. (Semler, 1995, S. 233)

Der Beschäftigte als Mitglied eines korporativen Akteurs ist also nicht im Vollbesitz seiner bürgerlichen Rechte. Nach der Einschätzung führender Wirtschaftsethiker „ein unhaltbarer Zustand in einer zivilisierten, offenen Gesellschaft" (Ulrich, 2004, S. 179). Mit dem Konzept der „Wirtschaftsbürgerrechte" (Ulrich, 2001, 2004) oder des „Organisationsbürgers" (Steinmann & Löhr, 1994) wird daher auch eine stärkere Verankerung der Grundsätze freiheitlich-demokratischer Gesellschaften im Arbeitsleben angestrebt. Gleichzeitig wird auch stärker funktionellen Erfordernissen Rechnung getragen: der Stärkung von echtem Commitment der Mitarbeitenden durch die Stärkung ihrer Bürgerrechte im Unternehmen. „Denn unternehmerisch denkende und handelnde Mitarbeiter sind letztlich nur auf der Basis einer Unternehmensverfassung zu haben, in der sie wirklich den Status mündiger Personen erhalten" (Ulrich, 2004, S. 175). Von welchen Mitarbeiterrechten ist in diesen Ansätzen nun konkret die Rede? Nach Peter Ulrich (1999, 2004) handelt es sich dabei um zwei Kategorien von Rechten, nämlich „grundlegende Persönlichkeitsrechte und spezifische Organisationsbürgerrechte" (ebd., 176).

Tabelle 2.1: Wirtschaftsrechte in Anlehnung an Ulrich (2004)

| »Persönlichkeitsrechte« | »Organisationsbürgerrechte« |
|---|---|
| - physische und psychische Unantastbarkeit der Person | - Rekurs- und Beschwerderecht |
| - Schutz der Privatsphäre | - Kritische Loyalität auf dem Hintergrund ethischen Verantwortungsbewusstseins |
| - Schutz vor Diskriminierung und Willkür | - Öffentlichmachung gravierender Verletzungen ethischer Grundnormen, geltenden Rechts oder öffentlicher Interessen |

Ulrich postuliert eine *grundrechtsorientierte Führungsethik*, durch welche die faktisch asymmetrische Machtverteilung (vgl. Coleman, 1979, 1990) zwischen dem korporativen Akteur und/oder seinen Vertretern im Management und den Beschäftigten zwar nicht real aufgehoben werden kann, diese aber nachhaltig und strukturell verankert auf eine *funktionale* Hierarchie begrenzt wird. Dadurch soll die „wechselseitige Achtung und Anerkennung aller Unternehmensangehörigen als menschliche Subjekte und Bürger in ihrer personalen Würde und Gleichwertigkeit gewährleistet" werden (Ulrich, 2004, S. 176; 1999).

Im öffentlichen Bewusstsein wird kaum wahrgenommen, dass es Arbeitsorganisationen gibt, welche den Vorschlag Colemans zur Restitution der Macht quasi aufgegriffen, ihre Verfassung jener eines kollektiven Akteurs ähnlich gemacht und dadurch den angesprochenen Ausgleich des asymmetrischen Herrschaftsverhältnisses in weiten Bereichen realisiert haben. Die Sprache ist hier von so genannten selbstverwalteten Unternehmen bzw. Unternehmen, die sich durch demokratische Strukturen auszeichnen. Ihnen ist gemeinsam, dass sie das einzelne Organisationsmitglied, den Agenten, stärker und vor allem bewusst und aus Überzeugung in die Zielfestlegung und die Ressourcenallokation des Akteurs mit einbinden. Damit stellen sie ein funktionierendes Alternativmodell zum verbreiteten modernen korporativen Akteur dar. Demokratische Unternehmen sind daher auch so etwas wie ein Hoffnungsschimmer in der scheinbar deterministisch festgelegten Entwicklung der modernen Organisationsgesellschaft, die darauf hinauszulaufen scheint, in absehbarer Zeit durch einige wenige große bzw. mächtige korporative Akteure geprägt und bestimmt zu sein (u.a. Coleman, 1990; Barber, 1994).

Um nicht missverstanden zu werden, sei noch einmal verdeutlicht: Die Forderung nach und die Förderung von demokratischen Organisationsformen geht keineswegs einher mit der allseits beliebten und meist sehr undifferenzierten Forderung nach Hierarchieabbau oder gar deren Beseitigung. Die Vorwürfe an die Hierarchie als Organisationsprinzip sind Legion: sie entfremde den Menschen zum reinen Produktionsfaktor, mache Organisationen langsam und träge, da Entscheidungen verschleppt, wegdelegiert und schließlich verpasst werden, sie halte die unteren Hierarchieebenen in Abhängigkeit und Unselbständigkeit und verhindere vollständige und eigenständige Tätigkeiten, sie befördere Machtkämpfe und erschwere Transparenz durch bewusste Zurückhaltung und Manipulation von Informationen und vieles mehr (vgl. Städler, 1984; Peters, 1988; Shapiro, 1996). Hierarchie steht für veraltete Strukturen, Überkommenes aus Zeiten des Taylorismus, für Befehl und Gehorsam. In Zeiten radikaler Veränderungen in Markt und Gesellschaft, zunehmender Globalisierung und moderner Informationstechnologien müsse eine Organisation schlank und flexibel sein. Führung wird zum permanenten Change Management. Diese Forderungen sind allgegenwärtig und finden vielerorts Zustimmung. Die Forderung nach neuen Organisationsformen hält die Organisationstheoretiker bis heute auf Trab. Interdisziplinäre Theoriegebäude leiten aus einer Zusammenschau von Kybernetik, Systemtheorie und Evolutionstheorie die Führung von unten nach oben ab. Hierarchien sind zu ersetzen durch Heterarchien oder *adhocracies*. Neben dem Netzwerkgedanken taucht auch immer wieder die Idee der Projektorganisation auf. Die Aufbaustruktur einer Organisation wird ersetzt durch selbstorganisierte Teams, die ihre Kommunikation untereinander situativ gestalten bzw. mit Hilfe neuer Medien workflowgesteuert erledigen lassen. Doch es lohnt ein Blick in die betriebliche Realität: Projektgruppen und Teams zeigen sich in aller Regel in organisationale Verantwortungsstrukturen eingebunden. Wie Kühl (2001) berichtet, gelang es selbst so genannten dot.com-Unternehmen nur kurzfristig auf eine hierarchische Struktur, Abteilungsgrenzen und ein verbindliches Regelwerk zu verzichten.

Das Wort *Hierarchie* stammt aus dem Griechischen (ιζραρχία, eine Wortkombination aus ιζρή, hieré = heilige und αρχή, arché = Herrschaft, Ordnung, Prinzip) und bezeichnet in aller Regel ein System von Elementen, das durch Unter- und Überordnung der Elemente gekennzeichnet ist. Häufig wird diese Unter- bzw. Überordnung als Rangordnung verstanden und drückt damit impliziert eine Wertigkeit aus. Hierarchie wird daher mitunter auch als Mittel zur Ausübung von Herrschaft im negativen Sinne verstanden. Ein derartig negatives Bild von Herrschaft findet sich beispielsweise bei Marx. Die Bildung von Herrschaft erfolgt bei Marx in einem Prozess der quasi Enteignung:

Arbeitsteilung -> Ausbildung von Gemeinschaftsfunktionen -> Aneignung der Produktionsmittel -> Herrschaft

Haferkamp (1983) kritisiert an Marx´ Theorie, dass als einzige Machtquelle für Herrschaft die Arbeit bzw. ökonomische Verhältnisse angeführt werden und weitere Quellen wie Wissen, individuelle Merkmale von Personen, systemische Bedingungen und sonstige Aspekte vollständig vernachlässigt werden.

Ein etwas anderes Verständnis von Herrschaft findet sich bei Max Weber. In seinem Werk *Wirtschaft und Gesellschaft* von 1922 definiert er Herrschaft als „die Chance, für einen Befehl bestimmten Inhalts bei angebbaren Personen Gehorsam zu finden" (1972, S. 28) während er Macht beschreibt als „jede Chance, innerhalb einer sozialen Beziehung den eigenen Willen auch gegen Widerstreben durchzusetzen, gleichviel worauf diese Chance beruht" (ebd.). Die Machtquellen der Herrschaft sind hier nicht begrenzt auf Arbeit. Der Herrschaftsbegriff ist damit sehr viel allgemeiner und breiter angelegt. Bei der Herrschaft ist konstitutiv, dass es eine Art Gehorsamsbereitschaft geben muss, ein Gehorchenwollen bei den Beherrschten. Herrschaft braucht damit die Akzeptanz der Untergebenen, während Macht gegen jeden Widerstand ausgeübt werden kann. Die Ausübung von Herrschaft ist demnach zu legitimieren damit sie auf Gehorsam stoßen kann. Weber unterscheidet verschiedene Arten von Legitimität, aus welchen sich schließlich drei Idealtypen von Herrschaft ableiten: die legale Herrschaft, welche auf dem Glauben an die Rechtmäßigkeit gesatzter Ordnungen gegründet ist, die traditionelle Herrschaft, welche an den Glauben an die Heiligkeit der Traditionen und ihrer Herrscher gebunden ist und die charismatische Herrschaft, welche aus der Hingabe an die Außergewöhnlichkeit einer Person und der von ihr begründeten bzw. erdachten Ordnung lebt. In unserem Kontext von Organisationen ist vor allem der Typ der legalen Herrschaft von Bedeutung. Sie bildet die Grundlage der Bürokratie, nach Weber die Organisationsform, die den wirtschaftlichen Erfolg des Industriezeitalters erst ermöglicht hat und als die Form einer modernen Organisation bezeichnet werden muss. Mit den Worten Max Webers gesprochen (Weber, 1999, S. 650ff.):

> Die spezifische Funktionsweise des modernen Beamtentums drückt sich in folgendem aus:
>
> I. Es besteht das **Prinzip der festen, durch Regeln, Gesetze oder Verwaltungsreglements generell geordneten behördlichen Kompetenzen**, d.h.:
>
> 1. Es besteht eine feste Verteilung der für die Zwecke des bürokratisch beherrschten Gebildes erforderlichen, regelmäßigen Tätigkeiten als amtlicher Pflichten;
> 2. Die für die Erfüllung dieser Pflichten erforderlichen Befehlsgewalten sind ebenfalls fest verteilt und in den ihnen zugewiesenen (physischen oder sakralen oder sonstigen) Zwangsmitteln durch Regeln fest begrenzt;
> 3. Für die regelmäßige und kontinuierliche Erfüllung der so verteilten Pflichten und die Ausübung der entsprechenden Rechte ist planmäßig Vorsorge getroffen durch Anstellung von Personen mit einer generell geregelten Qualifikation.
>
> Diese drei Momente konstituieren in der öffentlichrechtlichen Herrschaft den Bestand einer bürokratischen „Behörde", in den privatwirtschaftlichen den eines bürokratischen „Betriebes". In diesem Sinne ist diese Institution in den politischen und kirchlichen Gemeinschaften erst im modernen Staat, in der Privatwirtschaft erst in den fortgeschrittensten Gebilden des Kapitalismus voll entwickelt.

Mag die Sprache uns heute auch etwas umständlich anmuten, die Beschreibungen bürokratischer Institutionen, seien es nun Behörden oder Unternehmen, sind erstaunlich aktuell, trotz aller New Public Management-Attitüden im öffentlichen Bereich oder der Diskussionen um die flexible Organisation in der Wirtschaft. Mit der Hierarchie kann es vielleicht gehalten werden wie mit der Macht, von der gesagt wird, sie sei per se keinesfalls negativ zu sehen, sondern notwendige Voraussetzung, um bewegen, gestalten und Gutes schaffen zu können. Tatsächlich gibt es gute Gründe dafür, warum trotz der intensiven Diskussion und Suche nach neuen Organisationsformen, das hierarchische Prinzip nach wie vor dominiert. Von den Kognitionswissenschaftlern Herbert Simon und James March stammt dazu der Begriff der *Ungewissheitsabsorption*: Hierarchie macht die Über- und Unterordnung transparent - im Gegensatz zur so genannten informellen Hierarchie, die in jeder sozialen Gruppe entsteht und Verhalten und Entwicklung der Einheit lenkt, wenn keine formelle Hierarchie existiert - sie sorgt für Klarheit in den Entscheidungswegen und reduziert damit Unsicherheit und Ungewissheit (vgl. Baecker, 1995). Hierarchie reduziert im besten Falle Komplexität auf ein handhabbares und verdauliches Maß, definiert den eigenen Arbeitsbereich und entlastet von der ständigen Suche nach Orientierung. „Hierarchie schützt vor den unberechtigten Eingriffen anderer in die eigene Arbeit und zeichnet exakt und präzise die wenigen Stellen aus, von denen aus Eingriffe erwartet werden müssen oder denen Eingriffe zugemutet werden können." (Baecker, 1995, S. 217).

Zur Sicherstellung der begrifflichen Klarheit wird im weiteren von der alltagssprachlich etwas unsauberen Unterscheidung zwischen *hierarchischen* und *demokratischen* Unternehmen abgesehen, da wie weiter oben ausgeführt, Hierarchie auch in demokratisch gestalten Unternehmensformen und -typen vorzufinden ist und weniger ein Prozessmerkmal der Art der Entscheidungsfindung darstellt - wie der Begriff demokratisch in diesem Kontext verstanden werden kann - sondern ein Organisationsprinzip. Um ein wenig klarer in der Diktion zu sein, wird folgend von bürokratischen Betrieben/Unternehmen/Organisationen gesprochen, wenn es sich um Unternehmen mit kaum oder nur gering ausgeprägter, d.h. maximal den gesetzlichen Vorschriften Genüge leistender Entscheidungsbeteiligung der Organisationsmitglieder handelt.

Zusammenfassend kann festgehalten werden: Hierarchie ist nicht per se gut oder schlecht. Organisationsformen, die sich um demokratische Prozeduren bei Verteilungsentscheidungen bemühen und diese strukturell verankern, müssen nicht hierarchiefrei sein und sind es in der Regel auch nicht. Hierarchie kann als Ordnungsprinzip jeder sozialen Gruppe verstanden und als solches von den Mitgliedern auch gestaltet werden. Die vorliegende Arbeit setzt sich allerdings weniger mit Hierarchie als solcher auseinander, sondern stellt die Frage, ob in beteiligungsorientierten Organisationen - im Sinne kollektiver Akteure - ein „Mehr" an Definitions- und Entscheidungsmacht bei den individuellen Akteuren aufzufinden ist und wenn ja, in wie weit sich dieses „Mehr" an Beteiligung und damit an Verfügungsmacht in Merkmalen der Organisation, wie der soziomoralischen Atmosphäre oder der prozeduralen Gerechtigkeit, niederschlägt. Theoretisch müssten in demokratischen Unternehmen diese Merkmale wesentlich günstiger ausgeprägt sein, hat doch jedes Mitglied diesbezüglich Mitgestaltungsmöglichkeiten, -pflichten und vor allem auch -rechte. Schließlich sollten sich demokratische Unternehmen nach der These Colemans auch durch ein höheres Commitment ihrer Mitglieder auszeichnen als herkömmliche korporative Akteure. Dies liegt darin begründet, dass die Beteiligung des Individuums an der Zieldefinition, und damit die Möglichkeit die eigenen Interessen in die Zielfestlegung mit einbringen zu können, als Mittel, sich als Person verstärkt mit der Korporation identifizieren zu können, betrachtet wird (vgl. Coleman, 1990; Meyer & Allen, 1991).

Alle diese Teilhypothesen machen allerdings nur dann Sinn, wenn sich nachweisbare Zusammenhänge zwischen den einzelnen Konstrukten aufzeigen lassen. Insofern ist in einem ersten Schritt generell zu prüfen, ob sich die postulierten Zusammenhänge anhand der empirischen Daten belegen lassen. Das Modell der vorliegenden Untersuchung zeigt sich daher wie folgt:

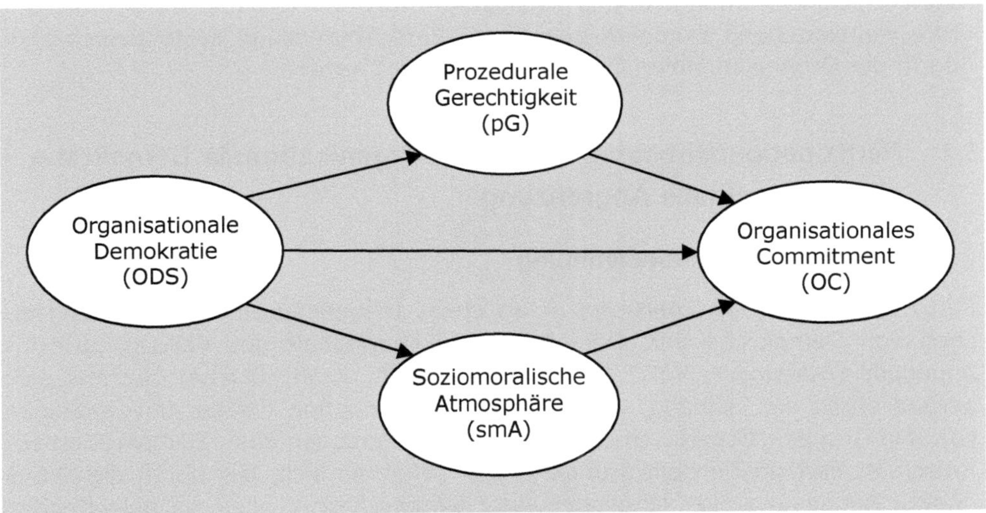


Abbildung 2.1: Das Grundmodell der Untersuchung

# 3 Demokratie in Organisationen

*„Was alle angeht,*
*muss auch von allen entschieden werden."* [4]

Nicolaus Cusanus
(1401 - 1464)

Wenn von Demokratie in Organisationen gesprochen wird, werden oftmals die Begriffe „Mitbestimmung" und „Partizipation" verwendet. Dabei werden die Begriffe weitestgehend synonym gebraucht. Eine Abgrenzung sollte jedoch zum Begriff der Organisationalen Demokratie geleistet werden.

## 3.1 Partizipation/Mitbestimmung und Organisationale Demokratie – eine konzeptuelle Abgrenzung

### 3.1.1 Partizipation/Mitbestimmung

*Partizipation* (von lat.: *particeps* = an etwas teilnehmend) stellt ein Kennzeichen von Demokratie dar. Demokratie als „Herrschaft des Volkes" (griech.: δημοκρατία, *démos* = Volk; *kratía* = Herrschaft, Kraft, Stärke) zeichnet sich gerade durch die Teilhabe, d.h. durch die Partizipation der zu den jeweiligen sozialen Gruppen/Gemeinschaften zugehörigen Personen aus[5]. Demokratietheoretisch ist Partizipation ein grundlegender „Wert an sich, der durch die aktive direkte Beteiligung aller Mitglieder einer Gesellschaft in allen sie betreffenden Entscheidungen verwirklicht werden soll" (Wilpert, 1993, S. 358). Im Blick auf organisationspsychologische Fragestellungen kann „Mitbestimmung oder Partizipation" (vgl. auch hier die synonyme Verwendung) definiert werden als *„die Gesamtheit der Formen und Intensitäten, mit denen Individuen, Gruppen, Kollektive durch selbstbestimmte Wahl möglicher Handlungen ihre Interessen sichern"* (Wilpert, 1997, S. 324, Hervorhebung im Original).

---

[4] Vgl. Kandler, 1995

[5] Der Begriff der Partizipation wird häufig synonym mit dem Begriff der Mitbestimmung verwendet und umschreibt nach diesem Verständnis die Möglichkeit von Personen, an der Gestaltung ihrer Lebensumwelt teilzuhaben, so auch hier. Weiters wird in der vorliegenden Arbeit der Begriff der Beteiligung bzw. Teilhabe an Verfahren im Kontext von Mitbestimmung verwendet.

> Participation is the totality of forms, i.e. direct (personal) or indirect (through representatives or institutions) and of intensities, i.e. ranging from minimal to comprehensive, by which individuals, groups, collectives secure their interests or contribute to the choice process through self-determined choices among possible actions during the decision process. (Heller, Pusic, Strauss & Wilpert, 1998, S. 42)

Weiters gilt es zu unterscheiden zwischen direkten und indirekten Formen der Partizipation. Bei der direkten Mitbestimmung handelt es sich um eine unmittelbar persönliche Form, bei der indirekten um eine mittelbare Form (via gewählten Vertretern) der Partizipation (vgl. Wilpert, 1997).

Im wirtschaftlichen Kontext herrschen unterschiedliche Sichtweisen über das Wesen der Mitbestimmung vor. Je nach Position werden ihr unterschiedliche bis gegensätzliche Bedeutungen zugeschrieben (vgl. Lehner, 1991):

- Kapitaleigentümer: sie und die von ihnen eingesetzten Kontrollinhaber (Management) betrachten die Mitbestimmung weitestgehend als Strategie zur Steigerung des Interesses der Beschäftigten an ihrer Arbeit und an der Organisation bzw. dem damit verbundenen Betriebszweck (vgl. Coleman, 1979).
- Gewerkschaften: Mitbestimmung sichert ihnen die Möglichkeit zur Beteiligung an wirtschaftspolitischen, teilweise auch staatlichen Macht- und Entscheidungsgremien mit dem Ziel die gesamtwirtschaftlichen Interessen ihrer Mitglieder (Arbeiter, Angestellte, Beamte) zu vertreten.
- Betriebsräte: sie sehen Mitbestimmung als Zurückdrängen unternehmerischer bzw. managerieller Alleinentscheidung und als Erweiterung ihres Handlungsspielraums.
- Beschäftigte: als „grass roots" der Unternehmen hoffen via Mitbestimmung ihre eigene Arbeitsplatzsituation mitgestalten zu können, indem sie ihre persönlichen Erwartungen und Entwicklungsbedürfnisse zu einem mitgestaltenden Element am Arbeitsplatz machen können.

### 3.1.2 Partizipation/Mitbestimmung als Merkmal Organisationaler Demokratie

Partizipation/Mitbestimmung an sich muss noch nicht unbedingt Demokratie bedeuten. Insofern ist Partizipation zwar ein notwendiges, aber kein hinreichendes Kriterium für Organisationale Demokratie. Nach Weber (1999) kann von Organisationaler Demokratie erst ab einem Grad der Beteiligung gesprochen werden, der gekennzeichnet ist durch die *verbindliche Mitwirkung* der Beschäftigten an den entsprechenden Entscheidungen. In vergleichbarer Weise plädieren in neuester Zeit Foley und Polanyi (2006) für die konzeptuelle Unterscheidung zwischen Partizipation und Demokratie am Arbeitsplatz:

> Participation is a necessary but insufficient condition for workplace democracy ... Workplace democracy exists when workers have some real control over organizational goal setting and strategic planning, and can thus ensure that their own goals and objectives, rather than only those of the organization, can be met. Participation does not meet the requirements for workplace democracy, because it exists whenever employees are allowed to give input into organizational decisions, even if it means that they only suggest ways to implement decisions that have already been made. (Foley & Polanyi, 2006, S. 174)

Ein kurzer und prägnanter Überblick über die Unterschiede zwischen Demokratie und Partizipation findet sich bei Moldaschl (2004):

| | »Demokratie« | »Partizipation« |
|---|---|---|
| Funktionslogik | - Gesetzlich und vertraglich abgesicherte Mitbestimmung<br>- Geregelte Aushandlung der Regeln<br>- Generalisierte Gültigkeit<br>- Gleichheit aller Mitglieder | - Freiwilliges Zugeständnis der Eigner oder ihrer Vertreter<br>- Regeln sowie deren Objekte und Reichweite managementbestimmt<br>- Kontextuelle Gültigkeit<br>- Gruppenspezifische Geltung |
| Legitimation | - Bürgerrechte | - Eigentumsrecht |
| Signifikation | - Pluralismus, Wertevielfalt<br>- Zivilgesellschaft<br>- »Starker Liberalismus« | - Utilitarismus<br>- Marktwirtschaft<br>- »Schwacher Liberalismus« |

Abbildung 3.1: Logiken und Legitimation von Beteiligung in Betrieb und Gesellschaft (aus Moldaschl, 2004, S. 218)

Wo der Begriff der Partizipation resp. der Mitbestimmung verwendet wird, geschieht dies in dieser Arbeit unter der Prämisse, dass Partizipation bei aller Begrenzung als Instrument der Demokratisierung von Arbeit und Organisationen verstanden wird.

## 3.2 Partizipation als Funktion unterschiedlicher Wertvorstellungen – sozialtheoretische Grundlagen

Dachler und Wilpert (1980) kritisieren zu Recht, dass aus den wenigsten publizierten Untersuchungen ersichtlich wird, unter welchen Wertvoraussetzungen die Autoren ihre Untersuchungen angelegt haben bzw. sie deren Ergebnisse interpretieren. Zur Klärung und zur besseren Integration der verschiedenen, teils widersprüchlichen Ergebnisse der Partizipationsliteratur, schlagen sie die Orientierung an vier so genannten Sozialtheorien vor. Unterscheiden lassen sich diese vier Theoriefamilien anhand

— ihrer Grundannahmen über die menschliche Natur
— des Kontextes, in welchem Partizipation auftritt
— der Merkmale partizipativer Settings und
— der möglichen gesellschaftlichen Wirkungen dieser Partizipationsarrangements.

Die Darstellung dieser Sozialtheorien soll dazu dienen, die Ausrichtung der vorliegenden Untersuchung zu klären.

### 3.2.1 Demokratietheorie

Das Gesellschaftsideal der Demokratietheorie liegt in der aktiven Beteiligung aller Glieder an allen sie betreffenden Entscheidungen. *Selbstbestimmung* stellt den Kern dieser Theorie dar. Dabei wird davon ausgegangen, dass das Individuum prinzipiell qualifiziert an Entscheidungsprozessen teilnehmen bzw. dahin gehend (aus)gebildet werden kann. Partizipation wird „zum pädagogischen Prozess, der sämtliche Gesellschaftsbereiche von der Familie und Schule bis zu Arbeitsorganisationen und politischen Institutionen erfassen muss" (Wilpert, 1993, S. 358). Hier allerdings entzweien sich die Demokratietheoretiker: während die einen die direkte Partizipation aller Systemmitglieder fordern, weisen andere auf die wachsende Komplexität von Entscheidungsproblemen und dementsprechend notwendige Expertisen für die Entscheidungsfindung hin. Sie fordern institutionelle Formen der Entscheidungsfindung, da sie die einzelne Person durch die anwachsende Komplexität überfordert sehen. Die Ziele der ersteren bestehen in der „individuell erzieherische(n) Wirkung der Partizipation und ihren gesamtgesellschaftlichen Konsequenzen durchgängig demokratischer Verhältnisse", die Ziele der letzteren in der „Stabilität und Effizienz sozialer Institutionen" (Dachler & Wilpert, 1980, S. 82).

### 3.2.2 Sozialismustheorie

Gemeinsames Element der teils sehr unterschiedlichen sozialistischen Ansätze ist die Entfremdung des produzierenden Menschen vom Produkt und von sich selbst. Die Selbstverwirklichung des Menschen ist unter dem Warencharakter des kapitalistischen Systems unmöglich. Der Partizipation kommt unter solchen Bedingungen eine wichtige Befreiungsfunktion zu (Vanek, 1975), indem sie den potentiellen Einfluss der Arbeitnehmerschaft auf den Produktionsprozess vergrößert. Idealerweise werden durch die erzieherischen Rückwirkungen die Arbeiter zunehmend befähigt Aufgaben des Managements wahrzunehmen. Ziel dieser Theorien ist die Umgestaltung der Gesellschaft in eine „proletarische Kultur, in der die volle Entwicklung des Menschen über die begrenzte Selbsterhaltung hinaus ermöglicht wird" (ebd., S. 83).

### 3.2.3 Persönliches Wachstum

Die Theorien zum persönlichen Wachstum in Organisationen (vgl. McGregor, 1960; Likert, 1967) gehen weg von der gesamtgesellschaftlichen Orientierung und beschränken sich vorrangig auf Partizipation im Arbeitsumfeld. *Selbstverwirklichung* ist auch hier das zentrale Anliegen der Forderung nach Partizipation, wenn auch aus einem ganz anderen Begriffsverständnis heraus als in den oben beschriebenen Sozialismustheorien. Das zugrunde liegende Menschenbild entspricht der Theorie Y von McGregor: der Mensch als aktives, unabhängiges Individuum, bereit zur Verantwortungsübernahme und Selbstkontrolle. Die Strukturen herkömmlicher Organisationen mit ihrer Arbeitsteilung, Hierarchisierung und autoritären Führung, unvollständigen Tätigkeiten etc. verhindern die Entwicklung der potentiellen Fähig- und Fertigkeiten im Menschen und blockieren damit die Befriedigung der höheren Bedürfnisse nach Maslow (1954). Daraus folgt die Notwendigkeit der Umgestaltung betrieblicher Abläufe und Arbeitstätigkeiten durch verstärkte Partizipation, eine Ausweitung der Autonomie und Verantwortung des einzelnen mittels „job enrichment", „job rotation" und eine stärkere Orientierung auf die zwischenmenschlichen Aspekte in Organisationen (Deutsch, 1973; Hackman & Oldham, 1975; Ulich, 2001).

### 3.2.4 Produktivitätsorientierung

Schließlich gibt es noch jene Theorieansätze, die Partizipation vorrangig als Mittel zur Produktivitätssteigerung verstehen. Ihr Interesse an Partizipation ist ein rein instrumentelles. Einfache Kausalketten dienen zur Begründung: Partizipation führt zu Arbeitszufriedenheit, diese erhöht den Zusammenhalt von Gruppen, was den Informationsgrad der Organisationsmitglieder verbessert und schließlich zu Produktionssteigerungen führt (siehe Dachler & Wilpert, 1980). Gesamtgesellschaftliche Wirkungen von Partizipation interessieren nur insofern, als sie der Positionierung des Unternehmens am Markt nutzen. Verschiedene Autoren haben auch auf die Gefahren missbräuchlichen Einsatzes von Partizipation hingewiesen. Moldaschl (1997) konnte beispielsweise anhand von Fallstudien nachweisen, dass bei insgesamt unveränderter individual-utilitaristischer Wertorientierung einer Organisation die Einführung kooperativer Arbeitsstrukturen als zweckentfremdetes Mittel zur abteilungsinternen Optimierung unerwartete negative Nebenwirkungen im Sinne gravierender Effizienzeinbußen haben kann.

### 3.2.5 Wertvoraussetzungen der vorliegenden Untersuchung

Implizit liegt vorliegender Arbeit die theoretische Annahme eines sozialisatorischen Gehalts bestimmter Merkmale von Arbeit und Organisationen zugrunde (vgl. Weber, Unterrainer & Schmid, 2009). Dies insofern, als im Sinne einer

Lebensspannenperspektive (Hoff, Lempert & Lappe, 1991; Baltes, 1999) davon ausgegangen wird, dass Anforderungen, Aufgaben und Handlungsmöglichkeiten über die Lebenszeit hinweg zur Veränderung individueller Merkmale von Personen führen können. Dabei kommt den Erfahrungen aus der beruflichen Umwelt relevante Bedeutung zu, nimmt die Arbeitszeit bei den meisten Menschen einen großen Teil der Lebenszeit ein. Interdisziplinäre Forschung zum Wirkpotenzial von Merkmalen der Organisation sowie der Arbeitstätigkeit aus mehr als vier Jahrzehnten (vgl. Ulich, 2001; Frese & Zapf, 1994; Hacker, 1994; Hackman & Oldham, 1980; Kohn & Schooler, 1983) belegen, dass Arbeit und Organisationsstrukturen substantiellen Einfluss haben auf:

— kognitive und motivationale Aspekte der menschlichen Persönlichkeit
— psychische Befindlichkeit und psychosomatische Gesundheit
— Arbeitsmotivation und Arbeitszufriedenheit
— Freizeitverhalten (bis hin zur Kindererziehung).

Im Blick auf andere abhängige Variablen wie prosoziales Arbeitshandeln oder die Selbstwirksamkeitswahrnehmung hinsichtlich einer gerechten Welt wird stärker Bezug auf die Demokratietheorie genommen[6]. Eine klare Abgrenzung erfolgt von der Produktivitätsorientierung im Sinne der Instrumentalisierung von so genannter Partizipation als Mittel der Gewinnoptimierung, was nicht grundsätzlich heißen soll, dass jede mit Partizipation einhergehende Leistungsverbesserung abgelehnt wird. Wenn Coleman (1979, 1990) in vergleichbarer Weise von verstärkter Mitbestimmung der Korporationsmitglieder als Form der gegenseitigen Interessensanpassung spricht, so klingt aus diesem Vorschlag – auch wenn der Autor selbst hehre Ziele damit anstrebt – leider auch ein deutlich instrumenteller Ansatz heraus. Mit der verstärkten Partizipation von Organisationsmitgliedern an den Zieldefinitionen wird bei ihm vorerst kein Bezug zu den weiter oben formulierten Humankriterien entwicklungs- und persönlichkeitsförderlicher Arbeitsgestaltung hergestellt. Genau dies soll aber in der vorliegenden Arbeit bewusst geleistet werden. Dies erfolgt einmal durch den Focus auf basisdemokratische, selbstverwaltete Unternehmen sowie durch den Einbezug der beiden Merkmale der *soziomoralischen Atmosphäre* und der *prozeduralen Gerechtigkeit* als mediierende Variablen.

6 Den Auswirkungen von demokratischer Teilhabe der Beschäftigten auf Variablen dieser Art galt im Forschungsprojekt ODEM besondere Aufmerksamkeit. Die Ergebnisse werden an anderer Stelle berichtet (Weber, Iwanowa, Schmid & Unterrainer, 2005; Weber & Unterrainer, 2007; Weber, Unterrainer & Schmid, 2009).

## 3.3 Ziele und Formen Organisationaler Demokratie

### 3.3.1 Ziele Organisationaler Demokratie

Wichtige Beiträge zur Organisationalen Demokratie-Forschung stammen ursprünglich aus der Richtung des soziotechnischen Ansatzes rund um das Londoner Tavistock Institute of Human Relations und das Work Research Institute in Trondheim (u.a. Emery & Thorsrud, 1982) sowie aus der Forschungsrichtung der deutschen Tätigkeits- und Handlungsregulationstheorie (vgl. Hacker, 1986, 1998; Oesterreich, 1999; Volpert, 1994; Weber, 1998; Vilmar & Weber, 2004). Bereits in den Sechzigerjahren konnten die Arbeitswissenschaftler des Tavistock Institute mit ihrem „joint optimization" Ansatz aufzeigen, dass durch eine verstärkte direkte Beteiligung der Unternehmensmitglieder das wirtschaftliche Ergebnis des Unternehmens verbessert werden kann (Vilmar, 1973; Weber, 1997; Vilmar & Weber, 2004). Unter den Vorzeichen neoliberaler Globalisierungstendenzen gerät Mitbestimmung hingegen zunehmend in Bedrängnis: Was einst als Beitrag zu vermehrter demokratischer Teilhabe am Wirtschaftsgeschehen gedacht war, gerät immer mehr unter den Beweiszwang ökonomischer Leistungsfähigkeit (vgl. Hauser-Ditz & Kluge, 2000). Erstaunlich, wenn man die mit der Etablierung einer starken und verbindlichen Mitbestimmungsstruktur, d.h. die mit Organisationaler Demokratie verbundenen Ziele betrachtet. Nach Weber (1999) lassen sich folgende drei Zielrichtungen beschreiben:

1. *Förderung des unternehmerischen Denkens und Erhöhung der Wettbewerbsfähigkeit:* Identifikation mit dem Unternehmen, bessere Entscheidungsgüte und -akzeptanz; Steigerung der Effektivität durch z.B. Beteiligung an der Prozessgestaltung, Wissensaustausch und Stärkung der Kooperationsbereitschaft; Steigerung der Effizienz durch Reduzierung der Hierarchieebenen, Reduzierung von Absentismus und Fluktuation etc.

2. *Förderung humanistisch motivierter Ziele (Persönlichkeitsentwicklung):* Stichwort „Humanisierung der Arbeit": Förderung der Arbeitszufriedenheit, Entwicklung und Förderung geistiger, sozialer und kommunikativer Kompetenzen etc.

3. *Förderung wirtschafts- und gesellschaftspolitischer Ziele:* demokratisches Lernen als Beitrag zur Stabilisierung der Gesellschaft gegenüber totalitären Tendenzen; Stärkung der Position der abhängig Beschäftigten im betrieblichen Machtgefüge; Lohn- und Gehaltsgerechtigkeit etc.

In ihrem Übersichtsartikel zu den Pros und Kontras Organisationaler Demokratie kommen Harrison und Freeman (2004) zum Schluss „that although the economic arguments for organizational democracy may be mixed, increased stakeholder participation in value creation and organizational governance can benefit both society and corporations" (Harrison & Freeman, 2004, S. 49). Trotz dieses eindeutigen Statements, verabsäumen es die beiden Autoren nicht auf die Stärken und Schwächen demokratischer Praktiken in Unternehmen genauer einzugehen. Vorteile lt. Harrison & Freeman (2004) sind:

1. Menschen schätzen die Möglichkeit, die Organisation, in der sie arbeiten mitzugestalten. Demokratische Teilhabe kann daher die Bindung an die Organisation (Organisationales Commitment) unterstützen ebenso wie zielgerichtetes, zweckmäßiges Verhalten der Beteiligten.
2. Durch die Beteiligung während der Entscheidungsfindung wird die Bereitschaft gestärkt, den Entschluss schlussendlich mit zu tragen und umzusetzen.
3. Demokratie im Unternehmen bringt die Menschen dazu, sich für die Ergebnisse der gemeinsamen Arbeit stärker verantwortlich zu fühlen.
4. Demokratische Prozeduren schaffen insgesamt ein partizipatives Klima, was sich wiederum positiv auf Innovation und Veränderungsbereitschaft auswirkt.
5. Die Organisationsmitglieder (Beschäftigte und Manager) erhalten mehr Freiraum und Verfügungsfreiheit, wodurch sie ihre jeweiligen Fähigkeiten besser entfalten können.
6. Von einer moralischen Perspektive aus, ist es das Richtige, Menschen mit mehr Verfügungsrechten und –freiheiten auszustatten und sie am Gemeinsamen partizipativ zu beteiligen.

Gleichzeitig können mit einer stärkeren Beteiligung der Beschäftigten an der Macht auch diverse Nachteile verbunden sein, beispielsweise:

1. Organisationsmitgliedern auf unteren Hierarchieebenen kann der Blick für das Ganze fehlen. Sie sind oft weniger gut ausgebildet und unerfahren darin, Entscheidungen zu treffen, die Einfluss auf die Gesamtorganisation nehmen können. Es besteht daher die Gefahr, dass sie in einer Weise entscheiden, die für die Organisation nachteilig ist.
2. Demokratische Prozesse brauchen Zeit, was sich negativ auf die Effektivität der Organisation auswirken kann (besonders, wenn sich die Beteiligten nicht auf eine Sicht- oder Vorgehensweise einigen können).
3. Die Implementierung demokratischer Strukturen ist schwierig und braucht viel Zeit und Ressourcen. Oftmals scheitern derartige Reformversuche.

4. Widerstand bei der Implementierung kann sowohl vom Management als auch von den Beschäftigten kommen. Das Management ist gefordert neue Vorgehensweisen und Fähigkeiten zu entwickeln und einen Teil seiner Autorität bzw. Macht abzugeben. Die Beschäftigten andererseits sind mit höheren Ansprüchen an ihr Engagement konfrontiert, denen sie oft entweder nicht gerecht werden können oder es aber nicht wollen.
5. In manchen Situationen, z.B. wenn rasche Entscheidungen gefordert sind, sind hierarchische Strukturen demokratischen überlegen.
6. Wenn demokratische Prozesse sich negativ auf die wirtschaftliche Situation von Organisationen auswirken, können sie ebenso moralisch fragwürdig sein (z.B. wenn die Beschäftigten und weitere Shareholder wie Zulieferer, Kunden, Finanziers etc. negativ betroffen sind).

Die Gegenüberstellung der Vor- und Nachteile Organisationaler Demokratie allein führt noch zu keiner zufrieden stellenden Antwort auf die Frage, ob es denn Sinn macht und Wert ist, Demokratie in Unternehmen zu etablieren. Einzelne Praxisbeispiele (vgl. de Jong & von Witteloostuijn, 2004; Weber, Ostendorp & Wehner, 2003; Powley, Fry, Barrett & Bright, 2004) können Mut machen, indem sie aufzeigen, dass die Vorteile im Falle der untersuchten Unternehmen die Nachteile deutlich übersteigen. Zu Recht weisen Harrison und Freeman (2004) in besagtem Artikel aber natürlich darauf hin, dass die Implementierung demokratischer Strukturen in einem Unternehmen umso erfolgreicher ist,

a) je früher diese Gestaltungsmaßnahmen gesetzt werden, d.h. am Besten bei der Gründung des Unternehmens und
b) bei späteren „Demokratisierungsprojekten“: je weniger hierarchisch bzw. bürokratisch das Unternehmen bislang strukturiert war.

### 3.3.2 Formen demokratischer Unternehmen

Damit kommt zum Ausdruck, dass es *die* demokratische Unternehmung bzw. auf der anderen Seite *die* klassisch hierarchische, sprich *bürokratische* Unternehmung nicht oder nur sehr selten in ihrer Reinform gibt. Die Kriterien, die eine demokratische Organisation auszeichnen, wurden bereits 1966 von Katz und Kahn (S. 212f.) festgehalten. Demnach ist eine Organisation „demokratisch“,

— wenn es grundsätzlich eine Teilung legislativer und exekutiver Macht gibt, und in dem Maß, in dem das legislative Subsystem die Mitgliedschaft der Organisation einbindet (das heißt, wie viele der Mitglieder in der Selbstgesetzgebung Stimmrecht haben),

- wenn die Mitglieder oder ihre Repräsentanten gegenüber einer Führung Vetorecht haben, also die Letztentscheidung über Grundsatzfragen, und
- wenn die Mitglieder oder ihre Repräsentanten das Recht haben, über die Bestellung, Bestätigung und Entlassung der Führungskräfte (besonders der obersten) zu entscheiden. (Moldaschl, 2004, S. 234).

Die verschiedenen Formen demokratischer Unternehmen lassen sich in weiterer Folge u. a. anhand der Reichweite der Entscheidungsbeteiligung (operativ, taktisch, strategisch), der Art der Mitentscheidungsmöglichkeiten (direkt vs. indirekt) sowie dem Ausmaß der Kapitalbeteiligung der Beschäftigten unterscheiden. Eine verbindliche Taxonomie zu den verschiedenen Formen demokratischer Unternehmen liegt bisher nicht vor. In Anlehnung an Weber (1997; siehe auch Vilmar & Weber, 2004; ausführlicher Weber, Unterrainer & Schmid, 2009) lassen sich wenigstens drei Unternehmenstypen (nach abnehmendem demokratischem Potenzial) unterscheiden:

### Selbstverwaltete Unternehmen in Belegschaftsbesitz

In diesen klein- und mittelständischen Unternehmen besteht der Anspruch, dass die Beschäftigten direkt über strategische und taktische Ziele mitbestimmen bzw. diese Ziele sogar selbst festlegen. Als Charakteristika dieses Unternehmenstypus gelten:

- Identitätsprinzip und Kapitalneutralität: Identität von Kapitaleignern und Mitarbeitern
- Demokratieprinzip: Gleichberechtigte Mitbestimmung und Verantwortungsübernahme aller Mitglieder für die Herstellungsprozesse und die organisationalen Entscheidungen; dezentralisiertes Management
- Subsistenzprinzip: Erträge dienen primär als soziale Sicherung anstelle von Vermögensanhäufung; Bedarfsdeckung anstelle Gewinnmaximierung
- Solidaritätsprinzip: Gegenseitige Hilfe, Ausgleich und Wissensförderung unter den Mitgliedern
- gemeinschaftliche Reinvestition eventueller Gewinne als Produktivkapital sowie für soziale und Bildungszwecke; unter Umständen egalitäre Gewinnbeteiligung
- Aufhebung der Trennung zwischen Hand- und Kopfarbeit: Job Rotation, Job Enrichment oder teilautonome Arbeitsgruppen.

### Demokratische Reformunternehmen

Bei demokratischen Reformunternehmen handelt es sich in der Regel um mittelständische Firmen, die ihren Beschäftigten erweiterte Mitentscheidungsmöglichkeiten auch auf unternehmensstrategischer Ebene über den gesetzlich vorgeschriebenen Umfang hinaus gewähren. Als Beispiele für solcherart erweiterte Beteiligungsmöglichkeiten können genannt werden:

- Demokratische Kontrolle der Geschäftsleitung
- Mitsprache bei der Berufung von Vorgesetzten
- Beteiligung der Beschäftigten an unternehmerischen Entscheidungen, entweder indirekt durch paritätisch besetzte Wirtschaftsausschüsse, Beiräte etc. oder direkt durch die Gesellschafterversammlung
- in der Vielzahl der Fälle substanzielle Beteiligung am Unternehmenskapital bzw. am Unternehmenserfolg (Gewinnbeteiligung).

### Produktivgenossenschaften

Für Produktivgenossenschaften ist charakteristisch, dass sie in Besitz eines Teils der in ihnen arbeitenden Mitglieder sind und daneben auch Angestellte ohne Genossenschafterstatus umfassen (eingeschränktes Identitätsprinzip). Der wirtschaftliche Zweck von Produktivgenossenschaften besteht vorrangig in der Erwerbsicherung der Genossenschafter (Subsistenzprinzip) und nicht primär in der Profitmaximierung (siehe ausführlich: Flieger, 1997). Weitere Kennzeichen dieses Unternehmenstypus sind:

- Wahl bzw. Bestätigung von Vorstand, Obmann und Aufsichtsrat auf der jährlichen Generalversammlung;
- Mitentscheidung über zentrale strategische Angelegenheiten, wie z. B. den Unternehmenshaushalt, ebenfalls auf der Generalversammlung;
- Begrenztes Demokratieprinzip: viele strategische und taktische Angelegenheiten werden im laufenden Jahr durch Vorstand und Geschäftsführung entschieden.

Trotz abnehmendem Maß an Beteiligungsmöglichkeiten und -rechten, zeichnet sich auch der dritte Unternehmenstypus noch durch die Möglichkeit der Organisationsmitglieder aus, sich verbindlich in die Definition der Unternehmensziele einbringen zu können, so dass im Sinne des folgenden Zitats auch bei diesem Unternehmenstypus die Bezeichnung „demokratisch" guten Gewissens verwendet werden kann. "In a broad sense of term, any action, structure, or process that increases the power of a broader group of people to influence the decisions and activities of an organization can be considered a move toward democracy. In contrast, any action, structure, or process that works to concentrate decision power and management influence into the hands of one or a smaller group of people is a move away from democracy." (Harrison & Freeman, 2004, S. 49)

### 3.3.3 Grade Organisationaler Demokratie

Wie bereits weiter oben thematisiert wurde, ist noch nicht jede Form der Beteiligung oder Partizipation gleichzusetzen mit demokratischer Teilhabe. Generell unterscheidet die Partizipationsforschung sechs Kategorien der Beteiligung mit zunehmendem Verantwortungs- und Verbindlichkeitsgrad (z.B. Wilpert & Rayley, 1983; Weber, 1998):

1. Keine Partizipation
2. Information
3. Anhörung (= Konsultation)
4. Mitwirkung
5. Mitbestimmung, Mitentscheidung
6. Selbstbestimmung

Beteiligung bis zur Stufe 3 wird von vielen Arbeitspsychologen als *pseudodemokratisch* bezeichnet (vgl. Weber, 1999). Selbst der Beteiligungsgrad der Mitwirkung stellt einigen Autoren zufolge maximal eine Vorform Organisationaler Demokratie dar, da er von der Führung jederzeit zurückgenommen werden kann. Weber (1999) schlägt deshalb vor „den Begriff der *Organisationalen Demokratie* erst ab Partizipationsgrad 4 einer *verbindlichen* Mitwirkung zu verwenden" (S. 273). Dabei versteht er unter Mitwirkung, „dass Vorschläge bzw. Einwände untergebener organisationaler Einheiten in die Entscheidungen Übergeordneter verbindlich einzubeziehen sind und nicht ohne Einigungsversuch zurückgewiesen werden können", während Mitbestimmung bedeutet, „dass untergeordnete Einheiten in paritätisch zusammengesetzten Gremien mitentscheiden können, unter Mitverantwortung für die Entscheidungskonsequenzen" (Weber, 1999, S. 273).

Schließlich muss hier noch auf die Unterscheidung formale vs. informale Partizipation eingegangen werden. Bei der formalen Partizipation bilden explizite, üblicherweise schriftlich festgehaltene Regeln und Normen, die die Beteiligung der verschiedenen Akteure an den organisationalen Entscheidungen festschreiben, die legitimierende Grundlage der Partizipation. In den meisten europäischen Ländern sind die Mitbestimmungsrechte der Arbeitnehmer durch den Gesetzgeber in Form von Betriebsverfassungsgesetzen etc. rechtlich definiert, d.h. eine gesetzliche Grundlage regelt die Mitbestimmung. Daneben lassen sich noch andere Klassen „partizipationslegitimierender Grundlagen" (IDE, 1981; Dachler & Wilpert, 1980) finden, wie die Kollektivvertragsregelungen auf nationaler und sektoraler Ebene oder Regelungen auf Unternehmensebene (Betriebsvereinbarungen u.a.). Informale Partizipation basiert demgegenüber auf dem „impliziten Konsens der Akteure" (Dachler & Wilpert, 1980, S. 86) und ist nicht rechtlich einforderbar.

## 3.4 Wirkpotenziale Organisationaler Demokratie

Es ist bereits wiederholt mehr oder weniger ausdrücklich zur Sprache gekommen, worin die Wirkpotenziale demokratischer Teilhabe am organisationalen Geschehen liegen. Aus der Organisationalen Demokratie-Forschung lassen sich verschiedene Vorteile belegen, die eine demokratische Beteiligung von Unternehmensmitgliedern sowohl für die Unternehmen wie auch und vor allem für die Mitarbeiter selbst mit sich bringt. Es sind dies unter anderem:

- größere Arbeitszufriedenheit, intrinsische Arbeitsmotivation, Produktivitätssteigerung (u.a. Ulich, 2001; Hacker, 1998)
- Überwindung von Arbeitsteilung, Abteilungsdenken (Abgrenzung) und Hierarchisierung (Weber, 1999; Wilpert & Rayley, 1983)
- Lernchancen durch Beteiligung an der Macht
- „Ausweitung der Partizipationskompetenzen", u.a. die „Fähigkeit, Probleme zu identifizieren, eigene Interessen zu artikulieren, sie in Verhandlungen allein oder gemeinsam mit Arbeitskollegen durchzusetzen" (Wilpert & Rayley, 1983), aber auch die Fähigkeit, sich in unternehmerisches Denken und Handeln, sowie in gesamtwirtschaftliche und wirtschaftspolitische Zusammenhänge hinein zu versetzen
- Stärkung des Selbstvertrauens und der Selbstwirksamkeit - positive Auswirkung auf psychisch-somatisches Wohlbefinden, Pufferwirkung bei Stress (Frese, Greif & Semmer, 1978; Karasek, 1978)
- Positive Identifikation und emotionale Bindung an die Organisation / das Unternehmen (Schmid, 2004, 2005; Matiaske & Weller, 2003; Pfandl, 2001).

Organisationale Demokratie geht einher mit einer positiven Einstellung gegenüber dem System der Mitbestimmung (Gardell, 1983; Wilpert & Rayley, 1983) und einem positiv erlebten Betriebsklima (Heller et al., 1998; IDE, 1981). Ergebnisse der großen internationalen IDE-Studie (1981; dt. Wilpert & Rayley, 1983) belegen weiters positive Zusammenhänge mit Involvement und Verantwortungsübernahme sowie diversen wirtschaftlichen Erfolgskriterien wie geringem Absentismus und niedriger Fluktuation. Diese und weitere, auch gesundheitsbezogene Effekte ließen sich deutlicher in Fällen direkter Partizipation nachweisen, als in der schwächeren Form der indirekten, repräsentativen Mitwirkung (via Betriebsräte).

Coleman hat in seinem bereits wiederholt zitierten Werk „Macht und Gesellschaftsstruktur" (1979) sehr anschaulich die historische Entwicklung von Korporationen während der letzten Jahrhunderte und die damit verbundenen gesellschaftlichen Auswirkungen beschrieben. Der Wandel von der mittelalterlichen Korporation in Form von Zünften, Dörfern oder Grundherrschaften hin zum modernen korporativen Akteur in Form von Arbeits- bzw. Dienstleistungsorganisationen ist nicht zuletzt mit einer Verselbständigung korporativer Macht verbunden. Mit dieser Verselbständigung korporativer Macht ist eine Veränderung der gesellschaftlichen Stellung und Bedeutung der individuellen Person verbunden, die neben den gesamtgesellschaftlichen Dimensionen auch und vor allem Konsequenzen für die psychische Befindlichkeit der Personen impliziert. Die nüchterne Analyse Colemans dient nicht zuletzt dazu einen Beitrag zu einer humanen Ordnung der Gesellschaft zu leisten und auf die Probleme hinzuweisen, „denen Gesellschaftspolitik sich insbesondere wird zuwenden müssen, wenn diese Gesellschaftsstruktur den Zielen natürlicher Personen möglichst dienlich sein soll" (Coleman, 1979, S. 4). Entsprechend der Beschreibung der *modernen Organisationsgesellschaft* (Schimank, 2001) konstatiert Coleman, dass „ein Großteil der wichtigen gesellschaftlichen Transaktionen – der Transaktionen, die für Personen wichtig sind – von mächtigen korporativen Akteuren ausgeführt werden, über die Personen geringe oder keine Kontrolle haben". Die Organisationsgesellschaft ist dadurch gekennzeichnet, dass eine „zunehmende Loslösung der Macht von ihrem Ursprung, den Personen, und ihre Verlagerung auf korporative Akteure" stattfindet (Coleman, 1979, S. 35). Was bedeutet dies für den Einzelnen? Zunächst einmal bedeutet dies eine Verzerrung der Kräfteverhältnisse in der Gesellschaft dahin gehend, dass „die Personen, die keine Ressourcen zur Bildung korporativer Akteure zusammengelegt haben [oder haben zusammenlegen können, Anm. d. Verf.], in einer besonders hilflosen Lage sind. In ihrem Fall bleiben nicht nur einige Interessen bei den korporativen Handlungen, die die Gesellschaft bestimmen, unberücksichtigt; ihre Interessen bleiben völlig aus diesem Kräftespiel heraus" (ebd., S. 37). Diese Machtverlagerung von Personen auf immer größer werdende korporative Akteure hat aber auch Auswirkungen auf das psychische Erleben von Personen. Auch neueren Analysen zufolge muss anerkannt werden, dass Organisationen „zu einer Schlüsselerscheinung unserer Zeit werden und folglich Politik, soziale Klassen, Wirtschaft, Familie und sogar psychologische Prozesse den Charakter von abhängigen Variablen annehmen" (Perrow, 1989, S. 3f.). Wenn Coleman 1979 die zunehmende Erfahrung von Machtlosigkeit individueller Personen prognostiziert, so ist er keineswegs der erste. Bereits einige Jahre zuvor hatte Julian Rotter (1971) das Konstrukt des „locus of control" in die Forschung eingeführt und in einer vergleichenden Untersuchung an Studenten in den Jahren 1962 und 1971 eine deutliche Abnahme des Gefühls interner Kontrolle (womit das Gefühl gemeint ist, dass man selbst die Ereignisse kontrollieren kann, die einen betreffen) über diese Zeitspanne hinweg vorgefunden. Melvin Seeman (1963, 1967) hat mit seinem Maß der Ohnmacht ein vergleichbares Konstrukt in der Forschung etabliert. In verschiedenen Untersuchungen konnte er nachweisen, dass Menschen, die sich machtlos fühlen nicht so viel über ihre Umwelt lernen, wie solche, die glauben, sie besäßen ausreichend Macht, um die Ereignisse kontrollieren zu können. Mit dem Gefühl der Machtlosigkeit geht geringes Interesse an internationalen Angelegenheiten (Seeman, 1966), geringes politisches Wissen, sowie eine stärkere Bereitschaft, sich an Gewalttätigkeiten zu beteiligen (Ransford, 1968) einher. Dementsprechende Entwicklungen lassen sich aktuell in einigen der strukturschwachen Regionen Europas bspw. in Teilen Ostdeutschlands beobachten. Fehlende Perspektiven und Entwicklungsmöglichkeiten begünstigen u.a. extreme nationale Tendenzen, die durch ihre Organisationsformen in Gruppen und Hierarchien Zugehörigkeit, Selbstwirksamkeit und Kontrolle über ihre Umwelt vermitteln. Diese Organisationen können auf den bei Seeman und Rotter beschriebenen psychologischen Effekten aufbauen und nutzen die gegebenen Defizite, um die Menschen ihrerseits unter Kontrolle zu bringen. Oser (1995) weist an anderer Stelle sehr deutlich auf die zunehmenden Hilflosigkeitserfahrungen von Menschen in Anbetracht von Institutionen hin. Die skizzierten gesellschaftlichen Entwicklungen und empirischen Beobachtungen mögen als ein Indiz für die Brillianz und Aktualität der Colemanschen Gesellschaftsanalyse gelten. Diese Tatsache sollte uns nicht unberührt lassen. Menschen, die sich hilflos fühlen, können auch resignieren, sich zurückziehen und entwickeln in eine Art Circulus vitiosus verstrickt, immer mehr Angst davor sich selbst und ihren Kompetenzen zu trauen. Das ist nicht nur für den betroffenen Menschen von Schaden, sondern auch für die Gesellschaft, denn diese Menschen schöpfen ihr Potenzial nicht aus. „Das bedeutet: Wer die Dispositionen der Menschen nicht nur als etwas Privates, sondern auch als gesellschaftliche Ressource zur Bewältigung der Herausforderungen der modernen Welt sieht, hat Anlass, an diesem Sachverhalt Anstoß zu nehmen und von verschwendetem Humanpotenzial zu sprechen" (Bohlander, 2004, S. 175; vgl. auch Klages, 2002).

Das Forschungsprojekt ODEM, aus welchem die vorliegende Arbeit entstanden ist, fokussiert die Vergesellschaftung von Demokratie im alltagsstrukturierenden Bereich des Arbeitslebens und postuliert, dass verschiedene Formen Organisationaler Demokratie einen wichtigen Beitrag zur Stabilisierung und Reproduktion demokratischer Gesellschaften leisten (Weber, Iwanowa, Schmid & Unterrainer, 2004). Verschiedene Formen Organisationaler Demokratie und damit verbundene spezifische Merkmale von Arbeitsstrukturen und -prozessen werden als geeignet erachtet, die (Weiter)Entwicklung demokratischer, sozial verantwortlicher Einstellungen, Handlungsbereitschaften und Wertorientierungen bei Beschäftigten, wie Managern zu fördern, und sie als Subjekte ihrer eigenen und gemeinsamen Handlungsmöglichkeiten zu stärken. Dieser Rahmenhypothese liegen Ergebnisse interdisziplinärer Forschung zum Sozialisationspotenzial von organisationalen Merkmalen, beruflichen Anforderungen und Arbeitstätigkeitsmerkmalen aus über vier Jahrzehnten zu Grunde. Sie belegen, dass diese Faktoren einen substanziellen Einfluss auf die menschliche Persönlichkeit, auf soziale Fähigkeiten und Fertigkeiten, auf die psychophysische Gesundheit sowie auf die psychische Befindlichkeit haben. Forschungsüberblicke hierzu finden sich beispielsweise bei Volpert (1975), Frese, Greif und Semmer (1978), Emery und Thorsrud (1982), Hacker (1998) und Ulich (2001). Der Einfluss von Arbeit und Organisation auf die genannten Kriterien kann trotz des nicht zu vernachlässigenden Einflusses der familiären und schulischen Sozialisation und einer möglichen vorausgehenden Fremd- bzw. Selbstselektion (vgl. Heinz, 1995; von Rosenstiel, 2002) inzwischen als gesichert gelten. Organisationale Demokratie, realisiert in konkreten, verbindlichen Mitbestimmungsmöglichkeiten bei relevanten Unternehmensentscheidungen, bietet damit dem einzelnen Organisationsmitglied die Chance aus diesem Circulus vitiosus auszubrechen und seine Potenziale stärker zur Entfaltung zu bringen.

# 4 Commitment gegenüber der Organisation

*Kapital lässt sich beschaffen,*
*Fabriken kann man bauen,*
*Menschen muss man gewinnen.*[7]

Hans Christoph von Rohr
(*1938)

Wenn Coleman (1979, 1990) vorschlägt korporative Akteure kollektiven Akteuren ähnlicher zu machen, hat er damit vorrangig die Lösung eines zentralen Steuerungsproblems formaler Organisationen im Sinn, nämlich die Identifikation der Mitglieder mit den Zielen und Interessen der Korporation zu ermöglichen und damit ihre Leistungserbringung sicherzustellen. Schließlich ist damit nichts anderes gemeint, als das Commitment gegenüber dem korporativen Akteur zu fördern. „Commitment" bedeutet „Bindung" und beschreibt als Organisationales Commitment die „psychologische Bindungsbeziehung zwischen Mitarbeitern und Unternehmen" (Matiaske & Weller, 2003) bzw. „a global, systemic reaction that people have to the company for which they work" (Colquitt, Conlon, Wesson, Porter & Ng, 2001, S. 429). Auch in der Organisationspsychologie wird mit der Vorstellung vom positiv an die Organisation gebundenen Mitarbeiter hohe Leistungsbereitschaft ebenso wie hohe Teilnahmebereitschaft in Form geringer Fehlzeiten und geringer Fluktuationsneigung verbunden. Die Erforschung des Organisationalen Commitment erhält ihre Bedeutung für die Praxis damit durch ihr implizites Versprechen zu einer Verbesserung der Effizienz im Unternehmen beizutragen. Moser formuliert es ganz im Sinne von Coleman, wenn er zusammenfassend erklärt, warum „aus praktischer Sicht ein Interesse daran besteht zu verstehen, was Commitment ist und wie es zustande kommt: Organisationsmitglieder müssen partizipieren und produzieren, und zumindest für die Partizipation scheint Commitment relevant zu sein" (1997, S. 167).

Wie früher schon an anderer Stelle (Schmid, 2004) beschrieben, können Organisationen aber auch aus weniger utilitaristischen Gründen bestrebt sein, das Commitment ihrer Mitglieder zu verbessern. Genannt sei hier das Beispiel einer großen Trägerorganisation aus dem Gesundheitsbereich (Deutschland) mit ca. 11.000 Mitarbeitern, die wie alle Unternehmen, welche im Bereich personbezogener Dienstleistungen arbeiten, besonders auf die Performanz ihrer Mitglieder angewiesen ist. Als sie sich Ende der Achtzigerjahre aufgrund veränderter Rahmenbedingungen mit der beeinträchtigten Leistungsfähigkeit ihrer Mitglieder

---

7 Quelle: Internationales Biographisches Archiv 39/2002 vom 16. September 2002

konfrontiert sahen, beschlossen die Verantwortlichen der Organisation sich sowohl als Gesamtorganisation wie auch in den einzelnen Einrichtungen auf einen Organisationsentwicklungsprozess einzulassen. Natürlich stand auch hier eine Steigerung der Effizienz und Leistung im Mittelpunkt. Dies war aber zum einen nicht das einzige Ziel des Veränderungsprozesses und zum andern war dem gesamten Prozess eine klare und offen kommunizierte Wertebasis zugrunde gelegt. Dazu veröffentlichte der Träger folgende Stellungnahme (Schmitt & Hinkel, o. J., S. 15):

> Unsere positive Einstellung gegenüber den Merkmalen und Vorgehensweisen der Organisationsentwicklung ist so begründet:
>
> - OE hat den Menschen im Mittelpunkt und entspricht damit unserem christlichen Menschenbild. In Handlungs- und Entscheidungsprozesse wird der Mensch aktiv einbezogen.
> - Die Entwicklung der Organisation ist nicht alleiniges Ziel, sondern – damit verbunden und in erster Linie – die Entwicklung der darin tätigen Menschen und ihres Umganges miteinander.
> - Veränderungen und Krisen können als Chancen für persönliches Wachstum genutzt werden.
> - Fehler dürfen gemacht werden, und ein immer neuer Vertrauensvorschuss ist erforderlich, wie neue, ungewohnte Wege begangen werden.
> - Es geht um die Schaffung einer Kultur, in dem Menschen ihre berufliche und persönliche Erfüllung finden können.

An diesem Beispiel kann deutlich gemacht werden, dass die Förderung von Commitment gegenüber einem Unternehmen nicht allein auf den Vorteil des korporativen Akteurs ausgerichtet sein muss. Der Unterschied zwischen individual-utilitaristischer Nutzenoptimierung (vgl. Weber, 1998) und prosozialer Gemeinwesenorientierung liegt in der zugrunde gelegten Wertebasis und der Intention, die hinter dem Prozess steht. Betrachtet man Organisationales Commitment nicht als abhängige, sondern als unabhängige bzw. als mediierende Variable, macht es in der Folge einen bedeutsamen Unterschied, ob das Commitment gegenüber einem Unternehmen besteht, welches sich durch demokratische Unternehmensstrukturen und -praktiken auszeichnet oder gegenüber einem Unternehmen, dessen Geschäftspraktiken beispielsweise darauf aufbauen, menschenunwürdige und gesundheitsschädliche Arbeitsbedingungen in seiner eigenen Produktion wie auch von Zulieferunternehmen zur Steigerung des eigenen Profits ausnutzen (vgl. Weber, Iwanowa, Schmid & Unterrainer, 2004). Dies lässt sich auch durch Ergebnisse aus der Ethikforschung unterlegen. So wird das ethische Verhalten der Organisationsmitglieder neben personalen Faktoren vorrangig durch Merkmale und Werte der Organisation geprägt. Baker und Mitarbeiter konnten jüngst aufzeigen, dass das Commitment gegenüber der Organisation starken Einfluss auf den Zusammenhang zwischen den ethischen

Werten des Unternehmens und dem ethischen Verhalten der Organisationsmitglieder nimmt (Baker, Hunt & Andrews, 2006).

## 4.1 Konzeptionelle Grundlagen

Commitment stellt seit vielen Jahren ein zentrales Konstrukt in der psychologischen Forschung dar (vgl. Cooper-Hakim & Viswesvaran, 2005; Riketta, 2005; Meyer, Stanley, Herscovitch & Topolnytsky, 2002; Meyer & Allen, 1997; Morris & Sherman, 1981; Angle & Perry, 1981; Buchanan, 1974). Allerdings handelt es sich dabei keineswegs um einen konsistenten Ansatz. Im Laufe der Jahre hat die Forschung verschiedene Ansätze hervorgebracht (im Überblick siehe Moser, 1996). Eine frühe Definition stammt von Mowday und Mitarbeitern und beschreibt Organisationales Commitment als „the strength of an individual's identification with and involvement in an particular organization" (Mowday, Porter & Steers, 1982). Organisationales Commitment wird hierbei als „attitudinal form" verstanden, während beispielsweise Salancik in Anlehnung an Becker´s Seitenwettenansatz (side bets, vgl. Becker, 1960) mehr ein verhaltensbezogenes, strukturelles Commitment beschreibt: „Commitment comes about when an individual is bound to his acts. Though the word bound is somewhat clumsy, what we mean by it is that the individual has identified himself with a particular behavior" (Salancik, 1977, zitiert nach Mowday et al., 1982, S. 25). Als Mathieu und Zajac 1990 ihre Metaanalyse über die bis dahin vorliegenden Arbeiten zu den Bedingungen, Korrelaten und Konsequenzen von Organisationalem Commitment veröffentlichten, wurde noch allein zwischen diesen beiden Formen von Commitment unterschieden (attitudinal vs. calculative, vgl. Meyer, Stanley, Herscovitch & Topolnytsky, 2002).

### 4.1.1 Verhaltensbezogenes Commitment

Salancik (1977) versteht verhaltenbezogenes Commitment als Folge der Identifikation mit zuvor gezeigtem Verhalten. Verhaltensbezogene Commitment-Ansätze beschäftigen sich daher vorrangig mit Bedingungen, welche die Identifikation einer Person mit ihrem Verhalten und bestimmten gezeigten Verhaltensweisen unterstützen. Nach der „side bet theory" (Becker, 1960) können Seitenwetten als solche Bedingungen betrachtet werden. Als zentrales Merkmal einer Seitenwette gilt, dass aufgrund irrelevanter Aspekte eine Verhaltensänderung, in diesem Fall das Verlassen der Organisation, als zu teuer erachtet wird. Beispiele sind unter anderem:

— *Generalisierte kulturelle Erwartungen:* Man würde nicht vertrauenswürdig wirken, wenn man (allzu schnell) den Arbeitsplatz wechselt.
— *Bürokratische Regelungen:* Man verliert bei einem Organisationswechsel Pensionsansprüche.

— *Individuelle Anpassungsprozesse an soziale Positionen:* Man passt sich an spezifische Normen und Erfordernisse an, die Leistungserbringung fällt leichter, und man verliert zugleich die Anpassungsfähigkeit an Alternativen.
— *Vermeidung eines „Gesichtsverlusts":* Man versucht, den Eindruck, den man bei anderen Personen erzeugt hat, konsistent zu erhalten. (Moser, 1997, S. 161)

Daneben liegt der Fokus auf „bisher in die Organisation eingebrachten Investitionen und der hierdurch erworbenen möglichen Vergünstigungen" (Schmidt, Hollmann & Sodenkamp, 1998, S. 94), welche durch einen Organisationswechsel verloren gingen. Die Höhe des Commitments gibt demnach Auskunft über den subjektiven Wert, den die bisher getätigten Investitionen für das Organisationsmitglied haben.

Im sozialpsychologischen Ansatz von Kiesler (1971) wird Commitment als die Bindung an eine Handlungsfolge verstanden, wobei „Handlung" in einem recht weiten Sinn verstanden wird, wie z.B. offen gezeigte Verhaltensweisen oder Einstellungen. Commitment wird in diesem Ansatz jedoch nicht als alltagsrelevantes Konstrukt verstanden. Seine motivationale Wirkung kommt vielmehr erst zum Tragen, wenn die bisherige Verhaltenskonsistenz beispielsweise in Form eines alternativen Stellenangebots angegriffen wird, d.h. eine „Attacke" stattfindet. „Commitment entsteht somit im Prozess der Selbstrechtfertigung von in Frage gestellten Verhaltensweisen" (Moser, 1997, S. 161). Zur theoretischen Fundierung dieser Form von Commitment wurden daher auch Selbst-Theorien (Shamir, 1991) vorgeschlagen. Hierbei wird davon ausgegangen dass Menschen unter allen Umständen versuchen ihr Selbst-Konzept, welches sich auch über die Konsistenz des gezeigten Verhaltens definiert und eine starke Zeitkomponente aufweist, aufrecht zu erhalten. Zur Aufrechterhaltung dieser Konsistenz können alle möglichen Strategien, von der Neubewertung bisheriger Handlungen, über das Auf- bzw. Abwerten alternativer Angebote bis hin zu „eskalierendem" Commitment, eingesetzt werden (vgl. Matiaske & Weller, 2003; Moser, 1998).

### 4.1.2 Einstellungsbezogenes Commitment

Im Unterschied zu diesem strukturellen Ansatz entfaltet das einstellungsbezogene Commitment seine motivationale Wirkung im beruflichen Alltag. Individuen entwickeln diesem Ansatz zufolge eine positive Haltung zur Organisation, wenn deren Werte und Ziele in Übereinstimmung stehen zu den eigenen Werten und Zielen. „In many ways it can be thought of as a mind set, in which individuals consider the extend to which their own values and goals are congruent with those of the organization" (Mowday et al., 1982, S. 26). Im Sinne von Mowday und Mitarbeitern besteht zwischen der Person und der Organisation ein aktives Verhältnis. Organisationsmitglieder mit hohem Commitment sind bereit sich für die Organisation einzusetzen und auch über den vorgeschriebenen Leistungsumfang hinaus für die Organisation zu wirken (vgl. Meyer et al., 2001). Buchanan beschreibt 1974 drei Komponenten Organisationalen Commitments:

— *Identifikation:* man ist stolz für diese eine bestimmte Organisation zu arbeiten.
— *Involvement:* wichtige Dinge des Lebens haben mit der Arbeit zu tun.
— *Loyalität:* man kann sich unter anderem vorstellen, sein Leben lang in diesem Unternehmen zu bleiben.

Die bislang einflussreichste Definition stammt aber ohne Zweifel von Mowday und Mitarbeitern (1982), worin sie Commitment als relative Stärke der Identifikation mit und des Involvements in eine Organisation definieren (siehe oben). Aspekte dieses Commitment-Verständnisses sind:

— ein starker Glaube an und die Übereinstimmung mit den Zielen und Werten der Organisation (Identifikation),
— die Bereitschaft, zum Wohl der Organisation beizutragen und sich für sie einzusetzen (Anstrengungsbereitschaft) und
— ein starkes Bedürfnis, der Organisation anzugehören (geringe Fluktuationsneigung).

Einstellungsbezogene Commitment-Ansätze beschäftigen sich mit den Zusammenhängen zwischen Commitment und Fluktuation bzw. Absentismus, Commitment und Leistungsbereitschaft sowie dem Einfluss von Persönlichkeitsmerkmalen auf das Commitment (Meyer & Allen, 1997). Untersucht werden auch die Einflüsse von Konstrukten wie Moral (vgl. Buchanan, 1974; Moser, 1996), Involvement (Mowday et al., 1982) und verschiedensten weiteren Antezedenzien wie strukturelle Merkmale der Organisation, Personmerkmale oder Arbeitserfahrungen (vgl. Meyer & Allen, 1997).

Die Vielfalt der Forschungsansätze hat in den letzten Jahren vermehrt zur Entwicklung integrativer Konzepte geführt. Das bekannteste dieser integrativen Modelle stammt von Meyer und Allen (Meyer & Allen, 1991; 1997).

## 4.2 Das Drei-Komponenten Modell von Meyer und Allen

Ursprünglich arbeiteten auch Meyer und Allen mit den zwei Komponenten *affective* (attitudinal) und *continuance* (calculative) *commitment*. Im Zuge ihrer Forschung nahmen sie in den Neunzigerjahren dann eine dritte Komponente in ihr Modell auf, das *normative commitment* (normatives Commitment). Darunter subsumieren sie so etwas, wie das Gefühl der Verpflichtung gegenüber der Organisation: „it reflects a perceived obligation to remain in the organization" (Meyer et al., 2001, S. 21). Neben dem Drei-Komponenten-Modell von Meyer und Allen gibt es verschiedene andere multidimensionale Konzeptionen von Commitment (Jaros, Jermier, Koehler & Sincich, 1993; Reilly & Orsak, 1991), die sich bisher allerdings weniger durchsetzen konnten.

### 4.2.1 Affektives Commitment

„Affective commitment refers to the employee's emotional attachment to, identification with, and involvement in the organization" (Meyer & Allen, 1991, S. 67). Basierend auf den Arbeiten von Porter und Kollegen (zusammenfassend Mowday et al., 1982) handelt es sich bei dieser Komponente um die bisher am häufigsten untersuchte Commitment-Dimension (vgl. Matiaske & Weller, 2003). Im Mittelpunkt des affektiven Commitments stehen Gefühle der Verbundenheit mit der Organisation, die sich aus positiven emotionalen Erlebnissen mit und innerhalb der Organisation entwickeln. „Although other factors (e.g., personal or structural characteristics) might contribute, research to date would suggest that the desire to maintain membership in an organization is largely the result of work experiences" (Meyer & Allen, 1991, S. 74).

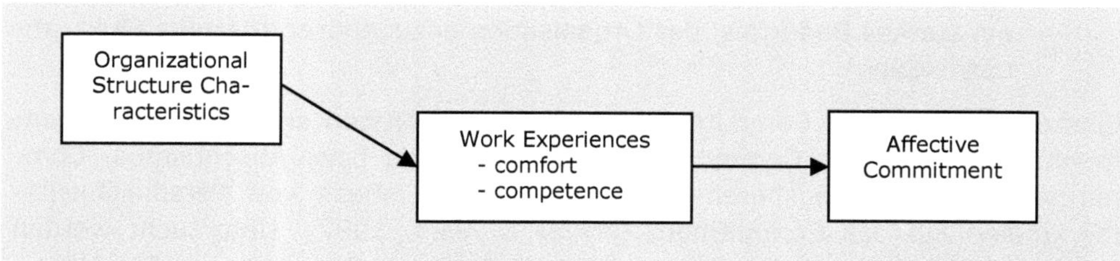


Abbildung 4.1: Affektives Commitment: Auszug aus dem Drei-Komponenten Modell nach Meyer & Allen (1991, S. 68, Abb. 2)

Affektives Commitment soll sich vor allem in geringen Fehlzeiten niederschlagen und stärker als die beiden anderen Commitment-Komponenten zu höherer Arbeitsleistung beitragen. Meyer & Allen (1997) konnten diesbezüglich starke positive Zusammenhänge nachweisen. Affektives Commitment beruht bisherigen Erkenntnissen zufolge vor allem auf einem „starken Glauben an die Ziele und Werte der Organisation" (Matiaske & Weller, 2003). Das Gefühl der Verbundenheit steht im Mittelpunkt. Man verbleibt in der Organisation, weil man *will*.

### 4.2.2 Normatives Commitment

Normatives Commitment nach Meyer und Allen (1991) beruht auf einem Ansatz von Wiener (1982) und resultiert „aus der moralischen Verpflichtung heraus, sich in einer Weise zu verhalten, die den Zielen und Interessen der Organisation entspricht" (Schmidt et al., 1998, S. 95). Personen verbleiben aufgrund normativer Überzeugungen im Unternehmen und nicht aufgrund persönlicher Vorteile: „(...) normative commitment reflects a feeling of obligation to continue employement. Employees with a high level of normative commitment feel that they *ought* to remain with the organization" (Meyer & Allen, 1991, S. 67). Dieses Verpflichtungsgefühl wird als Ergebnis eines Internalisierungsprozesses, der im Rahmen gesellschaftlicher, familiärer und/oder betrieblicher Sozialisation stattfinden kann betrachtet, kann aber auch als spezielle Form der Reziprozität im Kontext sozialer Austauschbeziehungen konzipiert werden (Eisenberger, Armeli, Rexwinkel, Lynch & Rhoades, 2001). Normativ gebundene Mitglieder verbleiben in der Organisation, weil sie sich dazu *verpflichtet fühlen*.

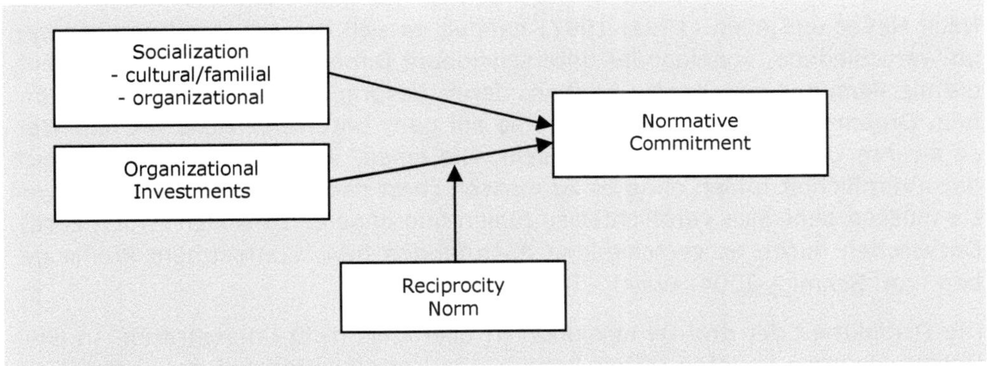


Abbildung 4.2: Normatives Commitment: Auszug aus dem Drei-Komponenten Modell nach Meyer & Allen (1991, S. 68, Abb. 2)

### 4.2.3 Abwägendes Commitment

Abwägendes, kalkulatorisches oder fortsetzungsbezogenes Commitment (Übersetzung unterschiedlich) basiert auf kognitiven Vorgängen des Abwägens von Kosten und Nutzen. „Continuance commitment refers to an awareness of the costs associated with leaving the organization" (Meyer & Allen, 1997, S. 11). Diese Dimension der Bindung an die Organisation wird verstanden als das Resultat einer individuellen Kosten-Nutzen-Abwägung mit der Erkenntnis, dass ein Verlassen der Organisation mit zu hohen Kosten verbunden wäre. Man verbleibt schlussendlich in der Organisation, weil man *muss* bzw. weil man keine bessere Alternative hat.

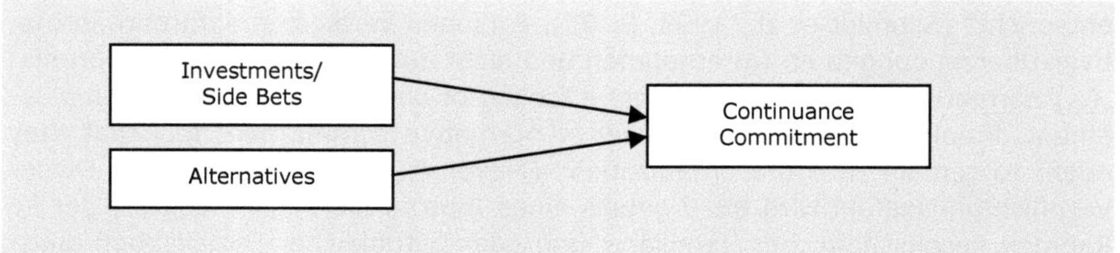


Abbildung 4.3: Abwägendes Commitment: Auszug aus dem Drei-Komponenten Modell nach Meyer & Allen (1991, S. 68, Abb. 2)

### 4.2.4 Dimensionalität des Drei-Komponenten Modells

Nach Meyer und Allen (1991, 1997) handelt es sich bei den drei Komponenten um verschiedene, voneinander unterscheidbare Dimensionen von Commitment, die die Personen gleichzeitig erleben, deren Ausprägungen aber variieren können. Organisationsmitglieder können so auf ganz unterschiedliche Art und Weise an ihre Organisation gebunden sein: Die einen, weil sie es wollen und sich dazu verpflichtet fühlen ohne es zu müssen (best case), andere wiederum, weil sie müssen ohne sich verpflichtet zu fühlen und ohne es zu wollen (worst case). Dazwischen dürfte es verschiedene Abstufungen bzw. Commitment-Profile geben (vgl. Schmid, 2004; Wasti, 2005).

Die Distinktheit der drei Dimensionen ist allerdings nicht unumstritten. In allen Untersuchungen konnten bisher bedeutende Korrelationen zwischen affektivem und normativem Commitment nachgewiesen werden (vgl. Meyer et al., 2001). Der Forderung, die beiden Dimensionen zu einer Dimension zusammenzufassen, treten Meyer und andere (Meyer & Allen, 1997; Cohen, 1996) mit dem Argument entgegen, dass die beiden Dimensionen sich sowohl in ihren Entstehungsbedingungen als auch in ihren Konsequenzen unterscheiden. Sie argumentieren „that, despite their high correlation, affective and normative commitment demonstrate sufficiently different correlations with other variables, especially variables purported to be outcomes of commitment, that both are worth retaining" (Meyer et al., 2001).

Auch die Eindimensionalität des abwägenden Commitments ist immer wieder in Diskussion. So berichten Meyer und Mitarbeiter (2001) Ergebnisse verschiedener Autoren, die auf eine drei- bzw. zweidimensionale Struktur des abwägenden Commitments schließen lassen. Auch die deutschen Übersetzer der Meyer und Allen-Skalen (Schmidt et al., 1998) diskutieren eine mögliche Zweidimensionalität der Skala. Die zwei Subdimensionen wurden von McGee und Ford (1987) mit „low alternatives" (CC:LoAlt) und „high sacrifices" (CC:HiSac) bezeichnet und korrelierten damals in unterschiedlicher Richtung signifikant mit dem affektiven Commitment (AC): CC:LoAlt korreliert negativ und CC:HiSac korreliert positiv mit AC. Diese Zweidimensionalität konnte auch in einer eigenen Untersuchung (Schmid, 2004) nachgewiesen werden. Bislang wurde die Dimension aufgrund der hohen Korrelation der beiden Subdimensionen dennoch als eindimensional behandelt. In ihrer Metaanalyse von 2001 kommen Meyer und Mitarbeiter zum Ergebnis, dass die beiden Subdimensionen höher miteinander korrelieren als bisher angenommen. Trotzdem scheint CC:HiSac (Verlustdimension) deutlich stärker mit Fluktuationsbereitschaft zu korrelieren (negativ) als CC:LoAlt (mögliche Alternativen). Die Autoren schlagen deshalb vor für zukünftige Studien die Skala CC umzugestalten und mehr Items einzubauen, „to reflect perceived sacrifice" (Meyer et al., 2001, S. 41).

### 4.2.5 Entstehungsbedingungen

Wie bereits bei der Beschreibung der drei einzelnen Commitment-Dimensionen deutlich wurde, ist ihr Entstehen durch unterschiedliche Wirkfaktoren beeinflusst. Affektives Commitment hängt vorrangig von Arbeitsmerkmalen und Arbeitserfahrungen in Zusammenhang mit eigenem Kompetenzerleben sowie der Erfahrung von Wohlbefinden in der Organisation ab (vgl. Meyer & Allen, 1997). Positive Einstellungen der Kollegen gegenüber der Organisation („Lernen am Modell") und das Gefühl einen wichtigen Beitrag zum Organisationserfolg zu leisten, fördern ebenfalls die Bindung an die Organisation. Schließlich zeigen Studien Zusammenhänge von Führungsstil und sozialen Interaktionen am Arbeitsplatz mit Commitment (vgl. Mowday et al., 1982). Abwägendes Commitment ist stärker von möglichen Beschäftigungsalternativen, der Dauer der Organisationszugehörigkeit und der in diesem Zeitraum getätigten Investitionen beeinflusst, sowie negativ vom Ausbildungsniveau. Hinsichtlich der Wirkung des Ausbildungsniveaus auf das Organisationale Commitment sind die Ergebnisse inkonsistent. Es wird angenommen, dass besser ausgebildete Mitarbeiter möglicherweise höhere Erwartungen an ihre Organisation haben, die diese nicht immer erfüllen kann (Mowday et al., 1982), was mitunter zu Enttäuschungen führt und das Verlassen der Organisation mit sich bringt. Moser (1996) glaubt, dass eine bessere Ausbildung die Anpassung an alternative Angebote und damit einen Organisationswechsel erleichtert, so dass insgesamt eher ein negativer Zusammenhang zwischen Ausbildungsniveau und Organisationalem Commitment angenommen werden kann. Zum normativen Commitment bestehen bisher nur einige allgemeine Überlegungen die Auswirkungen familiärer und betrieblicher Sozialisationsprozesse betreffend (vgl. Schmidt et al., 1998).

Weiters ist zu erwähnen, dass sich Commitment sowohl auf die Organisation als Gesamtes, wie auch auf Teile der Organisation (wie Teams, diverse Gruppen oder Koalitionen) beziehen kann. Verschiedene empirische Studien zeigen, dass sich bestimmte Aspekte des Verhaltens in Unternehmen besser mittels der Bezugnahme auf bestimmte Bindungsobjekte vorhersagen lassen. Nach Meyer und

Allen (1997) kann das Commitment-Modell als universelles Bindungsmodell verstanden werden, sie schlagen deshalb vor, den Ansatz auch auf andere Bereiche zu übertragen. Felfe und Mitarbeiter (Felfe, Six, Schmook & Knorz, 2004) haben auf dieser Basis ein Gesamtkonzept entwickelt, in das sowohl unterschiedliche Formen der Bindung als auch Bindungsziele eingegangen sind. Aus den drei Dimensionen (affektiv, abwägend, normativ) und den drei Bindungszielen Organisation, Beruf und Beschäftigungsform resultieren neun Skalen, welche zusammen das Fragebogeninventar „COBB" (Fragebogen zur Erfassung von affektivem, kalkulatorischem und normativem Commitment gegenüber der Organisation, dem Beruf/der Tätigkeit und der Beschäftigungsform) bilden.

Im Hinblick auf eine der zentralen Fragestellungen der vorliegenden Untersuchung nach Zusammenhängen zwischen Organisationaler Demokratie und Commitment sind noch einige interessante empirische Ergebnisse zu erwähnen. So fanden sich in einigen Untersuchungen positive Korrelationen zwischen der erlebten Zuverlässigkeit und Glaubwürdigkeit von Organisationen und dem Commitment ihrer Mitglieder (Buchanan, 1974; Übersicht bei Moser, 1996) sowie dem Ausmaß funktionaler Abhängigkeit und dem Grad der Dezentralisierung (Mowday et al., 1982). Mowday (1982) berichtet, dass Arbeitnehmer, die in dezentralisierten Organisationsformen mit hohem Formalisierungsgrad arbeiten und eng miteinander kooperieren müssen, sich stärker an ihre Organisation gebunden fühlen als ihre Kollegen in zentralistisch organisierten Unternehmensformen. Positive Korrelationen zwischen Anforderungsvielfalt und Commitment unterstützen diese Ergebnisse. Nach Rhodes und Steers (1981) weisen Arbeitnehmer, die in wichtige organisationale Entscheidungen eingebunden bzw. in irgendeiner Form an der Organisation beteiligt sind ebenfalls ein höheres Commitment auf. Auch Harrison und Freeman (2004) kommen zu diesem Ergebnis (siehe 3.3.1). Neben der Entscheidungsbeteiligung nehmen vor allem aber auch verschiedene Aspekte von Gerechtigkeit im Unternehmen nachweislich Einfluss auf das Commitment der Beschäftigten (vgl. Moorman, 1991; Masterson, Lewis, Goldman & Tyler, 2000).

# 5 Gerechtigkeit und Wertschätzung im Unternehmen

The product of work is people. [8]

Phil Herbst
(1975)

John Rawls bezeichnet in seinem Hauptwerk „A Theory of Justice" (1971) die Gerechtigkeit als „die erste Tugend sozialer Institutionen". Tatsächlich wird die Gerechtigkeit bislang eher normativ in der Philosophie und eher deskriptiv in der Psychologie und Soziologie behandelt. Der Transfer auf die Unternehmensebene ist vor allem im deutschen Sprachraum bislang nur wenig gelungen. Im Kontext einer Wirtschaftswelt, die durch zunehmenden Vertrauensverlust, nicht zuletzt bedingt durch schwerwiegende Verletzungen von Fairness durch Schmiergeld- und Steueraffären Verantwortlicher globaler Konzerne gekennzeichnet ist, werden Fragen nach Gerechtigkeit in organisationalen Entscheidungs- und Verteilungsprozessen zu einem wichtigen Gegenstand der Unternehmenspraxis. Dies gilt gleichermaßen für den Forschungsbereich der Unternehmensethik. Gerechtigkeit und Wertschätzung dienen dabei nicht nur der Mitgliederbindung, sondern stellen wesentliche Elemente einer Organisations- bzw. Gesellschaftsform dar, welche über den unmittelbaren instrumentellen Nutzen hinaus auch auf die Moral- und Sozialkompetenz ihrer Mitglieder reflektiert. Besonders deutlich wird dies am Modell der Just Communities.

## 5.1 Keimzellen demokratischer Kompetenzen: Just Communities

Der Just-Community-Ansatz basiert auf Forschungsarbeiten und Theorien kognitiver Entwicklungspsychologen zum Moralerwerb (Dewey, 1959; Piaget, 1944, 1973; Selman, 1984; Kohlberg, 1996). Als *kognitiv* werden sie bezeichnet, weil sie erkannt haben, „daß moralische, ebenso wie intellektuelle Erziehung auf der Stimulierung eigenen, aktiven Nachdenkens über moralische Belange beim Kind basiert. Ein Entwicklungsansatz ist es deshalb, weil er als zentrales Ziel der Moralerziehung die Bewegung durch verschiedene moralische Stufen ansieht" (Higgins, 1989, S. 112). Die theoretische Grundlage wie auch der konkrete Anstoß zur Bildung gerechter Gemeinschaften (vor allem in Schulen, vgl. aber auch die entsprechende Kibbuz-Literatur z.B. Palgi, 2004; Rosner, 1998; Elden, 1980; Cohen, 1966) stammte von Lawrence Kohlberg. 1974 konnte das erste Projekt einer gerechten Schul-Kooperative im Rahmen einer öffentlichen Highschool realisiert werden, in welchem Kohlbergs Theorie der moralischen Ent-

---

[8] In: Davis & Cherns, 1975

wicklung in die Praxis umgesetzt wurde. Bedeutsam ist dieser Ansatz in unserem Kontext vor allem dadurch, weil hier erstmals ein Perspektivenwandel stattfindet, weg vom Fokus auf die individuelle Moralentwicklung des Menschen, hin zum Fokus auf die *soziale* Komponente des Moralerwerbs. Moralisches Handeln wäre nicht nötig, existierte der Mensch allein und isoliert und stünde nicht mit anderen Menschen in Interaktion. Moral kann nicht ohne den Bezug auf eine soziale Gemeinschaft gelernt und praktiziert werden. Kohlberg betont immer wieder, dass die „moralische Entwicklung ... in jeder Hinsicht ein sozialer Vorgang" ist, und dass die moralische Entwicklung „als Erziehungsziel ... die Schaffung moralischer, d.h. gerechter Interaktionsstrukturen" verlangt (Kohlberg, Wassermann & Richardson, 1978, S. 223).

Auf diesem entwicklungspsychologischen Hintergrund wird verständlich, warum die ersten Versuche mit gerechten Gemeinschaften im Schulbereich stattgefunden haben. Dabei erachten Kohlberg und Mitarbeiter Demokratie, Integration und Gleichberechtigung als die wesentlichen Strukturmerkmale einer jeden gerechten Gemeinschaft. Bezogen auf die Schule wurden sie von ihnen folgendermaßen formuliert:

1. Die Schule berücksichtigt die Rechte jedes einzelnen Schülers und Lehrers. Aus der Anerkennung dieser Rechte folgt, daß Schüler und Lehrer als grundsätzlich gleichrangig und gleichberechtigt gelten.
2. Die Schule ist für alle offen; sie kennt weder Rassentrennung noch Klassenschranken, ihre Schüler gehören vielmehr verschiedenen Rassen und sozialen Klassen an.
3. In Entscheidungsprozessen werden alle Rechte, Interessen und Meinungen berücksichtigt; die Schule ist also demokratisch. (Kohlberg et al., 1978, S. 223)

Als soziales Ganzes betrachtet, wird die Schule als Kooperative verstanden, die auf „einer gemeinsamen Sache und gemeinsamen Zielen sowie auf gemeinsam getragenen Normen und Einstellungen" (ebd.) beruht. Im Gegensatz zu den korporativen Akteuren (Coleman, 1979, 1990) basiert die Etablierung dieser gemeinsamen Merkmale auf einem stets lebendig zu haltenden, demokratischen Aushandlungsprozess und kann nicht von der Korporative vorgegeben werden. Konkret bedeutet dies, dass sämtliche Mitglieder der Organisation (hier Schüler, Lehrer und auch Eltern) wöchentlich für eine bestimmte Zeit zusammen kommen, um miteinander anstehende Entscheidungen oder strittige Fragen zu beratschlagen und gemeinsam einer Problemlösung zuzuführen. Wie man inzwischen auch aus vielen leidvollen Erfahrungen im Zusammenhang mit Leitbild-Prozessen weiß, ist dabei nicht das Resultat das wichtigste bzw. wirksame, „sondern die Prozesse des öffentlichen Beratens, Argumentierens, des Hörens auf das Argument des anderen, des Suchens nach Lösungen, des Lernens demokratischer Verfahren, die Zumutung, daß der andere auch denken, Verantwortung übernehmen und ehrlich bemüht sein kann" (Higgins, 1989, S. 68).

Nach Higgins stellen diese Prozesse selbst bereits moralisches Handeln dar: „ihrer Struktur liegt Prozeßmoral zugrunde, weil in den Bedingungen von Verfahren stets die Regeln der Gerechtigkeit, Fürsorglichkeit und Wahrhaftigkeit je neu Niederschlag finden" (Higgins, 1989, S. 68 f.). Gerechtigkeit wird von Kohlberg gleichzeitig als Ziel und Methode der Moralerziehung betrachtet. In späteren Projekten wurde versucht Just-Community-Modelle auch in Gefängnissen zu etablieren (vgl. Kohlberg, 1996). Dabei vertritt Kohlberg die feste Überzeugung, dass auch erwachsene Menschen bei entsprechenden Rahmenbedingungen sich in ihrer moralischen Urteilsfähigkeit entsprechend seinem Stufenkonzept weiterentwickeln können. Dafür müssen bestimmte Bedingungen erfüllt sein, welche sich zwei Kategorien zuordnen lassen (nach Kohlberg et al., 1978):

1. Direkte Bedingungen (sie manifestieren sich in der Struktur der Gruppendiskussion und –interaktion in den gemeinschaftlichen Versammlungen):
   - *Rollen-Empathie* – Möglichkeit bzw. Aufforderung im Rahmen der Diskussion von Moraldilemmata sich in andere Rollen zu versetzen, deren Perspektive einzunehmen
   - *Orientierung an Fairness* – Probleme werden unter dem Gesichtspunkt der Fairness behandelt
   - *Entscheidungen unter moralischem Aspekt betrachten*
   - *Konfrontation mit moralisch-kognitiven Konflikten*
   - *Konfrontation mit der jeweils nächst höheren Moralstufe sowie Gelegenheit zum Wechsel der Perspektive* – Gruppenleiter sollte Argumente der nächsten Stufe in die Diskussion einführen
   - *Aktive Beteiligung und Interesse an Moraldebatten und –entscheidungen der Gruppe*

2. Indirekte Bedingungen (die allgemeine moralische Atmosphäre der Schule bzw. der Gemeinschaft betreffend):
   - *Demokratie* – man fühlt sich für die selbst mitbeschlossenen Regelungen und ihre Einhaltung verantwortlich.
   - *Gerechtigkeit* – Entscheidungen und Regelungen basieren auf breiter Basis und sind fair zustande gekommen; das führt zu größerer Wertschätzung und tieferem Verständnis von Gerechtigkeit als Basis menschlichen Zusammenlebens.
   - *Bewusstsein der Gemeinsamkeit* – Verantwortung füreinander (für den Einzelnen und der Einzelne für die Gruppe) stärkt Vertrauen und schafft eine positive moralische Atmosphäre.

Diese Aufzählung beinhaltet explizite wie implizite Aussagen zur Bedeutung von Gerechtigkeit in sozialen Gruppen wie auch zur Bedeutsamkeit der Wertschätzung des Menschen als entwicklungsfähiges Individuum, welches durch förderliche situative Bedingungen zu einem kompetenten, fürsorglichen und gemeinsinnigen Mitglied der Gesellschaft heranreifen kann. Kohlberg (1996) selbst beschreibt diese Bedingungen an anderer Stelle wie folgt:

> Unter diesen förderlichen oder aber hinderlichen Bedingungen verstehen wir
>
> (a) inwieweit das Gefühl besteht, dass ... Moralprobleme erörtert und Standpunkte anderer berücksichtigt werden;
>
> (b) inwieweit die Personen das Gefühl haben, sie seien an der Aufstellung der Regeln aktiv beteiligt; und
>
> (c) inwieweit bestehende Regeln als gerecht angesehen werden.
>
> Die eben erwähnten Daten erklären, warum die individuelle Moralentwicklung bei Personen in demokratischen Umwelten weiter vorangeschritten ist als bei Personen in traditionellen, nach Gesellschaftsschichten gegliederten und bürokratischen Umwelten. (Kohlberg, 1996, S. 301)

Kohlberg beschreibt hier grob Bedingungen Organisationaler Demokratie und prozeduraler Gerechtigkeit, wie sie in der vorliegenden Untersuchung als potenzielle Wirkfaktoren bzw. als mediierende Variablen erhoben wurden. Auch wenn diese Untersuchungskonstellation in der gegenwärtigen arbeits- und organisationspsychologischen Forschungslandschaft als recht unüblich gelten mag, den Transfer dieses entwicklungspsychologischen Forschungsansatzes in die Arbeits- und Organisationspsychologie leisteten Forscher des Max-Planck-Institutes für Bildungsforschung in Berlin bereits in den frühen Neunzigerjahren (vgl. Hoff & Lempert, 1990; Hoff, Lempert & Lappe, 1991; Lempert, 1993; Lempert & Corsten, 1997). Der Projektgruppe „Arbeitsbiographie und Persönlichkeitsentwicklung" um Ernst-H. Hoff und Wolfgang Lempert gelang es in Längsschnittuntersuchungen zur Persönlichkeitsentwicklung von Facharbeitern verschiedene Anregungspotenziale zu extrahieren, welche eine Weiterentwicklung moralischer Urteilskompetenz im Betrieb unterstützen.

## 5.2 Wertschätzung in Organisationen

### 5.2.1 Merkmale einer soziomoralischen Atmosphäre im Unternehmen

In Anlehnung an die von Kohlberg definierten drei Ebenen des moralischen Urteils (präkonventionell, konventionell und postkonventionell) bestimmen Hoff und seine Mitarbeiter betriebliche Merkmale, welche den Übergang von der prä- auf die konventionelle Ebene fördern und solche, die den Übergang von der konventionellen auf die postkonventionelle Ebene unterstützen. Dies sind nach Lempert und Corsten (1997):

- für den Übergang vom vorkonventionellen zum konventionellen Denken
    - Konflikte, in denen Normen mit Interessen kollidieren,
    - Wertschätzung als Mitglied sozialer Einheiten (wie Familien und Schulklassen, Lern- und Arbeitsgruppen),
    - Kommunikation, Kooperation und Verantwortungsattribution im Rahmen fraglos anerkannter konkreter Normen;

- für die Transformation konventioneller in postkonventionelle Orientierungen
    - Normenkollision und Wertdiskrepanzen,
    - Respektierung als einzigartige Person,
    - diskursive Problematisierung und partizipative Revision geltender Normen sowie
    - Attribution komplexer Verantwortung, d.h. die Erwartung, angesichts konkurrierender sozialer Ansprüche selbständig zu entscheiden. (Lempert & Corsten, 1997, S. 342)

Auf Basis weiterer Studien definieren Hoff et al., (1991), Lempert (1993) sowie Lempert und Corsten (1997) verallgemeinernd fünf soziale Anregungspotenziale bzw. soziale Prozesse, die die Weiterentwicklung des moralischen Bewusstseins begünstigen:

— offene Konfrontation mit sozialen Problemen und Konflikten
— zuverlässig gewährte Wertschätzung, Zuwendung und Unterstützung
— zwanglose Kommunikation
— partizipative Kooperation und
— angemessene Zuweisung und Zurechnung von Verantwortung.

Dabei ist zu beachten, dass diese Anregungspotenziale, um ihre entwicklungsförderliche Wirkung entfalten zu können, über einen längeren Zeitraum - die Autoren sprechen von wenigstens zwei Jahren - kontinuierlich und konsistent ausgeprägt sein sollten (vgl. Lempert & Corsten, 1997). Dies gilt mit Ausnahme der sozialen Konflikte für alle genannten Merkmale in Gleichzeitigkeit. Diese Bedingungen präzisieren die von Kohlberg und Mitarbeitern konzipierte soziomoralische Atmosphäre.

Da nach Kohlberg das moralische Denken auf höheren Stufen höher entwickelte kognitive Fertigkeit voraussetzt, kann anforderungsreich gestaltete Arbeit als eine Voraussetzung für höhere moralische Urteile und folglich auch für das entsprechende Handeln betrachtet werden. Die Arbeitspsychologie, vor allem im deutschen Sprachraum (vgl. Ulich, 2001; Oesterreich & Volpert, 1999; Hacker, 1998; Volpert, 1987; Iwanowa, 2004; Weber, 1999), aber auch international (vgl. Emery & Thorsrud, 1982; Heller, 1998), belegte bisher auf vielfältige und eindrückliche Weise die Auswirkungen einer menschengerechten Arbeits(platz)gestaltung auf die Kompetenzentwicklung. Nun sollten sich demokratische Arbeitsorganisationen im Idealfall durch eine positive Ausprägung der genannten Anregungspotenziale auszeichnen, womit der Link wieder zurück zur Organisationalen Demokratie gelegt wäre. Die Einbindung von Organisationsmitgliedern in betriebliche Entscheidungen auf operativer, taktischer und strategischer Ebene bietet zweifellos vielfältige Anregungen „durch soziale Interaktion, moralische Entscheidungen, moralischen Dialog und moralisches Miteinander" (Kohlberg, 1976, S. 164).

### 5.2.2 Wertschätzung als Basis und Bestandteil einer soziomoralischen Atmosphäre

Im Wertekanon neuzeitlicher CR-Kodizes (Corporate Responsibility) kommt der Ethik – im Konkreten also einem moralischen Miteinander – besondere Bedeutung zu. „Moralisches Miteinander" kann dabei durchaus im Sinne von Oser und Althof (1992, S. 11, Hervorheb. i. Orig.) verstanden werden: *„Wenn das Wohlergehen der Menschen vom Verhalten anderer Menschen beeinflusst wird, betreten wir den Bereich der Moral."* Auf die Bedeutsamkeit eines bewussten Miteinander im Unternehmen machte indirekt bereits eine frühe arbeitspsychologische Studie in den Jahren 1927 bis 1932 aufmerksam. In den Beschreibungen der klassischen „Hawthorne-Studie" wird immer wieder darauf hingewiesen, dass sich die Leistungen der Arbeiter während der Untersuchung verbesserten, und dies unabhängig davon, ob die Arbeitsverhältnisse positiv oder negativ beeinflusst wurden. Der Effekt wird durchgängig damit erklärt, dass die ungewohnte Aufmerksamkeit und Zuwendung die untersuchten Personen zu besserer Arbeitsleistung motiviert habe. Auch die stärkere soziale Vernetzung zwischen den Arbeitenden untereinander wie auch mit ihren Vorgesetzten wird als Erklärungsmöglichkeit angeführt. Seither stehen die sozialen Aspekte betrieblicher Organisation mehr oder weniger im Fokus wissenschaftlicher Aufmerksamkeit. Zahlreiche Untersuchungen zum Thema Betriebsklima z.B. von industriesoziologischer (Dahrendorf, 1959; Friedeburg, 1963; u.a.), betriebswirtschaftlicher (Matiaske & Weller, 2003) und psychologischer Seite (vgl. von Rosenstiel, 2003, 2000; von Rosenstiel & Bögel, 1992; Weinert, 1998; Payne & Pugh, 1976) geben beredt Zeugnis davon.

Dabei spielt Wertschätzung in allen Ausführungen zum Thema Betriebsklima, Organisationskultur, -entwicklung etc. eine bedeutsame Rolle. Wertschätzung gewährt Vertrauen und schafft Vertrauenswürdigkeit. Wertschätzung ist implizites Kriterium eines humanen Menschenbildes und steht damit am Anfang einer menschengerechten, d.h. einer an Humankriterien orientierten Gestaltung von Arbeit und Organisationen. Strukturen in sozialen Systemen sind nicht gottgegeben oder unausweichliches Ergebnis bestimmter Umweltbedingungen, sie entstehen auch nicht am grünen Tisch. Strukturen sind soziale Konstruktionen, beeinflusst von verschiedensten Wertvorstellungen und Bildern vom Menschen

(Weinert, 1998), vom sozialen Zusammenleben und -wirken ebenso wie vom Zweck und Ziel einer konkreten wirtschaftlichen Unternehmung. Strukturen bestimmen ihrerseits wiederum wesentlich das Betriebsklima, d.h. „die Qualität der sozialen Beziehungen innerhalb der Organisation und der diese prägenden Bedingungen, wie sie von der Belegschaft wahrgenommen und bewertet werden und deren Verhalten mit prägen" (von Rosenstiel, 2003, S. 27). Nach Götte (1962) findet alle betriebliche Gemeinsamkeit ihren Niederschlag in der Betriebsatmosphäre, die er als eine sozialpsychologische Äußerungsform bezeichnet, die dem betrieblichen Gemeinschaftsleben das Gepräge gibt. „Aus dieser allgemeinen Prägung resultiert das Betriebsklima als ein Gesamtnenner der Einstellungen und Verhaltensweisen der Betriebsangehörigen, ein Gesamtnenner, der sich in den herrschenden Kommunikationsweisen ausdrückt und über sie seine Wirkmacht bei der informellen Regulation und Kontrolle der Einstellungen und Verhaltensweisen der Betriebsangehörigen ausübt" (ebd., S. 162). Ist ein Menschenbild, das die Achtung vor dem anderen als einzigartigem Individuum in Wertschätzung, Anerkennung und Respekt zum Ausdruck bringt Teil einer solchen Prägung, wird dies zusammen mit dem Bild von der Organisation zu entsprechenden Strukturen der Organisation führen: Strukturen, die dem einzelnen Mitarbeiter Raum und Möglichkeit der Mitsprache, Weiterentwicklung durch Handlungs- und Entscheidungsspielräume, Kontrolle über die eigenen Arbeitsergebnisse etc. gewähren.

Ulich (2001, S. 461) weist darauf hin, dass zu „den Produkten eines Unternehmens im weitesten Sinne ... nicht nur industrielle Güter oder Dienstleistungen, sondern auch menschliche Erfahrungen, Einstellungen, Verhaltensweisen und Qualifikationen" zählen. Matiaske und Weller (2003) berichten, dass Mitarbeiter, denen Vertrauen und Wertschätzung entgegen gebracht werden, dies mit Loyalität und dem Gefühl der Verpflichtung der Organisation gegenüber quittieren. Ergebnisse aus der Commitment-Forschung belegen die positive Wirkung wahrgenommener Wertschätzung in der Arbeit auf die emotionale Bindung der Mitglieder an ihre Organisation (u.a. Meyer & Allen, 1997; Moser, 1996; Dörfel & Schmitt, 1997; McFarlin & Sweeney, 1992). Ein gutes Betriebsklima, in dem sich der einzelne wahrgenommen und wertgeschätzt fühlt, führt in der Regel zu niedrigen Fehlzeiten- und Fluktuationsraten, besserer interner Kommunikation und zu einer geringeren Erkrankungswahrscheinlichkeit (von Rosenstiel, 2003) oder nach Kutzner und Kock (2002, S. 5) zu „Produktivitätssteigerungen, Qualitätsverbesserungen, geringeren Fehlzeiten, geringerer Fluktuation und höherer Identifikation mit dem Unternehmen".

Neben der Persönlichkeitsförderlichkeit sind es vor allem also auch ökonomische Kriterien, die die Forderung nach einem positiven, wertschätzenden Klima cantus firmus artig begleiten. Wertschätzung doch wieder als Mittel zur Outputsteigerung eines Unternehmens?

Diese Gefahr der Instrumentalisierung besteht natürlich immer. Wertschätzung im Unternehmen unterliegt aber vielleicht weniger als andere Möglichkeiten der Effizienzsteuerung dieser Gefahr und dies vor allem darum, weil der Mensch – und da besonders der überzeugte Individualist von heute – widerständig auf Instrumentalisierungen im sozialen Bereich reagiert. Auch weist Lutz von Rosenstiel darauf hin, dass Leistungssteigerung mittels gutem Betriebsklima „nicht nur ein Mittel zum Zweck, sondern durchaus ein ethisch zu rechtfertigender Selbstzweck" (2003, S. 28) ist. Bedürfnisbefriedigung solle nicht nur *durch* die Organisation, sondern auch *in* der Organisation gesichert werden. „Dies hieße u. a. die Arbeitszufriedenheit zu steigern, ein gutes Betriebsklima aufzubauen und insgesamt die Verhältnisse so zu gestalten, dass Persönlichkeitsförderlichkeit bei der Arbeit gesichert wird." (ebd.).

## 5.3 Gerechtigkeit in Organisationen

Zu dieser Gestaltung der Verhältnisse gehört auch die Schaffung und Bewahrung von Gerechtigkeit im Unternehmen. Es ist unbestritten, dass Gerechtigkeit und Fairness eine wichtige Rolle spielen bei der Regelung menschlichen Zusammenlebens und -arbeitens. Tatsächlich lebt bereits jede zwischenmenschliche Beziehung davon, dass die beteiligten Personen einander im Austausch mehr oder weniger das zukommen lassen, was sie voneinander benötigen. Eine frühe Definition von Gerechtigkeit lautet: „Iustitia est constans et perpetua voluntas, ius suum cuique tribuendi" (Domitius Ulpianus, 170-230 n. Chr., röm. Rechtsgelehrter), was so viel bedeutet wie „Gerechtigkeit ist der feste und beständige Wille, jedem das Seine zukommen zu lassen". Besonders virulent wird die Frage der Gerechtigkeit denn auch „bei der Verteilung begehrter Güter, bei der Verteilung von Lasten, bei der Rechtfertigung bestehender Ungleichheiten sowie bei der Wahl und Implementierung von Verfahrensweisen zur Herbeiführung von Entscheidungen und Lösungen von Konflikten" (Schmitt, 1993, S. 1). In der Organisation entstehen Probleme der Gerechtigkeit nach Durkheim (1988) und Parsons (1970) im „Schnittpunkt der *funktionalen Erfordernisse* sozialer Systeme und den *normativen Erwartungen* ihrer Mitglieder" (Liebig, 1998, S. 43).

Gerechtigkeit in Organisationen scheint heute aktueller zu sein denn je. Dazu tragen nicht zuletzt zahlreiche Schlagzeilen aus Politik und Wirtschaft bei, sei es im Zuge der Debatte um Managergehälter und Lohngerechtigkeit, Stellenabbau bei gleichzeitigen Rekordgewinnen oder um betriebliche Teilhabe und Mitbestimmung. Doch die Debatte macht auch eines deutlich, dass es nämlich *die* Gerechtigkeit nicht gibt. Die deutsche Wochenzeitschrift „DIE ZEIT" titelt in ihrer Ausgabe vom 30. März 2006 unter „Das Maß aller Dinge", es fehle der Gesellschaft aktuell ein „gemeinsames Verständnis von Gerechtigkeit" und dass es am Ende einer Transformation der Gesellschaft von einer Verteilungs- zu einer Teilhabegerechtigkeit wohl „durchaus ein Plural von Gerechtigkeitssphären geben [kann], nicht aber der Gerechtigkeit" (S. 25). Gerechtigkeit ist letztlich ein Kontingenzbegriff und daher auch definitorisch nur schwer zu fassen. Höffe (2001) kommt nicht zuletzt darum zum Schluss, dass die Antwort darauf „worin die Gerechtigkeit des näheren besteht, ... sowohl im Alltag als auch in der Philosophie heftig umstritten" ist (ebda., S. 26). Eine recht deutliche Positionierung findet sich in der politischen Philosophie:

> Die Gerechtigkeit umfasst – ganz allgemein gesprochen – jene Forderungen der Moral, die sich auf die Interessenkonflikte zwischen den Menschen um die Güter und Lasten des sozialen Lebens beziehen und die einen allgemein annehmbaren Ausgleich dieser Konflikte verlangen. Ihre Grundform lautet, jedem zukommen zu lassen, was ihm gebührt, oder jede Person so zu behandeln, wie sie es verdient. ... Die Grundforderung der Gerechtigkeit kann dann dahingehend formuliert werden, dass die Menschen einander auf eine Weise behandeln sollen, die unter den jeweils relevanten Umständen angemessen, d.h. bei unparteiischer Betrachtung für alle Betroffenen akzeptabel ist. (Koller, 1995, S. 53)

Philosophen, Theologen oder auch Rechtswissenschafter beschäftigen sich seit jeher vornehmlich mit Fragen zur objektiven Gerechtigkeit. Sie sind angehalten, allgemeingültige Normen zur Lösung von Verteilungsproblemen zu entwickeln, diese ethisch zu begründen und sie schließlich in rechtsgültige Regeln und Gesetze zu gießen, die gesellschaftlich anerkannt und befolgt werden. Es handelt sich hierbei um ein normatives Vorgehen. Ganz anders nähert sich die Psychologie der Frage der Gerechtigkeit. Indem sie zuerst die Menschen nach ihren Vorstellungen und Wahrnehmungen von Gerechtigkeit fragt, wählt sie einen empirischen Zugang. Man könnte auch sagen, sie beschäftigt sich mehr mit Fragen der subjektiven Gerechtigkeit:

> Fairness, as we psychologists study it, is an idea that exists within the minds of individuals. This subjective sense of what is fair or unfair is the focus of the psychology of fairness and can be contrasted with objective principles of fairness and justice that are studied by philosophers, among others. (Van den Bos & Lind, 2002, S. 7)

Walster und Walster bringen diesen erfahrungswissenschaftlichen Zugang der Psychologie bereits 1975 kurz und prägnant in einem Satz auf den Punkt: „Justice is in the eyes of the beholder". In den Organisationswissenschaften wird Gerechtigkeit daher auch als sozial konstruiert betrachtet.

Die inzwischen gut 30 Jahre psychologischer Forschung zu Gerechtigkeit in Organisationen haben eine Fülle von dokumentierten Studien, aber ebenso eine Vielzahl unterschiedlicher Konzeptionen und methodischer Zugänge mit sich gebracht. Colquitt und Mitarbeiter (2001) berichten in ihrer Metaanalyse 183 teils sehr umfangreiche Studien allein aus dem US-amerikanischen Raum. Im Folgenden wird ein kurzer Überblick über die organisationale Gerechtigkeitsforschung und eine Vorstellung der wesentlichen Gerechtigkeitsdimensionen gegeben. In Anbetracht dessen, dass in der vorliegenden Untersuchung lediglich die prozedurale Gerechtigkeit (siehe unten) erhoben wurde, liegt der Schwerpunkt der Ausführungen auf dieser Gerechtigkeitsdimension. Umfassendere Darstellungen finden sich insbesondere in den Reviews von Greenberg (1990), Konovsky (2000), Gilliland und Chan (2001), Colquitt et al. (2001) und Nowakowski und Conlon (2005).

### 5.3.1 Überblick über die justice in organizations-Forschung

Wenn in der neueren wirtschaftswissenschaftlichen Literatur in vielerlei Variationen vom Management von Werten die Rede ist, so nimmt die Gerechtigkeit darunter einen besonderen Stellenwert ein. Wahrhaftigkeit, Verlässlichkeit und Vertrauenswürdigkeit, Fairness und Wertschätzung gelten inzwischen als Leitlinien effektiver und erfolgreicher Führung. Die Relevanz von Gerechtigkeit in Unternehmen liegt somit auch in ihrer Bedeutung als grundlegendem organisationalem Wert (vgl. Konovsky, 2000).

#### *5.3.1.1 Distributive Gerechtigkeit*

Die Gerechtigkeitsfrage stellt sich in der Regel im Zusammenhang mit Verteilungsentscheidungen. Die Forschung beschäftigte sich bis Mitte der Siebzigerjahre daher vorrangig mit der distributiven Gerechtigkeit, d.h. mit der Verteilungsgerechtigkeit. Grundlegend für die Entwicklung einer eigenständigen psychologischen Gerechtigkeitsforschung war die Equity-Theorie von Adams (1965). Als eine Form der sozialen Austauschtheorien postuliert sie, dass Personen das Verhältnis ihrer Ergebnisse (outcomes, bspw. Gehalt, Prestige) zu ihren Einsätzen (inputs, bspw. Arbeitsleistung, Erfahrung, Bildung, Expertenwissen) mit den Ergebnissen vergleichbarer Personen (Arbeitskollegen, Bekannte) in Beziehung, d.h. Vergleich setzen, und anhand des Ergebnisses dieses Vergleichs die ihnen zugeteilten Ergebnisse als gerecht bzw. als ungerecht bewerten. Adams fasste diesen Vergleichsprozess in mathematische Formeln und gab ihm damit etwas quasi „Objektives". Dennoch ist dieser gesamte Prozess ein natürlich höchst subjektiver Prozess. Neben dem Equity-Prinzip werden zahlreiche weitere Kriterien gerechter Verteilungen beschrieben, die hier nicht alle behandelt werden sollen (vertiefend siehe Walster, Berscheid & Walster, 1976; Deutsch, 1975; Schwinger, 1980). Konsens besteht heute hinsichtlich dreier alternativer Verteilungskriterien (vgl. Schmitt, 1993):

(1) Leistungs- oder Beitragsprinzip (Equity-Theorie): jedem nach seinen Verdiensten
(2) Gleichheitsprinzip: jedem das Gleiche
(3) Bedürftigkeitsprinzip: jedem nach seinen Bedürfnissen.

Nach Deutsch (1975; vgl. auch Colquitt et al., 2001) hängt die Wahl des Verteilungskriteriums von verschiedenen Faktoren ab und differiert in Abhängigkeit von Kontext (Arbeit vs. Familie), organisationalen Zielen (Kooperation vs. Konkurrenz) und den persönlichen Zielen der Beteiligten (Eigeninteresse vs. Altruismus).

#### 5.3.1.2 *Prozedurale Gerechtigkeit*

Nach Einschätzung verschiedener Autoren beginnt mit der Publikation des Buches „Prozedural justice: a psychological Analysis" von Thibaut und Walker 1975 eine neue Ära der psychologischen Gerechtigkeitsforschung (vgl. Colquitt et al., 2001). Mit Einbringen dieser neuen Gerechtigkeitsdimension in die Forschung verlagert sich der Fokus von der *Bewertung der Outcomes* von Entscheidungen auf den *Prozess der Entscheidung* an sich. Bei ihren Untersuchungen, welche vorrangig im juristischen Kontext angesiedelt waren, fanden Thibaut und Walker, dass Personen bereit sind auch negative Urteile anzuerkennen, wenn sie das Verfahren, welches zu diesem Urteil geführt hat, als gerecht beurteilen. Dazu gehört, dass sie die Möglichkeit bzw. Gelegenheit haben, ihre Argumente während des Verfahrens einzubringen und ihren Fall in ausreichendem Maße darzustellen. Diese Form der Prozesskontrolle als Einflussmöglichkeit auf die Spielregeln des Verfahrens ist vielfach untersucht und als „fair process effect" oder „voice"-Effekt (vgl. Folger, 1977; Lind & Tyler, 1988) in seiner Wirksamkeit bestätigt worden.

Den Transfer vom juristischen in den organisationalen Kontext leisteten Leventhal und seine Mitarbeiter (Leventhal, 1980; Leventhal, Karuza & Fry, 1980). Leventhal erweiterte die Theorie der prozeduralen Gerechtigkeit und formulierte sechs Kriterien, die ein Verfahren erfüllen soll, damit es als gerecht beurteilt wird. Prozedurale Gerechtigkeit hängt nach Leventhal (1980) ab von:

- der Konsistenz der verwendeten Regeln über die Zeit und über verschiedene Autoritäten (Konsistenz)
- der Unterdrückung von einseitigen Urteilen und Außerachtlassen persönlicher, egoistischer Interessen der Autorität (Unvoreingenommenheit)
- der Genauigkeit der Entscheidung unter Berücksichtigung aller Informationen und Standpunkte (Genauigkeit)

— der Mitwirkung am Prozess durch Meinungsäußerung, Korrekturmöglichkeiten bzw. Modifikationen des Ergebnisses bzw. der Entscheidung (Beteiligung)
— der Repräsentativität der Entscheidung unter Einbeziehung aller Konfliktparteien und Personen (Repräsentativität) sowie
— der ethischen Verträglichkeit der Entscheidung (ethisch-moralische Grundsätze/Legitimität).

Bereits 1971 hatte Rawls ein Verfahren gerechter Entscheidungen vorgeschlagen, dessen Grundgedanke bestechend einfach ist, das aber nur höchst selten realisierbar sein dürfte. Ein Verfahren wäre demnach gerecht, wenn die entscheidenden Personen in völliger Unkenntnis bezüglich der Identität, Position und Rolle der jeweilig anderen an der Entscheidung beteiligten und vor allem auch der von der Entscheidung betroffenen Personen sind. Da dadurch jede und jeder von ihnen durch eine unfaire Entscheidung nachteilig betroffen sein könnte, wird gewährleistet, dass die Interessen aller berücksichtigt und optimiert werden. In den Neunzigerjahren boomte die Forschung zur prozeduralen Gerechtigkeit (vgl. Konovsky, 2000). Sämtliche neueren Reviews weisen aber darauf hin, dass sich trotz dieser intensiven Forschung kein einheitliches Verständnis der prozeduralen Gerechtigkeit unter den Forschenden entwickeln konnte. Dies liegt einerseits daran, dass den verschiedenen Ansätzen unterschiedliche Theorien[9] zugrunde liegen, andererseits an deren unterschiedlichen Operationalisierungen. So wird in manchen Untersuchungen prozedurale Gerechtigkeit lediglich über die Prozesskontrolle erhoben (Joy & Witt, 1992), in anderen rein über die Leventhal-Kriterien (Konovsky & Folger, 1991). Greenberg (1990) erhob die Prozessdimension bspw. über interpersonale bzw. informationale Gerechtigkeit. Daneben lassen sich eine direkte und eine indirekte Form der Erhebung unterscheiden (vgl. Colquitt et al., 2001). Bei der direkten Form der Erhebung werden die Probanden direkt danach gefragt, wie fair sie eine bestimmte Prozedur empfinden (vgl. Lind & Tyler, 1988; Gilliland, 1994). Indirekte Messungen umfassen eine Kombination mit Fragen zu Prozesskontrolle, Leventhal-Kriterien und interpersonaler und informationaler Gerechtigkeit (z.B. Folger & Konovsky, 1989; Konovsky & Folger, 1991; Skarlicki & Latham, 1997).

In seinem Review von 1990 konstatierte Greenberg, dass sich die Forschung zur prozeduralen Gerechtigkeit aktuell am Beginn der dritten Phase eines Konstruktzykluses befinde, worin es um die Konsolidierung und Integration der bisherigen Konzepte gehe. Angesichts des nach wie vor vorherrschenden Pluralismus in der prozeduralen Gerechtigkeitsforschung (vgl. Cohen-Carash & Spec-

9 Vgl. dazu Thibaut & Walker, 1975: process control model; Blau, 1964: social exchange model; Tyler, 1989: group value model; Leventhal, 1980: justice judgement theory; Van den Bos, Wilke & Lind, 1998: fairness heuristic theory.

tor, 2001; Colquitt et al., 2001), sah sich Konovsky noch im Jahr 2000 angehalten, die Forderung nach verstärkten theoretischen und konzeptuellen Integrationsbemühungen zu unterstreichen[10].

### *5.3.1.3 Interaktionale Gerechtigkeit*

1986 haben Bies und Moag den Begriff der Interaktionsgerechtigkeit („interactional justice") in die Diskussion eingeführt, doch scheint sich dieser Ansatz einer breiten Forschung zumindest im deutschen Sprachraum bisher zu verwehren, vielleicht auch darum, weil sich diese Form der Gerechtigkeit struktureller Regelungen und einfacher Handhabung nach wie vor verwehrt und statt dessen den Handelnden als reflexives Individuum (er)fordert. Interaktive Gerechtigkeit nimmt die sogenannten „zwischenmenschlichen" Aspekte organisationaler Entscheidungen in den Blick. Es geht dabei nicht um die Beurteilung des Verfahrens an sich, wie bei der prozeduralen Gerechtigkeit, sondern um die Beurteilung des Verhaltens der Entscheidungsträger gegenüber den Betroffenen von Entscheidungen im Laufe des Verfahrens. Der neueren Literatur zufolge dürfte die interaktionale Gerechtigkeit aus zwei Subdimensionen, der „interpersonal justice" und der „informational justice" bestehen (z.B. Greenberg, 1993). Die interpersonale Gerechtigkeit (interpersonal justice) beschreibt Merkmale der Vorgesetzten-Mitarbeiter-Beziehung wie die Behandlung des Mitarbeiters durch den Vorgesetzten mit Würde, Respekt, Höflichkeit. Bei der informationalen Gerechtigkeit (informational justice) geht es um die Information der Betroffenen darüber, warum und in welcher Weise die jeweiligen Verfahren durchgeführt werden bzw. warum Verteilungen in einer bestimmten Weise vorgenommen wurden (vgl. Colquitt et al., 2001).

### *5.3.1.4 Dimensionalität von Gerechtigkeit*

Wie schon beim Commitment, dreht sich auch in der organisationalen Gerechtigkeitsforschung eine der ältesten Debatten um die Distinktheit der verschiedenen Gerechtigkeitsdimensionen. Bereits mit Aufkommen der prozeduralen Gerechtigkeit stellte sich die Frage, ob es sich bei der distributiven und der prozeduralen Gerechtigkeit tatsächlich um zwei empirisch getrennt erfassbare Dimensionen der Gerechtigkeitswahrnehmung von Menschen handelt, da verschiedene Studien einen sehr hohen korrelativen Zusammenhang zwischen den

---

[10] Konovsky (2000) zählt zu jenen, die die kombinierte Erhebung von prozeduraler Gerechtigkeit befürworten. Konkret betrachtet sie in eben jenem Review die interpersonale und informationale Gerechtigkeit als Facetten der prozeduralen Gerechtigkeit – im Unterschied zu bspw. Colquitt et al. (2001), Masterson et al. (2000), Skarlicki & Folger (1997).

beiden Dimensionen berichteten (z.B. Folger, 1977; Sweeney & McFarlin, 1997). Heute ist die Unterscheidung der beiden Dimensionen etabliert, nachdem eine Fülle von Untersuchungen aufzeigen konnte, dass sich die beiden Dimensionen trotz hoher Interkorrelation deutlich in ihren Antezedenzien wie auch in ihren Auswirkungen unterscheiden (vgl. Konovsky, 2000; Colquitt et al., 2001).

Noch umstritten ist die Unterscheidung prozedurale und interaktionale Gerechtigkeit. Interaktionale Gerechtigkeitsurteile beziehen sich lt. Bies und Moag (1986) auf die Bewertung des Verhaltens übergeordneter Personen (Vorgesetzte, Top Management), während prozedurale Gerechtigkeitsurteile herangezogen werden, wenn es um die Frage geht, wie man sich der Organisation gegenüber verhalten soll. Diese konzeptuelle Unterscheidung verlor sich allerdings für längere Zeit nachdem Cropanzano und Greenberg (1997) die interaktionale Gerechtigkeit als die soziale Seite der prozeduralen Gerechtigkeit bezeichnet hatten. In neuerer Zeit ist die Debatte um die Zweidimensionalität der beiden Konstrukte wieder neu entbrannt. Studien, die die beiden Dimensionen über getrennte Skalen erhoben haben, zeigen, dass die beiden Konstrukte sowohl unterschiedliche Korrelationen als auch voneinander unabhängige Effekte aufweisen (vgl. Blader & Tyler, 2000; Masterson, Lewis, Goldman & Tyler, 2000; Skarlicki & Folger, 1997). Geht man davon aus, dass sich die interaktionale Gerechtigkeit als dritte eigenständige Gerechtigkeitsdimension empirisch belegen und damit etablieren lässt, stellt sich die Frage, wie es sich mit ihren beiden Subdimensionen (interpersonal und informational justice) verhält. Greenberg (1993) forderte den getrennten Einsatz der beiden Konstrukte, „because they are logically distinct and have been shown to have independent effects" (Colquitt et al., 2001, S. 427). Colquitt (2001) selber setzte ein vierdimensionales Verfahren ein und konnte anhand der empirischen Daten Belege für ein 4-Faktoren-Modell finden. Mittels einer konfirmatorischen Faktorenanalyse zeigte er, dass die vier Dimensionen (distributive, procedural, informational, interpersonal) jeweils unterschiedliche abhängige Variablen beeinflussen. Auch in ihrer Metaanalyse finden Colquitt et al. (2001) den stärksten Beleg für eine 4-Faktoren-Lösung, gestehen aber ein, dass die Diskussion um die Dimensionalität von Gerechtigkeit bzw. subjektiven Gerechtigkeitswahrnehmungen im betrieblichen Kontext noch nicht abgeschlossen ist. In einer weiteren Metaanalyse von Cohen-Carash und Spector (2001) sprechen die Ergebnisse beispielsweise eher für eine 3-Faktoren-Lösung. Colquitt und Mitarbeiter (2001) fordern ebenso wie Konovsky (2000) daher dazu auf in weiteren Forschungsarbeiten mehrdimensionale Verfahren einzusetzen, um diese Diskussion einer Klärung zuzuführen. Die gängigsten bisher in der Literatur diskutierten Modelle lassen sich graphisch in etwa folgendermaßen darstellen:

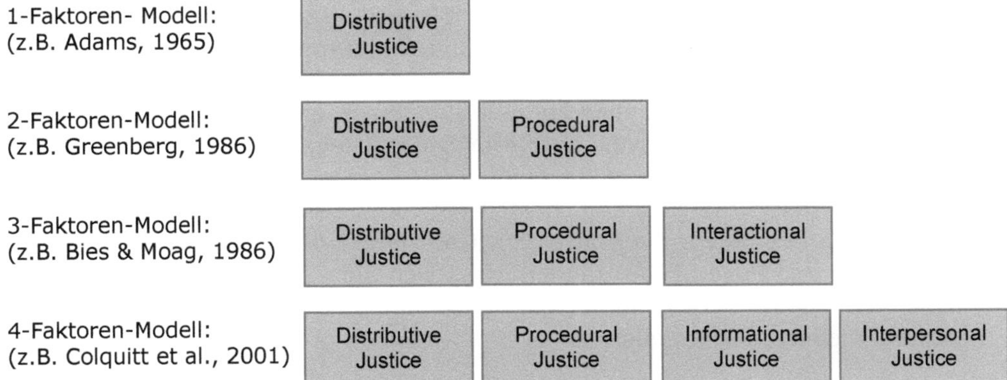


Abbildung 5.1: Organizational-Justice-Modelle

## 5.3.2 Prozedurale Gerechtigkeit

Im Folgenden wird auf die Dimension der prozeduralen Gerechtigkeit noch einmal vertiefend eingegangen, da sie als einzige der beschriebenen Gerechtigkeitsdimensionen in die vorliegende Untersuchung mit aufgenommen wurde. Diese Auswahl ergab sich aus der bereits beschriebenen Verknüpfung von Demokratie, Gerechtigkeit und soziomoralischer Atmosphäre, sowie neuerer Untersuchungserkenntnisse zum Zusammenhang von prozeduraler Gerechtigkeit mit Organisationalem Commitment.

### *5.3.2.1 Antezedenzien prozeduraler Gerechtigkeit*

Wie ein Blick in die umfangreiche Literatur zeigt, fokussierte die Forschung bislang deutlich stärker auf die Effekte prozeduraler Gerechtigkeit als auf ihre Entstehungsbedingungen (vgl. Konovsky, 2000; Colquitt et al., 2001). Wendet man sich den Entstehungsbedingungen prozeduraler Gerechtigkeit zu, so stehen im Sinne eines strukturellen Verständnisses von prozeduraler Gerechtigkeit (vgl. Thibaut & Walker, 1975; Leventhal, 1980) vor allem organisationale Merkmale wie Organisationspolitik und betriebliche Regeln im Zentrum der Untersuchungen und das mit besonderem Fokus auf die Möglichkeit der Mitsprache (voice) der Organisationsmitglieder (Greenberg, 1990; Lind & Tyler, 1988).

Bereits frühe Untersuchungen zeigten, dass die Möglichkeit der Mitsprache (voice) zu einer besseren Bewertung der prozeduralen Gerechtigkeit führt als wenn diese Mitsprachemöglichkeit nicht besteht. Lind, Kanfer und Earley (1990) belegten diesen Effekt selbst in Situationen, wo keine Möglichkeit zur Entscheidungskontrolle (decision control) besteht. Nach Leventhal (1980) müssen die weiter oben genannten sechs Kriterien erfüllt sein, damit Personen Verfahren als fair wahrnehmen. Andere Studien behandeln interpersonale und informationale Gerechtigkeit als Bestandteile der prozeduralen Gerechtigkeit und nennen eine faire, wertschätzende Behandlung und angemessene Information als Kriterien prozeduraler Gerechtigkeit (McFarlin & Sweeney, 1998; Shapiro, 1993). Nach diesen Autoren ist zwischen einer „instrumental" und „non-instrumental quality" der Mitsprache zu unterscheiden (vgl. Konovsky, 2000). Daneben gibt es auch neuere Studien, die von einem Grenzeffekt der Mitsprache berichten. Hunton, Hall und Price (1998) fanden, dass sich eine Zunahme an Mitsprachemöglichkeit nicht unbedingt in der gleichen Steigerung der Gerechtigkeitswahrnehmung niederschlagen muss.

Colquitt und Mitarbeiter (2001) weisen in ihrem Review darauf hin, dass die uneinheitliche Operationalisierung von prozeduraler Gerechtigkeit es kaum möglich macht zu unterscheiden, welche Gerechtigkeitsfacetten durch welche Bedingungen in ihrer Entstehung und Ausprägung beeinflusst werden. Als empirisch gut belegt kann inzwischen aber zumindest der Effekt der Prozesskontrolle (process control als Möglichkeit, sich in die Entscheidungsprozesse einbringen zu können) gelten. Auf dieser Erkenntnis basiert auch die Positionierung der prozeduralen Gerechtigkeit als der Organisationalen Demokratie nachgeschaltete Variable in dieser Untersuchung (s. Abbildung 2.1).

#### *5.3.2.2 Outcomes prozeduraler Gerechtigkeit*

Wesentlich eindeutiger und umfangreicher zeigt sich die Forschungslage hinsichtlich der Effekte prozeduraler Gerechtigkeit. Hierzu gibt es sowohl Ergebnisse zu den Auswirkungen erfahrener Ungerechtigkeit als auch zur positiven Wahrnehmung prozeduraler Gerechtigkeit im Unternehmen. Um gleich vorweg mit den negativen Effekten erlebter Ungerechtigkeit zu beginnen: sie werden als emotional belastend und gedanklich penetrant beschrieben. Sie stören Aufmerksamkeit, Konzentration und Leistungsfähigkeit und begünstigen einen „defensiven Egoismus". Das betriebliche Gesamtwohl rückt zugunsten der Abwehr persönlicher Nachteile in den Hintergrund (Schmitt, 1993). Ungerechtigkeiten wirken demotivierend, Ungleichbehandlungen führen zu nachlassender Kooperation, sie verunsichern, erzeugen Misstrauen und belasten das Betriebsklima. Schließlich können Ungerechtigkeiten unmittelbar betriebsschädigend wirken, wenn die Betroffenen zu destruktiven Ausgleichshandlungen greifen. So führt wahrgenommene Ungerechtigkeit in den Verfahren einer Organisation bspw. zu geringerer Identifikation mit dem Unternehmen (Moorman, 1991), höherer Unzufriedenheit mit dem Einkommen (Folger & Konovsky, 1989), einer Zunahme von Diebstählen betrieblicher Sachmittel (Greenberg, 1990; Shapiro et al., 1995), zu Sabotage und Sachbeschädigung (Folger & Baron, 1996) bis hin zu gezielten Vergeltungsmaßnahmen (Skarlicki & Folger, 1997; Coleman, 1990: „shirking"). Prozedurale Ungerechtigkeit führt weiteren Untersuchungen zufolge zu niedrigem Selbstwert (Vermunt & Shulman, 1996) und starken negativen Emotionen (Vermunt, Wit, Van den Bos & Lind, 1996).

Die positive Seite prozeduraler Gerechtigkeit zeigt sich in verschiedenen Effekten, die von Unternehmen alle als höchst erfreulich betrachtet werden, da sie in der Regel ergebnis- und identifikationssteigernde Wirkung entfalten. Nach Greenberg (1990), Shapiro et al. (1995) und Alexander und Ruderman (1987) geht mit hoher prozeduraler Gerechtigkeit geringe Fluktuation einher. Darüber hinaus führen als gerecht wahrgenommene organisationale Verfahren zu höherer Arbeitszufriedenheit, stärken das Vertrauen in das Management (Alexander & Ruderman, 1987; Konovsky & Pugh, 1994; Dörfel & Schmitt, 1997) und unterstützen Organizational Citizenship Behavior (OCB, vgl. Organ & Moorman, 1993). Auch Auswirkungen auf die Gesundheit der Organisationsmitglieder sind belegt. So berichten Dörfel und Schmitt (1997) von weniger Krankheitsepisoden bei wahrgenommener Gerechtigkeit, während wiederum mit erlebter Ungerechtigkeit höhere psychosomatische Belastungen verbunden sind (vgl. Johnson, 1990). Schließlich ist sich ein Großteil der Autoren darin einig, dass die prozedurale Gerechtigkeit in einer Organisation wesentlich zur Identifikation mit dem Unternehmen beiträgt und in starkem Maße Einfluss auf das Organisationale Commitment der Beschäftigten nimmt (u.a. Moorman, 1991; McFarlin & Sweeney, 1992; Masterson et al., 2000; Greenberg, 1990; Tyler & Degoey, 1995; Folger & Konovsky, 1989). Auch in der vorliegenden Arbeit wird daher u.a. untersucht, inwieweit die prozedurale Gerechtigkeit Einfluss auf das Organisationale Commitment nimmt.

## 5.4 Prozedurale Gerechtigkeit und soziomoralische Atmosphäre

Die bisherigen Ausführungen weisen auf verschiedene konzeptuelle Berührungspunkte von prozeduraler Gerechtigkeit und soziomoralischer Atmosphäre hin. So besteht eine gewisse Überschneidung in Bezug auf Wertschätzung und in eingeschränkterem Maß in Bezug auf Partizipation und offene Kommunikation zwischen Vorgesetzten und Beschäftigten. Beiden Merkmalen ist mehr oder weniger ein positives Menschenbild implizit, welches über die Betrachtung des Menschen als Produktionsmittel hinausgeht und ihn als reflexives und kompetentes Vis-a-vis im gemeinsamen Arbeitsprozess betrachtet. Im Vergleich der Forschungsorientierungen und -traditionen der beiden Merkmale finden sich aber auch Unterschiede.

In der Forschung zur prozeduralen Gerechtigkeit werden sowohl im Rahmenkonzept als auch in den verschiedenen Operationalisierungen vorgegebene Regeln sowie das Verhalten von Vorgesetzten in den Mittelpunkt gestellt. Die vorhandenen Fairnessprinzipien und geltenden Regeln, nach denen Entscheidungen gefällt und Beschäftigte behandelt werden, sind nicht Gegenstand der Reflexion. Konovsky (2000) kritisiert hierbei zu Recht, dass in der prozeduralen Gerechtigkeitsforschung das in der Regel bestehende erhebliche Machtgefälle zwischen Topmanagement, Management und Beschäftigten nicht hinterfragt wird. Demgegenüber wird im Konstrukt der soziomoralischen Atmosphäre betont, dass Prinzipien, Regeln und Normen in einer Organisation – auch in einem korporativen Akteur – verhandelbar und veränderbar sind bzw. sein sollen. Dies erfolgt in enger Anlehnung an Kohlbergs (1984) und Habermas´ (1983) Konzepte eines prinzipiengeleiteten moralischen Diskurses, denn gerade in der Möglichkeit, an einem offenen und gleichwertigen Diskurs über lokale organisationale Prinzipien teilnehmen zu können, wird eine wichtige Quelle individueller moralkognitiver Weiterentwicklung gesehen (Hoff et al., 1991; Lind, 2002; Oser & Althof, 1992; Higgins, 1989). Spezifische Merkmale der soziomoralischen Atmosphäre, wie die Einbindung der Arbeitnehmer in soziale und Interessenskonflikte, die Frage der Verantwortungsdelegation oder das Hinterfragen geltender Normen und Regeln der Organisation, lassen sich in den verschiedenen Operationalisierungen von prozeduraler Gerechtigkeit nicht finden. Andererseits sind in der Konzeption von prozeduraler Gerechtigkeit Merkmale von Entscheidungsprozessen enthalten, wie Konsistenz, Unvoreingenommenheit, Genauigkeit, welche sich in der Operationalisierung der soziomoralischen Atmosphäre nicht explizit wiederfinden.

Eine stärkere Überschneidung der Konstrukte scheint es allerdings zwischen Merkmalen der soziomoralischen Atmosphäre und Teilen der interpersonalen und informationalen Gerechtigkeit zu geben. Die beiden Dimensionen der interaktionalen Gerechtigkeit beschreiben Merkmale wie die Behandlung der Mitarbeiter durch ihre Vorgesetzten mit Respekt, Höflichkeit und Würde oder eine transparente Informationspolitik den Abteilungsmitgliedern gegenüber (vgl. Colquitt et al., 2001; Bies & Moag, 1986; Greenberg, 1993). Damit sind Inhalte angesprochen, welche sich in Teilen auch in der soziomoralischen Atmosphäre finden, wenn es dort um offenen Umgang mit sozialen und/oder Verteilungskonflikten geht oder um die zuverlässig gewährte Wertschätzung den Unternehmensmitgliedern gegenüber. Die Unterscheidung der beiden Konstrukte ist konzeptuell in ihrem Bezugsrahmen zu sehen. Die Dimensionen der Gerechtigkeit beziehen sich auf ein begrenztes Teilsystem im Unternehmen, nämlich die eigene Abteilung und das dortige Vorgesetzten-Untergebenen-Verhältnis, während sich die soziomoralische Atmosphäre als ein die Gesamtorganisation umfassendes Merkmal der Kultur des Unternehmens beschreiben lässt. Dementsprechend zeigen sich auch die Operationalisierungen inhaltlich recht unterschiedlich. Zur Verdeutlichung der angesprochenen Unterschiede seien hier einige Beispielitems aus verschiedenen Verfahren vorgestellt. Niehoff und

Moorman legten 1993 ein Verfahren zur interaktionalen Gerechtigkeit vor, aus dem die spezifische Fokussierung auf das Vorgesetzten-Mitarbeiter-Verhältnis deutlich hervor geht. Formulierungen lauten u. a. (Niehoff & Moorman, 1993):

— When decisions are made about my job, the general manager treats me with kindness and consideration.

— When decisions are made about my job, the general manager is sensitive to my personal needs.

— The general manager offers adequate justification for decisions made about my job.

Ähnliche Formulierungen finden sich in einem früheren Verfahren von Moormann (1991):

— Your supervisor considered your viewpoint.
— Your supervisor was able to suppress personal biases.
— Your supervisor showed concern for your rights as an employee.

Diese Beispiele zeigen die Unterschiede zu den Operationalisierungen der Merkmale der soziomoralischen Atmosphäre. Hier steht im Mittelpunkt der Frage jeweils die Organisation als Gesamte:

— In unserem Unternehmen geht man offen mit Konflikten und Interessensgegensätzen um. (smA1)

— Bei uns gibt es kaum "heilige Kühe". Es ist möglich Prinzipien in Frage zu stellen, falls sie für den gemeinsamen Erfolg oder die gute Zusammenarbeit nicht mehr taugen. (smA10)

Zusammenfassend kann festgehalten werden, dass es konzeptuell wohl Überschneidungen zwischen Merkmalen der interaktionalen Gerechtigkeit und der soziomoralischen Atmosphäre gibt, die beiden Konstrukte aber auf jeweils unterschiedliche Bezugspunkte fokussieren (Vorgesetzter vs. Organisation). Da es nach wie vor eine offene Forschungsfrage darstellt, inwieweit die interaktionale Gerechtigkeit eine eigenständige Dimension von Gerechtigkeit in Organisationen oder eine Subdimension der prozeduralen Gerechtigkeit darstellt, kann es sehr wohl zu Überschneidungen oder einer zumindest inhaltlich sehr starken Nähe in den vorliegenden empirischen Daten kommen. Eine Fragestellung beschäftigt sich daher mit dem Verhältnis von prozeduraler Gerechtigkeit und soziomoralischer Atmosphäre bzw. mit der Distinktheit der beiden Konstrukte.

# 6 Zielsetzung und Fragestellung der empirischen Untersuchung

## 6.1 Zielsetzung der vorliegenden Arbeit

Nach jüngsten Untersuchungen zum Engagement von Arbeitnehmern ist die Frage, was Mitarbeiter an ihr Unternehmen bindet und zu ihrer Identifikation mit der Organisation beiträgt, aktueller denn je. In der *Global Workforce Study* von 2005 (Towers Perrin, 2006) geben acht von zehn befragten Arbeitnehmern an, sich nicht sonderlich für ihren Job zu engagieren. Für die Studie wurden weltweit rund 86.000 männliche und weibliche Arbeitnehmer, davon 26.000 aus Europa und rund 3.200 aus Deutschland befragt. Die Teilnehmer stammen aus überwiegend mittleren und größeren Unternehmen quer durch alle Branchen. Dieses Ergebnis ist für jeden Unternehmensverantwortlichen erschreckend. Mit mangelndem Engagement der Mitarbeiter geht dem Unternehmen Leistung verloren und in der Folge ist damit finanzieller Verlust verbunden. Ganz zu schweigen von den Begleiterscheinungen von Unlust bei der Arbeit und deren negativen Auswirkungen auf die Gesundheit und die Lebensqualität der Betroffenen, wovon zahlreiche arbeitswissenschaftliche Studien Zeugnis geben (siehe Abschnitt 2.4). Man könnte das Ergebnis der Studie damit abtun, dass die Menschen sich nicht mehr für ihre Arbeit engagieren, sich eben versuchen mit dem geringst möglichen Aufwand durchs Leben zu schlagen. Nicht so die Studienautoren der Global Workforce Study. Sie zeigen, dass es nach wie vor möglich ist, Arbeitnehmer zu Engagement und Identifikation zu bewegen und dass es stark auf die sogenannten „soft facts" ankommt, wenn es darum geht die Mitarbeiter für ihren Job zu gewinnen: echtes Interesse am Wohlergehen der Arbeitnehmer, offene, ehrliche Kommunikation, stärkere Sichtbarkeit des Top Managements nach innen und Engagement für Gesellschaft und Umwelt (vgl. ebd.).

Die zehn Top-Treiber der Mitarbeiterbindung – bezogen auf die deutsche Stichprobe – sind vorrangig in Bedingungen des Arbeitsumfeldes zu finden und weniger bei monetären Kriterien. An die erste Stelle der Bindungsfaktoren wurde von den Befragten die Möglichkeit, sich innerhalb des Unternehmens weiter entwickeln und aufsteigen zu können, geratet. Bereits an zweiter Stelle findet sich ein Aspekt der Art der Entscheidungsfindung im Unternehmen und erst an vierter Stelle ein monetärer Aspekt, der sich überraschenderweise nicht auf die absolute individuelle Vergütung bezieht, sondern auf die Gerechtigkeitsdimension der Vergütung im Vergleich zu den Arbeitskollegen. Diese Top 10 der Mitarbeiterbindung für Deutschland sind (vgl. Towers Perrin, 2006):

1. Kommunikation von Karrieremöglichkeiten
2. Ausreichende Entscheidungsfreiheit
3. Ruf des Unternehmens als Arbeitgeber
4. Faire Vergütung im Vergleich zu Arbeitskollegen
5. Angemessene Nebenleistungen
6. Vorgesetzter versteht, was mich motiviert
7. Work/Life-Balance
8. Bindung von erfolgskritischen Mitarbeitern
9. Programme und Anreize zur Gesundheitsvorsorge
10. Vorgesetzte sind offen und zugänglich

Wie die Ergebnisse der Studie belegen und wie in den bisherigen Kapiteln ausführlich dargelegt wurde, gibt es zahlreiche gute Gründe sich mit alternativen Unternehmensformen auseinander zu setzen und nach deren Auswirkungen auf das Individuum (Engagement, Identifikation, Wertorientierung etc.) zu fragen. Die Schaffung von Arbeitsumgebungen, in denen Menschen lernen, sich entwickeln, ihre Potenziale etc. entfalten können ist dabei nicht nur aus psychologischer Perspektive ein Gebot der Stunde, sondern auch aus betriebs- und volkswirtschaftlichen und nicht zuletzt auch aus gesellschafts- und demokratiepolitischen Gründen. Die vorliegende Arbeit will auf Basis qualitativer und quantitativer Daten aus der Untersuchung von 30 Unternehmen die in der Forschung bisher stark vernachlässigte Organisationsform selbstverwalteter Unternehmen neu in den Blickpunkt rücken. Dahinter steht die Überzeugung, dass eine substanzielle Beteiligung von Organisationsmitgliedern an unternehmens-, d.h. zukunftsrelevanten Themen, die bis hin zu Organisationaler Demokratie führen kann, einen wesentlichen Beitrag zur Bindung der Mitglieder an ihr Unternehmen leistet. Dabei darf die Auswirkung der Beteiligungsmöglichkeit auf Klima- und Verfahrensmerkmale in der Organisation und deren Einfluss auf das Commitment nicht unterschätzt werden.

## 6.2 Fragestellungen und Hypothesen

Die vorliegende Arbeit beschäftigt sich damit, inwieweit und in welcher Weise beteiligungs- und wertorientierte Unternehmensstrukturen sich auf die organisationale Bindung von Mitarbeitern auswirken. Zunächst stellt sich dabei natürlich die Frage, ob in beteiligungsorientierten Organisationen tatsächlich ein „Mehr" an Definitions- und Entscheidungsmacht bei den individuellen Akteuren aufzufinden ist. Wie die betriebliche Realität oft zeigt, liegen Anspruch und Wirklichkeit in Unternehmen nicht selten weit auseinander. Nicht überall wo Beteiligung postuliert wird, wird sie auch praktiziert. Der Slogan „Betroffene beteiligen" klingt schön, doch wo Beteiligung nicht strukturell verankert ist, läuft sie Gefahr zur Beliebigkeit bzw. zum zweckrationalen Mittel zu verkommen. Doch auch bei verfassungsmäßiger Verankerung in den Satzungen der Organisation kann es zur abweichenden Praxis kommen. Es ist daher zunächst zu überprüfen, ob die strukturell verankerten Mitbestimmungsmöglichkeiten, wie sie über den Unternehmenstyp abgebildet werden, gelebt werden bzw. konkreter: von den Mitarbeitenden wahrgenommen werden. Diese Frage wird unter dem Stichwort Raterübereinstimmung behandelt.

### Fragestellung 1

Die erste zentrale Frage dieser Untersuchung beschäftigt sich mit dem Zusammenhang von Mitbestimmung/Partizipation und psychologischer Bindung an das Unternehmen. Nachdem die Bedeutsamkeit einer positiven Mitarbeiterbindung für die Einsatzbereitschaft und die Arbeitszufriedenheit der Mitarbeitenden in zahlreichen empirischen Untersuchungen belegt werden konnte, stellt sich unweigerlich die Frage, wodurch das Commitment besonders gefördert werden kann. Die bisherige Commitment-Forschung kann bereits eine Reihe von Entstehungsbedingungen benennen (vgl. Abschnitt 3.2.5). Inwieweit sich beteiligungsorientierte Unternehmenspraktiken auf das Commitment auswirken, ist von der Forschung bislang allerdings nur am Rande behandelt worden. Was in der entsprechenden Fachliteratur immer wieder zu finden ist, ist der Hinweis, dass *voice* für das Organisationale Commitment förderlich sein dürfte. In der vorliegenden Arbeit soll das Verhältnis Mitbestimmung / Partizipation / Organisationale Demokratie und Organisationales Commitment genauer untersucht werden. Den bisherigen Erkenntnissen folgend, wird von einem positiven Effekt der Mitbestimmung auf das Commitment der Befragten ausgegangen. Auch Coleman (1990) postuliert, dass sich kooperative Akteure durch ein höheres Commitment ihrer Mitglieder auszeichnen als herkömmliche korporative Akteure. Dies lässt sich dadurch erklären, dass die Beteiligung des Individuums an der Zieldefinition - und damit die Möglichkeit, die eigenen Interessen in die Zielfestlegung mit einbringen zu können - identitätsstiftende Wirkung erlangen kann (vgl. Coleman, 1990; Meyer & Allen, 1991). Die entsprechende Hypothese dazu lautet:

*Hypothese 1*

*Die Beteiligung und Mitbestimmungsmöglichkeiten von Unternehmensmitgliedern an betrieblichen Entscheidungsprozessen führen zu einer positiven psychologischen Bindung der Mitglieder an das Unternehmen.*

Wie eine frühere Untersuchung (Schmid, 2004) zum Thema belegen konnte, nehmen Mitbestimmungsmöglichkeiten jedoch nicht auf alle drei Dimensionen des Organisationalen Commitment gleichermaßen Einfluss, sondern vorrangig auf das affektive (OCA) und in etwas schwächerer Form auf das normative (ONC) Commitment. Das abwägende/kalkulatorische Commitment zeigte sich weniger von Arbeitsstrukturmerkmalen abhängig als von den bisherigen individuellen Investitionen, die vom Arbeitnehmer getätigt worden sind. Es wird daher auch in der vorliegenden Studie kein Zusammenhang zwischen der Organisationalen-Demokratie-Struktur (ODS) und dem abwägenden Commitment (OCC) erwartet. Hypothese 1 weiter ausdifferenzierend bedeutet dies:

*Hypothese 1a*

*Die Beteiligung und Mitbestimmungsmöglichkeiten von Unternehmensmitgliedern an betrieblichen Entscheidungsprozessen (ODS) wirken sich positiv auf die affektive Bindung der Mitglieder an das Unternehmen (OCA) aus.*

*Hypothese 1b*

*Die normative Bindung an das Unternehmen (OCN) ist auch durch die Beteiligung und Mitbestimmungsmöglichkeiten von Unternehmensmitgliedern an betrieblichen Entscheidungsprozessen (ODS) beeinflusst.*

*Hypothese 1c*

*Auf das abwägende Commitment (OCC) nehmen Beteiligung und Mitbestimmungsmöglichkeiten von Unternehmensmitgliedern an betrieblichen Entscheidungsprozessen (ODS) keinen signifikanten Einfluss.*

## Fragestellung 2

In der Folge ist zu fragen, inwieweit sich ein „Mehr" an Beteiligung und damit an Verfügungsmacht in Merkmalen der Organisation, wie der soziomoralischen Atmosphäre oder der prozeduralen Gerechtigkeit, niederschlägt. Theoretisch müssten in demokratischen Unternehmen diese Merkmale wesentlich günstiger ausgeprägt sein (vgl. Kohlberg, 1996), hat doch jedes Mitglied diesbezüglich Mitgestaltungsmöglichkeiten, -pflichten und vor allem auch -rechte. Daraus lassen sich die Hypothesen 2a und 2b ableiten:

*Hypothese 2a*

*Die Beteiligung an betrieblichen Entscheidungen (ODS) wirkt sich positiv auf die wahrgenommene Fairness betrieblicher Prozeduren (prozedurale Gerechtigkeit, pG) aus.*

*Hypothese 2b*

*Die Einbindung der Unternehmensmitglieder in betriebliche Entscheidungen (ODS) führt zu einer positiv ausgeprägten soziomoralischen Atmosphäre (smA).*

### Fragestellung 3

Neben der Beeinflussung durch Arbeitsmerkmale und Arbeitserfahrungen korreliert Organisationales Commitment in zahlreichen Untersuchungen positiv mit Erfahrungen von eigener Kompetenz, Wohlbefinden und guten sozialen Interaktionen am Arbeitsplatz (vgl. Meyer & Allen, 1997; Meyer & Allen, 1991; Mowday, Porter & Steers, 1982; Moser, 1996; Buchanan, 1974; Matiaske & Weller, 2003). Diese Erfahrungen sind nicht unabhängig von der im Unternehmen herrschenden Kultur, d.h. den gemeinsam geteilten Normen und Werten und den Vorstellungen davon, wie man miteinander umgehen soll. Es ist daher davon auszugehen, dass die stärker organisationskulturell beeinflussten Variablen dieser Untersuchung – prozedurale Gerechtigkeit und soziomoralische Atmosphäre – einen deutlichen Beitrag zur psychologischen Bindung der Mitarbeiter/Mitglieder an ihre Organisation leisten. Dies führt zu den folgenden Hypothesen:

*Hypothese 3a*

*Prozedurale Gerechtigkeit (pG), d.h. die Wahrnehmung betrieblicher Entscheidungs- und Verteilungsverfahren als gerecht und fair, wirkt sich positiv auf das Organisationale Commitment (OC) aus.*

*Hypothese 3b*

*Die psychologische Bindung von Arbeitnehmern an ihr Unternehmen (OC) wird durch die soziomoralische Atmosphäre (smA) positiv beeinflusst.*

Wie sich prozedurale Gerechtigkeit und soziomoralische Atmosphäre konkret auf die drei Dimensionen des Organisationalen Commitment auswirken, ist bisher noch unbestimmt. Dieser Fragestellung wird im Laufe der Hypothesenprüfung explorativ, d.h. erkundend nachgegangen.

### Rahmenmodell

Nachdem die einzelnen angenommenen Beziehungen zwischen den Untersuchungsvariablen beschrieben worden sind, bleibt zum Abschluss die Frage, wie sich nun alle diese (latenten) Variablen im Gesamten zueinander verhalten. Die bisherigen Ausführungen lassen ein komplexeres Gefüge erahnen. Als unabhängige Variable ist in der Untersuchung die strukturell verankerte und von den Befragten beurteilte Mitbestimmungsmöglichkeit gesetzt. Ebenso gesetzt ist das Organisationale Commitment als abhängige Variable. Wo bewegen sich aber soziomoralische Atmosphäre und prozedurale Gerechtigkeit?

Aus einer in der Tat *psycho-logischen* Perspektive heraus betrachtet, erscheinen beide Variablen der Organisationalen-Demokratie-Struktur (ODS) als unabhängiger Variable eher nachgeordnet. Gleichzeitig werden sie als Antezedenzien des

Organisationalen Commitments beschrieben (siehe oben). Das führt zu der Annahme, dass es sich bei beiden Variablen um intervenierende, d.h. zwischen die Demokratie-Struktur und das Commitment geschaltete Variablen handeln dürfte (vgl. Weber et al., 2007). Als Rahmenmodell für die vorliegende Untersuchung und Auswertung ergibt sich daher ein mehrstufiges Modell von direkten und indirekten Effekten (s. Abbildung 6.1). Wie aus der Abbildung ersichtlich ist, wird ein starker direkter Effekt der Organisationalen Demokratie auf das Organisationale Commitment vermutet (starker Blockpfeil in der Mitte). Die prozedurale Gerechtigkeit und die soziomoralische Atmosphäre sind jeweils zwischen die unabhängige Variable Organisationale Demokratie (Prädiktor) und die abhängige Variable Organisationales Commitment (Kriterium) eingefügt.

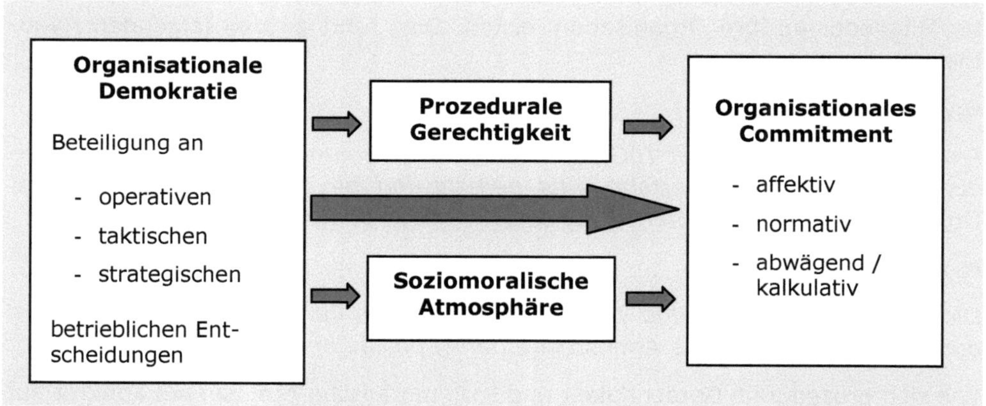


Abbildung 6.1: Graphische Umsetzung der vermuteten Effekte

In welcher Weise und in welchem Ausmaß sie die direkte Beziehung zwischen Kriterium und Prädiktor beeinflussen, ist ungewiss. Es wird aber von zumindest partieller Mediation ausgegangen. Auch in diesem Fall wird zur Überprüfung ein vorrangig exploratives Vorgehen gewählt. Überführt in ein graphisches Prüfmodell, lassen sich die Fragestellungen und Hypothesen wie in Abbildung 6.2 abgebildet darstellen.

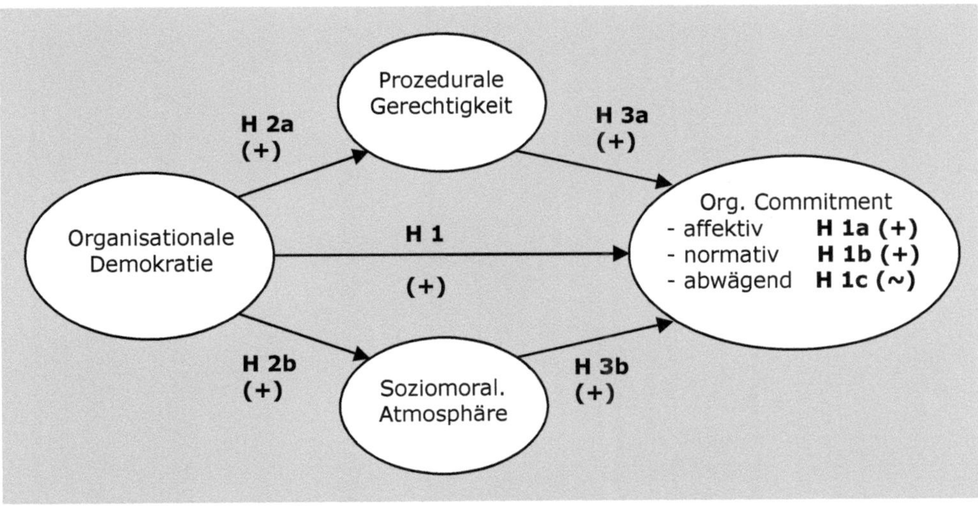


Abbildung 6.2: Graphische Darstellung des Strukturmodells inklusive der angenommenen Wirkzusammenhänge

# 7 Methodisches Vorgehen

In diesem Kapitel werden zunächst das Untersuchungsdesign, die Stichprobe und das Vorgehen bei der Gewinnung der Untersuchungspartner beschrieben. Anschließend erfolgt die Darstellung der verwendeten Methoden zur Erfassung der Mitbestimmungsmöglichkeiten, den beiden organisationskulturellen Variablen prozedurale Gerechtigkeit und soziomoralische Atmosphäre sowie des Organisationalen Commitment. Den Abschluss findet das Kapitel in der Erläuterung der Auswertungsmethoden, die zur Prüfung der Fragestellungen und Hypothesen Anwendung finden. Bei der vorliegenden Untersuchung handelt es sich um eine Querschnittsuntersuchung auf Fragebogenbasis. Die Basis für die Auswertungen bildet die Korrelationsmatrix der Fragebogenergebnisse (siehe Tabelle 7.13). Ergänzt wurde der quantitative Untersuchungsansatz im Sinne einer Triangulation durch einen qualitativen Untersuchungsteil in Form von leitfadengestützten Interviews, die in den Unternehmen der Hauptstichprobe mit mindestens einem betrieblichen Experten pro Unternehmen geführt wurde.

## 7.1 Quantitativer Untersuchungsteil

Der quantitative Untersuchungsteil gliedert sich in zwei Teile. Die Hauptuntersuchung stellt die Fragebogenerhebung in den demokratie- bzw. mitarbeiterinnenorientierten Klein- und Mittelbetrieben in Österreich, Deutschland und Italien (Südtirol) dar. Im Rahmen der universitären Lehre konnte zudem mithilfe der Teilnehmenden des Seminars „Psychologische Gestaltung und Entwicklung von Arbeit und Organisationen – Demokratische Organisationsgestaltung" eine ergänzende Teilstichprobe in klassisch bürokratisch organisierten Betrieben erhoben werden.

### 7.1.1 Hauptstichprobe

Die Stichprobenbestimmung erfolgte in Anlehnung an die Vorgehensweise der großen Studie des IAB (Kreutz, Maly & Fröhlich, 1984; Kaiser, 1985) plus Internetrecherche unter Einbeziehung der Typisierung partizipativer und demokratisch verfasster Unternehmen von Weber (1999).

#### *7.1.1.1 Auswahl der beteiligten Unternehmen*

Insgesamt wurden 92 Unternehmen aus Deutschland, Südtirol, Österreich und der Schweiz in eine vorläufige Datenbank aufgenommen. Die Zahl der für die Untersuchung in Frage kommenden Unternehmen reduzierte sich durch Insolvenzen sowie nach dem Einholen weiterer Unternehmensinformationen. Mit 36 selbstverwalteten bzw. demokratisch verfassten Organisationen (siehe Tabelle 7.1) wurde Kontakt aufgenommen.

Tabelle 7.1: Teilnehmende Unternehmen nach Land und Wirtschaftsbereich (Hauptuntersuchung)

| Land | Wirtschaftssektor | Umfeld | Anzahl MA | FB retour |
|---|---|---|---|---|
| A | Dienstleistungssektor | Städtisch | 16 | 10 |
| A | Dienstleistungssektor | Städtisch | 14 | 8 |
| A | Handwerks-, Industrie- und Handelssektor | Ländlich | 100 | 19 |
| A | Handwerks-, Industrie- und Handelssektor | Ländlich | 20 | 15 |
| (A | Handwerks-, Industrie- und Handelssektor | Ländlich | 26 | 13)* |
| (A | Handwerks-, Industrie- und Handelssektor | Ländlich | 180 | 23)* |
| A | Innovative Technikbetriebe | Städtisch | 50 | 43 |
| D | Dienstleistungssektor | Städtisch | 10 | 10 |
| D | Dienstleistungssektor | Städtisch | 10 | 8 |
| D | Dienstleistungssektor | Städtisch | 25 | 6 |
| D | Dienstleistungssektor | Städtisch | 17 | 17 |
| D | Dienstleistungssektor | Städtisch | 40 | 19 |
| D | Handwerks-, Industrie- und Handelssektor | Städtisch | 5 | 4 |
| D | Handwerks-, Industrie- und Handelssektor | Städtisch | 15 | 6 |
| D | Handwerks-, Industrie- und Handelssektor | Städtisch | 10 | 5 |
| D | Innovative Technikbetriebe | Ländlich | 28 | 7 |
| D | Innovative Technikbetriebe | Städtisch | 100 | 23 |
| D | Innovative Technikbetriebe | Städtisch | 22 | 5 |
| D | Innovative Technikbetriebe | Ländlich | 150 | 66 |
| I | Dienstleistungssektor | Ländlich | 20 | 19 |
| I | Dienstleistungssektor | Ländlich | 9 | 7 |
| I | Handwerks-, Industrie- und Handelssektor | Ländlich | 7 | 7 |
| I | Handwerks-, Industrie- und Handelssektor | Ländlich | 4 | 4 |
| I | Handwerks-, Industrie- und Handelssektor | Ländlich | 30 | 25 |
| | | | **Summe** | **333** |
| | * Die Daten dieser Unternehmen gehen nicht in die weiteren Auswertungen mit ein. | | | (369)* |

Gemäß der Fragestellung wurden in die Untersuchung Großunternehmungen mit indirekter Mitbestimmung/-wirkung durch Vertretungsorgane (z.B. gemäß dem österreichischen Arbeitsverfassungsgesetz oder dem deutschen Betriebsverfassungsgesetz bzw. Mitbestimmungsgesetz 1976 bzw. Montanmitbestimmung), soweit diese nicht zusätzlich über Merkmale der bei Weber (1999) unter

(1) bis (6) aufgeführten demokratischen Unternehmenstypen (mit Ausnahme der Ziffer 2) verfügen, nicht aufgenommen.

Von den angefragten Unternehmen nahmen schlussendlich 24 Unternehmen mit einem Mitarbeiterpool von 642 Personen an der Untersuchung teil. Die unterschiedlichen Strukturen und Praktiken demokratischer Mitwirkung bzw. Mitentscheidung der beteiligten Unternehmen sowie deren Zugehörigkeit zu Wirtschaftsbereichen mit sehr unterschiedlichen Marktanforderungen und -dynamiken gewährleisten eine hohe Varianz der Ausprägungen der im Rahmenmodell enthaltenen Variablen. Diese 24 Betriebe existieren durchschnittlich seit ca. 33 Jahren, zwei Firmen bestehen bereits seit 1900. Das jeweilige Beteiligungsmodell wird durchschnittlich seit ca. 19 Jahren in den teilnehmenden Unternehmen praktiziert.

Da von Seiten zweier Unternehmen auf Teile des Fragebogens verzichtet werden musste, wurden die Daten dieser beiden Unternehmen aus dem vorliegenden Datenpool herausgenommen (siehe Tabelle 7.1). Unter den beteiligten Unternehmen befinden sich neben Kleinstbetrieben mit einer Beschäftigtenanzahl von vier Personen auch Unternehmen mit bis zu 250 Mitarbeitern. Die Unternehmen der Untersuchung lassen sich wie folgt zuteilen:

- produzierender Handwerks-, Industrie- und Handelssektor: 10 Unternehmen
- Dienstleistungssektor: 9 Unternehmen
- Innovative Technikbetriebe (z. T. New Economy): 5 Unternehmen

#### 7.1.1.2 Personenstichprobe

Wie es für Untersuchungen, bei denen organisationskulturelle Aspekte im Mittelpunkt des Interesses stehen üblich ist, wurden auch für die Teilnahme an dieser Befragung bestimmte Kriterien vorausgesetzt. Dazu gehört beispielsweise eine Mindestdauer an Organisationszugehörigkeit, um Auskunft über Merkmale der strukturellen Situation und organisationalen Bedingungen, wie der prozeduralen Gerechtigkeit, geben zu können. Die Kriterien sind:

- Unternehmenszugehörigkeit seit mindestens 6 Monaten
- Beschäftigungsmaß mindestens 40 Prozent
- keine Genossenschaftsaufsichtsräte oder sonstigen Genossenschaftsmitglieder oder Kommanditisten, die nicht in der Firma im Arbeitsalltag tätig sind
- keine Temporärarbeiter oder Honorarkräfte, die nur für einen Zeitraum weniger Wochen oder Monate beschäftigt sind und die Firma sicher wieder verlassen werden

— keine allein auf Außenstellen Arbeitende, die ohne häufigen Kontakt zu anderen Firmenangehörigen tätig sind.

Die Aussendung der Fragebogen an die teilnehmenden Unternehmen begann mit November 2004. Erste Rückmeldungen trafen ab Dezember 2004 ein, die letzten Erhebungen fanden im späten Frühjahr 2006 statt. Von den 333 Teilnehmern stammen 95 aus österreichischen, 176 aus deutschen und 62 aus italienischen Unternehmen. Die durchschnittliche Rücklaufquote ist mit 57 Prozent im Vergleich zu anderen arbeits- und organisationspsychologischen Untersuchungen dieser Größenordnung akzeptabel. Betrachtet nach den Wirtschaftsbereichen zeigt sich folgende Verteilung: aus dem Bereich der *produzierenden Handels- und Handwerksbetriebe* stammen 84 Rückmeldungen, aus den *Dienstleistungsbetrieben und -genossenschaften* 131 und aus dem Bereich der *Innovativen Technikbetriebe* 118 Rückmeldungen (siehe Tabelle 7.1).

### 7.1.2 Ergänzende Teilstichprobe

Eine ergänzende Teilstichprobe aus traditionell verfassten Klein- und Mittelbetrieben aus Österreich, Südtirol und Liechtenstein konnte im Rahmen zweier Lehrveranstaltungen im Bereich Arbeits- und Organisationspsychologie am Institut für Psychologie an der Universität Innsbruck gewonnen werden. Im Zentrum der Seminare standen jeweils die Auseinandersetzung mit Themen Organisationaler Demokratie und ihres gemeinschafts- und demokratieförderlichen Sozialisationspotenzials. Die Seminare führten verstärkt in die Praxis theoriegeleiteter arbeits- und organisationspsychologischer Forschung ein, wozu die Durchführung und Auswertung einer empirischen Erhebung gehörte. Über zwei Semester hinweg konnte so ein Datensatz mit 262 Probanden gewonnen werden, der aus 13 traditionell geführten und strukturierten Unternehmen stammt. Diese Daten stellen die Basis dar für den Vergleich von Unternehmen, welche sich durch bürokratische Unternehmensstrukturen auszeichnen, mit solchen, die sich durch demokratisch verfasste Formen der Unternehmensgestaltung auszeichnen und sie erweitern die Varianz der Gesamtstichprobe im Blick auf die unabhängige Variable. In die vorliegenden Auswertungen konnten die Daten von acht der dreizehn Unternehmen aufgenommen werden.

### 7.1.3 Gesamtstichprobe

Nach abschließender Prüfung der Datenqualität und weil nicht in allen Unternehmen der vollständige Fragebogen eingesetzt werden konnte, liegt den noch vorzustellenden Auswertungen ein reduzierter Gesamtdatensatz zu Grunde (siehe Tabelle 7.2).

Tabelle 7.2: Verteilung Unternehmen nach Ländern

| Land | Hauptstichprobe | Ergänzende Teilstichprobe |
|---|---|---|
| Österreich | 5<br>(N = 84) | 8<br>(N = 87) |
| Deutschland (Süddeutschland) | 12<br>(N = 176) | - |
| Italien (Norditalien/Südtirol) | 5<br>(N = 62) | - |
| | **22**<br>**(N = 333)** | **8**<br>**(N = 87)** |

Der gesamte Datenpool umfasst Datensätze von 420 Mitarbeitenden aus 30 Unternehmen. Die Hauptstichprobe, welche die stärker demokratisch organisierten Unternehmensformen beinhaltet, umfasst 22 Unternehmen aus Österreich, Süddeutschland und Norditalien/Südtirol (siehe Tab. 7.2). Zur ergänzenden Teil- bzw. Vergleichsstichprobe, welche eine Variation klassisch bürokratisch organisierter Unternehmen beinhaltet, zählen 8 Unternehmen aus Österreich. Die Vergleichsstichprobe erweitert die Varianz des Datensatzes auf Seiten der unabhängigen Variablen um die Werte aus klassisch bürokratisch verfassten und geführten Betrieben.

Tabelle 7.3 bietet eine Übersicht über die Verteilung der Unternehmen nach den drei Wirtschaftsbereichen (1) produzierende Handels- und Handwerksbetriebe, (2) Dienstleistungsbetriebe (sozial, kulturell, personbezogen) und (3) innovative Technikbetriebe (inkl. Unternehmen der New Economy), dargestellt für die beiden untersuchten Stichproben.

Tabelle 7.3: Verteilung Unternehmen nach Wirtschaftsbereichen

| Sektor | Hauptstichprobe | Ergänzende Teilstichprobe |
|---|---|---|
| Produzierende Handels- und Handwerksbetriebe | 8<br>(N = 84) | 2<br>(N = 30) |
| Dienstleistungsbetriebe | 9<br>(N = 130) | 4<br>(N = 41) |
| Innovative Technikbetriebe | 5<br>(N = 118) | 2<br>(N = 16) |
| | **22**<br>**(N = 333)** | **8**<br>**(N = 87)** |

### 7.1.4 Erhebungsinstrumente

Zur Operationalisierung der im vorgeschlagenen Rahmenmodell enthaltenen Merkmale wurde eine hohe Anzahl vorliegender Fragebogenskalen gesichtet. Hierfür wurde eine Recherche in den einschlägigen Datenbanken PSYNDEX und ZUMA-Informationssystem (Elektronisches Handbuch sozialwissenschaftlicher Erhebungsinstrumente, ZIS Version 8.00) durchgeführt und auch einschlägige angloamerikanische Literatur, insbesondere zu Organizational Democracy/Participation, Procedural Justice, Organizational Citizenship Behavior und Organizational Commitment einbezogen. Auf Basis eines guten Kompromisses zwischen theoretischer Passung (Inhaltsvalidität) sowie statistisch gesicherter Reliabilität der aufgefundenen Erhebungsinstrumente auf der einen Seite und Praktikabilität ihrer Anwendung im betrieblichen Kontext (inkl. Vermeidung von Akzeptanzproblemen bei nicht akademisch ausgebildeten Beschäftigtengruppen sowie angemessenem zeitlichem Gesamtaufwand für die teilnehmenden Personen) auf der anderen Seite, fiel die Wahl auf die folgend vorgestellten Erhebungsinstrumente. Aufgefundene sprachliche Mängel wurden beseitigt, wodurch sich kleinere Veränderungen gegenüber den Originalitems ergaben. Mit acht Probanden wurde ein Vortest durchgeführt. Auf Grundlage der Rückmeldungen sowie statistischer Konsistenzanalysen wurden die Skalen des Fragebogens überarbeitet.

#### *7.1.4.1 Struktur der Organisationalen Demokratie (ODS)*

Die Erhebung von Mitbestimmungsmöglichkeiten in betrieblichen Organisationen weist bereits eine langjährige Tradition auf. Die inzwischen klassische internationale IDE-Studie zur industriellen Demokratie in Europa (IDE International Research Group, 1981; Wilpert & Rayley, 1983), durchgeführt in den 1970er Jahren, bildet dabei so etwas wie den Grundstein einer jeden organisationalen Demokratieforschung. Der IDE-Fragebogen, der bereits in der Pilotstudie für diese Untersuchung (Schmid, 2004) eingesetzt wurde, sieht 16 Entscheidungssituationen vor, die sich anhand einer inhaltlichen und einer zeitlichen Perspektive kategorisieren lassen. Die Unterscheidung in Entscheidungsinhalte und Zeitperspektive gründet auf der Annahme, dass mit zunehmendem Zeithorizont der Entscheidung auch die Komplexität der Entscheidung zunimmt. In der Übersicht lassen sich die 16 Entscheidungssituationen des IDE-Satzes folgendermaßen zuordnen (Abbildung 7.1):

| | | Entscheidungsinhalte | | |
|---|---|---|---|---|
| | | ***Arbeits- u. soziale Bedingungen*** | ***Personelles*** | ***Wirtschaftliches*** |
| **Zeitperspektive** | **Kurzfristig/ Operativ** | Arbeitszuweisung<br>Persönl. Ausstattung | Fortbildung<br>Versetzung<br>Arbeitsbedingungen<br>Arbeitszeit<br>Urlaub | |
| | **mittelfristig/ Taktisch** | Arbeitsstudien<br>Lohnniveau | Entlassungen<br>Einstellungsgrundsätze<br>Abteilungsleiterbestellungen<br>Ernennung direkter Vorgesetzter | |
| | **langfristig/ strategisch** | | | größere Investition<br>neues Produkt |

Abbildung 7.1: Entscheidungssatz IDE (nach Wilpert & Rayley, 1983, S. 24)

Die Beantwortung dieser 16 Entscheidungssituationen erfolgt auf einer 6stufigen Partizipationsskala:

1 - Ich bin überhaupt nicht an dieser Entscheidung beteiligt (Ist) *bzw.* an dieser Angelegenheit bin ich überhaupt nicht interessiert (Wunsch).

2 - Ich werde darüber informiert, bevor die Sache entschieden wird *bzw.* würde gerne informiert werden, bevor die Sache entschieden wird.

3 - Ich kann meine Meinung dazu beitragen *bzw.* würde gern meine Meinung dazu vortragen.

4 - Meine Meinung wird in die Überlegungen mit einbezogen *bzw.* ich möchte, dass meine Meinung in die Überlegungen mit einbezogen wird.

5 - Ich nehme gleichberechtigt und gleichgewichtig an der Entscheidung dieser Sache teil *bzw.* ich möchte gerne gleichberechtigt und gleichgewichtig an der Entscheidung teilnehmen.

6 - Ich entscheide in dieser Angelegenheit allein *bzw.* ich würde in dieser Angelegenheit gerne selbst entscheiden.

Nach Wilpert & Rayley (vgl. 1983, S. 29) zeigte ein Skalierungsexperiment in mehreren Ländern, dass es sich bei der sechsstufigen Skala annähernd um eine Intervallskala handelt.

Das in der vorliegenden Untersuchung eingesetzte Verfahren zur Beschreibung der Organisationalen Demokratie Struktur wurde von Weber (2004) neu entworfen, baut in wesentlichen Teilen auf dem IDE-Verfahren auf. Das Instrument „Struktur der Organisationalen Demokratie" (ODS) setzt sich aus einem strukturierten Experteninterview zur Bestimmung der demokratischen Organisationsstruktur sowie zur Kapitalbeteiligung von Beschäftigen an ihrem Unternehmen und einem Fragebogenteil zur Beteiligung an demokratischen Entscheidungen aus Beschäftigtensicht zusammen. Im Interview sowie im Fragebogenteil wird in sehr differenzierter Weise die objektive betriebliche Struktur sowie die jeweilige individuelle Beteiligung an strategischen, taktischen und operativen Entscheidungen im Unternehmen erhoben, wobei sich die Ausführungen hier und in den folgenden Kapiteln auf den Fragebogenteil beziehen.

Für die Kategorienbildung wurden vom Autor (Weber, 2004) auch gut dokumentierte frühere Studien zu selbstverwalteten und partizipativen Unternehmen, insbesondere aus Österreich und Deutschland, darunter auch demokratische Reformunternehmen, die in den Siebziger- und Achtzigerjahren öffentliche und organisationswissenschaftliche Aufmerksamkeit erfuhren, berücksichtigt. Des weiteren wurden, insbesondere zur Beschreibung taktischer und operativer Entscheidungsbereiche, diverse Klassifikationsschemata der Entscheidungsbereiche teilautonomer Arbeitsgruppen berücksichtigt, die von Repräsentanten des soziotechnischen Systemansatzes im Rahmen von Projekten zur Gestaltung Industrieller Demokratie entwickelt worden waren. Darunter befindet sich auch ein von Weber entwickeltes Arbeitsanalyseverfahren (alle Schemata sind angeführt in Weber, 1997; siehe auch Emery & Thorsrud, 1982; Susman, 1976). Der ODS-Entscheidungssatz umfasst in seiner hier eingesetzten Version insgesamt 43 Entscheidungssituationen, die sich wiederum nach der Zeitperspektive in eine operative, taktische und strategische Dimension aufteilen lassen. Die Darstellung in Abbildung 7.2 gibt einen Überblick über die einzelnen Situationen und deren Zuordnung zum operativen, taktischen oder strategischen Bereich. Die Beantwortung erfolgt wiederum auf einer 6stufigen Skala mit

1 – Ich bin überhaupt nicht daran beteiligt.
2 – Ich werde darüber informiert, bevor die Sache entschieden wird.
3 – Ich kann meine Meinung dazu vortragen.
4 – Meine Meinung wird in die Überlegungen miteinbezogen.
5 – Ich nehme gleichberechtigt an der Entscheidung teil.
6 – Ich entscheide in dieser Angelegenheit allein.

| Zeitperspektive | | Entscheidungsinhalte | | |
|---|---|---|---|---|
| | | ***Arbeits- u. soziale Bedingungen*** | ***Personelles*** | ***Wirtschaftliches*** |
| | **Kurzfristig/ Operativ** | Aufgabenplanung | Fortbildung | Kostenverringerung am |
| | | Arbeitsverteilung | Versetzung | Arbeitsplatz |
| | | Arbeitsmenge | Urlaubsplanung | Arbeitszeit |
| | | Gestaltung Arbeitsablauf | | (Überstunden, Fehlzeiten etc.) |
| | | Arbeitsplatzgestaltung | | |
| | | Arbeitssicherheit | | |
| | | Persönliche Arbeitsmittel | | |
| | | Arbeitsbedingungen | | |
| | **Mittelfristig/ Taktisch** | Arbeitsstudien | Wahl Interessensvertretung | Produktionsplanung |
| | | Lohnniveau | Abteilungsleiterbesetzung | Betriebliche Innovation |
| | | Ausbildungsinhalte | Ernennung Vorgesetzter | Beschaffung Anlagen |
| | | Unternehmensberatung | Einstellungsgrundsätze | |
| | | Arbeitszeitmodell | Einstellungen | |
| | | Personalumfang | Entlassungen | |
| | **Langfristig/ Strategisch** | Betriebsverfassung | Wahl Aufsichtsrat | Planung Budget |
| | | Umstrukturierungen | Wahl Vorstand/ Geschäftsltg. | Beteiligung an anderen Unternehmen |
| | | Neue Arbeitsstellen | Aufnahme neuer Miteigentümer | Großinvestitionen Kreditaufnahmen |
| | | Qualitätsmanagement | | Genehmigung Budget |
| | | | | Marketingkonzept |
| | | | | Sozialsponsoring |
| | | | | Neues Produkt |
| | | | | Verkauf Unternehmensteile/-güter |

Abbildung 7.2: Entscheidungssatz ODS (Weber et al., 2004)

#### *7.1.4.2 Fragebogen Prozedurale Gerechtigkeit (pG)*

Wie bereits Colquitt und Mitarbeiter (2001) kritisch anmerkten, ist die Gerechtigkeitsforschung bislang vor allem durch eines gekennzeichnet: die Heterogenität ihrer Forschungsansätze. Vor allem die uneinheitliche Operationalisierung von prozeduraler Gerechtigkeit erschwert einen kontinuierlichen, nachvollziehbaren Erkenntniszuwachs nachhaltig. Im deutschen Sprachraum hat sich die psychologische Gerechtigkeitsforschung bislang hauptsächlich auf die Sozialpsychologie konzentriert (Mikula, 2005, 2002, 1992, 1980, 1974; Dörfel & Schmitt, 1997; Montada & Schneider, 1991; etc.). Für den betrieblichen Kontext wurde 1995 von Schmidt und Dörfel eine Skala „Verfahrensgerechtigkeit" vorgelegt. Für die vorliegende Studie wurde eine gekürzte Version dieser empirisch bewährten Skala aus der Trierer Arbeitsgruppe um Montada eingesetzt, welche um einige neu formulierte Items ergänzt wurde. Die Gütekriterien wurden entsprechend der Adaption der Skala sorgsam überprüft (siehe dazu Kapitel 8). Der Verfahrensteil „prozedurale Gerechtigkeit" (pG) umfasst 10 Items in den Subdimensionen

- Konsistenz: „Beurteilungskriterien werden bei uns alle in gleicher Weise angewendet." (Beispielitem)
- Unvoreingenommenheit: „Entscheidungen haben das Wohl aller im Auge." (Beispielitem)
- Genauigkeit: „Bei Entscheidungen werden alle vorhandenen Informationen berücksichtigt." (Beispielitem)
- Beteiligung: „Bei uns achtet man darauf, dass vor einer Entscheidung alle Betroffenen die Möglichkeit haben, ihre Meinung zu äußern." (Beispielitem)
- Transparenz: „Unangenehme Informationen werden nicht zurück gehalten." (Beispielitem)

#### *7.1.4.3 Screeningverfahren Soziomoralische Atmosphäre (smA)*

Bereits an früherer Stelle wurde auf die Bedeutung von Wertschätzung im Kontext der soziomoralischen Atmosphäre hingewiesen. Im Alltag wird der Begriff der Wertschätzung häufig ins Wort gebracht, jedoch selten expliziert, so dass jedermann recht frei mit dem Wort umgehen kann. Im wissenschaftlichen Kontext ist gerade in solchen Fällen eine Explikation des Begriffes zu leisten. Wertschätzung kann als positive, wohlwollende und entwicklungsförderliche Einstellung und noch grundlegender als Haltung beschrieben werden, die eine Person dem ihm Begegnenden entgegen bringt, und die ihr Verhalten beeinflusst und prägt. Wertschätzung bezeichnet eine positive Bewertung einer anderen Person, von Gedanken, Werken, Besitz oder auch Lebenshaltungen Dritter. Wertschätzung ist eine grundlegende Haltung, mit welcher dem Anderen unabhängig von Leistung oder Taten begegnet wird (vgl. Rogers, 1972).

> Die wertschätzende Akzeptanz als Haltung des Menschen bezieht sich auf das Seiende, Bestehende, Werdende und auch auf das, was nicht ist. Es ignoriert nicht nur etwas, das für wahr und wirklich gehalten wird, sondern lässt auch Fehler, Defizite und Mängel als Ergebnisse des Seienden und Werdenen gelten. (Pechtl, 2001, S. 197)

In einfacheren Worten kann sich eine wertschätzende Grundhaltung auch so ausdrücken: „Ich bin o.k. – Du bist o.k.“ (Harris, 1975). Diese populärwissenschaftlich verkürzte Zusammenfassung des Modells der Transaktionsanalyse nach Eric Berne (Berne, 1967) bringt eine Form der Grundhaltung zum Ausdruck, die sowohl das eigene Sein wie auch das des Anderen grundsätzlich anerkennt und damit auch Entwicklung zulässt. Sie impliziert drei Grundannahmen über den Menschen (vgl. ebd.):

- der Mensch ist in Ordnung und von Grund auf gut,
- jeder hat die Fähigkeit zum Denken,
- der Mensch entscheidet über sein eigenes Schicksal und kann seine Entscheidungen auch ändern.

Dem Ansatz von Kohlberg, Hoff und anderen liegt ein derartiges, positives Menschenbild und eine damit verbundene wertschätzende Grundhaltung zu Grunde, indem davon ausgegangen wird, dass der Mensch sich in seiner moralischen Urteilsfähigkeit bei entsprechenden Bedingungen weiter entwickeln kann. Sie lenken ihr Augenmerk dabei über die einzelne dyadische Beziehung oder Begegnung hinaus auf die den Menschen umgebenden Kontextbedingungen. Hoff et al. (1991) und Lempert (1993), auf deren Forschungsergebnissen der Fragebogen weitestgehend aufbaut, formulieren das Konstrukt der soziomoralischen Atmosphäre bzw. des soziomoralischen Anregungspotenzial[s] daher bedingungsbezogen. Dabei steht bei ihnen jedoch weniger die gesamte Organisation im Vordergrund als vielmehr das Gefüge charakteristischer symbolischer und materieller Interaktionen und Praktiken in der unmittelbaren Umgebung des Arbeitenden (vgl. Lempert, 1993, S.7 ff.). Im Falle des vorliegenden Fragebogens zur Erhebung der soziomoralischen Atmosphäre wurde von den Autoren (Weber et al., 2004) versucht das umfassende Organisationssystem einzubeziehen und sich konzeptuell stärker auf einige wesentliche Aspekte des Organisationsklimas i.e.S. (nach Schneider & Bartlett, 1970; Payne & Pugh, 1976; Burke, Borucki & Kaufman, 2002) zu konzentrieren.

Die theoriegeleitet formulierten 16 Items des Verfahrens lassen sich den bereits weiter oben beschriebenen Merkmalen einer soziomoralischen Atmosphäre zuordnen:

- offener Umgang mit Konflikten: „In unserem Unternehmen geht man offen mit Konflikten und Interessensgegensätzen um." (Beispielitem)
- zuverlässig gewährte Wertschätzung, Zuwendung: „MitarbeiterInnen werden unabhängig von der Ausbildung und Qualifikation geachtet." (Beispielitem)
- Kommunikation und partizipative Kooperation: „Bei uns ist es möglich Kritik zu üben ohne mit unangenehmen Konsequenzen rechnen zu müssen." (Beispielitem)
- angemessene Zuweisung von Verantwortung: „In meiner Arbeit trage ich Verantwortung für die Gesundheit anderer Menschen." (Beispielitem)

#### 7.1.4.4 Organisationales Commitment

Entsprechend der langjährigen Forschungstradition in diesem Bereich und den zahlreichen verschiedenen Forschungsansätzen existiert eine Fülle unterschiedlicher Verfahren zur Erfassung des Organisationalen Commitment. Dem Drei-Komponenten Modell von Meyer und Allen (1991, 1997) folgend, wurde ein Verfahren gesucht, welches diese drei Dimensionen abbildet. Nachdem in der Pilotstudie die Version der deutschen Übersetzung der Skala von Meyer und Allen (1991) von Schmidt und Kollegen (Schmidt, Hollmann & Sodenkamp, 1998) einige Schwächen zeigte (siehe Schmid, 2004), wurde in dieser Untersuchung ein Teil des Verfahrens von Felfe und Mitarbeitern (Felfe, Six, Schmook & Knorz, 2004) eingesetzt. Insgesamt umfasst der „Fragebogen zur Erfassung von affektivem, kalkulatorischem und normativem Commitment gegenüber der Organisation, dem Beruf/der Tätigkeit und der Beschäftigungsform (COBB)" drei Verfahrensteile, wovon der Verfahrensteil „Verbundenheit und Identifikation mit der Organisation" zum Einsatz gekommen ist. Felfe et al. (2004) haben ihr Verfahren stark an die Skalen von Meyer und Allen (1990), an die Übersetzung der Skalen durch Schmidt et al. (1998) sowie an die Skalen zur Erfassung beruflichen Commitments von Meyer, Allen und Smith (1993) angelehnt. Dabei wurden die Items teils umformuliert bzw. neu übersetzt, teils neu entwickelt. Das Verfahren konnte für eine große deutsche Stichprobe (N = 580) erfolgreich validiert werden (siehe Kapitel 8).

Die Autoren haben mit diesem umfassenden Instrument den Bezug der Commitment-Forschung ausgeweitet bzw. ausdifferenziert, in dem sie neben der Bindung an die Organisation auch nach der Bindung an andere Bindungs- oder Identifikationsziele wie Beruf und Beschäftigungsform fragen. Diese Erweiterung um potentiell neue Bindungsziele macht insbesondere vor dem Hintergrund langfristiger Veränderungen der Arbeitswelt Sinn. Commitment gegenüber der Organisation setzt identifizierbare Organisationen voraus. Felfe et al. (2004) weisen zu Recht darauf hin, dass dies in Anbetracht des Verschwindens traditioneller KMUs und dem Wachsen transnationaler Unternehmen diese Identifizierbarkeit zunehmend erschwert wird.

> Die klassische Konzeption von Commitment, die sich auf das Ausmaß bezieht, in dem sich eine Person mit einer bestimmten Organisation identifiziert und an sie gebunden fühlt, muss dazu um weitere Identifikations- bzw. Bindungsziele erweitert werden. Die bereits thematisierte Veränderung von Organisationsformen und -strukturen mit ihren einschneidenden Auswirkungen auf Arbeitsmarkt und Tätigkeitsstruktur macht es notwendig, zukünftig verstärkt auch berufliches bzw. tätigkeitsorientiertes Commitment und auch das Commitment gegenüber der Beschäftigungsform in den Focus der Aufmerksamkeit zu rücken. (Felfe et al., 2004)

Der Fragebogen von Felfe et al. (2004) weist fünf abgrenzbare Subdimensionen auf:

1. Verbundenheit und Identifikation mit der Organisation - Organisationales Commitment (14 Items)
2. Identifikation mit dem Beruf und der Tätigkeit - Berufsbezogenes Commitment (16 Items)
3. Status als fest Angestellter - Commitment zur Beschäftigungsform "konventionelle Festanstellung" (11 Items)
4. Status als Zeitarbeiter/in - Commitment zur Beschäftigungsform "Zeitarbeit" (7 Items)
5. Status als Selbständige/r Commitment zur Beschäftigungsform "Selbständige" (14 Items)

Für die vorliegende Untersuchung konnte mit Blick auf die Stichprobe von Klein- und Mittelbetrieben sowie der Fragestellung gemäß auf die erste Subdimension *Verbundenheit und Identifikation mit der Organisation* fokussiert werden.

## 7.2 Qualitativer Untersuchungsteil

Die Ergänzung des quantitativen Ansatzes um qualitative Untersuchungselemente wurde im Sinne einer Triangulation (Flick, 2005) zur Erweiterung der Daten- und Erkenntnisbasis gewählt. Durch die zusätzlichen Interviews, Dokumentenanalysen und Betriebsbesichtungen wird die Aussagekraft des Querschnittsdesign zwar nicht grundsätzlich verändert bzw. verbessert – Aussagen über kausale Zusammenhänge bedürfen nach wie vor längsschnittlicher Untersuchungen – jedoch dienen die Ergebnisse der qualitativen Erhebung als eine wertvolle Ergänzung. In diesem Sinne wurden alle 24 Unternehmen der Hauptstichprobe besichtigt und mit betrieblichen Experten leitfadengestützte Interviews durchgeführt (siehe Tabelle 7.4). Die Interviews fanden in den Firmen vor Ort mit Geschäftsführern oder mit Gesellschaftern bzw. Genossenschaftern statt und endeten meist mit einer Betriebsbesichtigung. Zusätzlich zu den Interviews wurden Unternehmensdaten aus Dokumentanalysen erhoben.

Tabelle 7.4: Übersicht Betriebsbesichtungen und Interviews

| | | **Firmeninterviews** | |
|---|---|---|---|
| **Datum** | **Interviewpartner** | **Firma nach Wirtschaftsbereich** | **Land** |
| 01.11.2004 | Geschäftsführer | Innovative Technikbetriebe | D |
| 24.11.2004 | Geschäftsführer | Innovative Technikbetriebe | D |
| 29.11.2004 | Geschäftsführer | Innovative Technikbetriebe | D |
| 01.12.2004 | Geschäftsführer | Handwerks-, Industrie- und Handelssektor | A |
| 07.12.2004 | Geschäftsführer | Dienstleistungssektor | D |
| 07.12.2004 | Geschäftsführer | Handwerks-, Industrie- und Handelssektor | D |
| 07.12.2004 | Geschäftsführer | Handwerks-, Industrie- und Handelssektor | D |
| 08.12.2004 | Genossenschafter | Dienstleistungssektor | D |
| 08.12.2004 | Genossenschafter | Dienstleistungssektor | D |
| 17.12.2004 | Geschäftsführer | Handwerks-, Industrie- und Handelssektor | I |
| 17.12.2004 | Geschäftsführer | Dienstleistungssektor | I |
| 20.12.2004 | Geschäftsführer und Genossenschafter | Dienstleistungssektor | A |
| 20.12.2004 | Genossenschafter | Dienstleistungssektor | A |
| 19.01.2005 | 4 Genossenschafter | Handwerks-, Industrie- und Handelssektor | D |
| 19.01.2005 | Genossenschafter | Dienstleistungssektor | D |
| 24.01.2005 | Geschäftsführer | Innovative Technikbetriebe | D |
| 01.02.2005 | Geschäftsführer | Dienstleistungssektor | A |
| 17.02.2005 | Geschäftsführer | Handwerks-, Industrie- und Handelssektor | I |
| 17.02.2005 | Genossenschafter | Handwerks-, Industrie- und Handelssektor | I |
| 11.03.2005 | Geschäftsführer | Innovative Technikbetriebe | D |
| 16.06.2005 | Geschäftsführer | Handwerks-, Industrie- und Handelssektor | A |
| 03.02.2006 | Geschäftsführer | Dienstleistungssektor | I |

Mittels Interviews und Dokumentenanalysen konnten ökonomische und wirtschaftspolitische Rahmenbedingungen sowie Aktivitäten und Vernetzungsstrategien der Unternehmen grobrastig erfasst werden. Zusätzlich wurden im Sinne der methodischen Triangulation die betrieblichen Experten gebeten den Demokratiegrad ihres Unternehmens entsprechend ihrer subjektiven Sichtweise und Wahrnehmung einzuschätzen. Die Interviews wurden weitestgehend zu zweit durchgeführt, um so viel als möglich an Informationen über das Unternehmen mitnehmen zu können. Die Interviews dauerten ca. 1,5 bis 2 Stunden, je nach

Erzählbereitschaft der Interviewten. Tabelle 7.4 gibt einen Überblick über die Verteilung der Interviewtermine und die jeweiligen Gesprächspartner.

### *Beschreibung der Unternehmenstypen*

Das Datenmaterial, welches aufgrund der geführten Interviews und der durchgeführten Dokumentanalyse zusammengetragen wurde, diente im weiteren Verlauf als Basis für die Unternehmenstypisierung. In Anlehnung an die weiter oben vorgestellten Unternehmenstypen (vgl. Weber, 1999) wurden sieben unterschiedliche Formen demokratischer Unternehmen anhand detailliert beschriebener Kriterien definiert. Dabei nimmt der Grad des Belegschaftseinflusses tendenziell von U1 bis U7 zu. Es existieren aber auch Überschneidungen und Hybridformen. So musste der Unternehmenstyp 4 anhand der empirischen Daten nochmals unterteilt werden in Typ 4a und Typ 4b. Die sieben Unternehmenstypen sind folgendermaßen charakterisiert:

*U1: Bürokratische Unternehmen und Genossenschaftsunternehmen einer Ergänzungsgenossenschaft*

Eine Ergänzungsgenossenschaft ist ein Zusammenschluss von vielen unabhängigen Einzelunternehmern. Diese Genossenschaftsform dient der Nutzung gemeinsamer Ressourcen (z.B. Einkauf, Vertrieb, Produktverarbeitung, Lagerung). Die in einem solchen Genossenschaftsunternehmen Beschäftigten sind nicht Mitglied der Genossenschaft. Die Genossenschafter bestimmen direkt bzw. über den Vorstand die Geschäftsführung, welche das Unternehmen leitet. Für dieses Genossenschaftsmodell konnte für die Untersuchung leider keine Repräsentanten gefunden werden. Der Unternehmenstyp wurde im Blick auf die Gesamtstichprobe daher um die Unternehmen mit einer klassisch bürokratischen Organisationsform erweitert. Diesem Unternehmenstyp sind alle acht Unternehmen der ergänzenden Teilstichprobe zuzuordnen.

*U2: Partnerschaftsunternehmen mit Kapitalbeteiligung oder Erfolgs- bzw. Gewinnbeteiligung der Beschäftigten*

Charakteristisch ist eine Mitwirkung der Beschäftigten an taktischen Entscheidungen, die häufig direkt oder in manchen Fällen über ein mitwirkendes (d.h. vorschlagendes, beratendes, Widerspruch formulierendes) Repräsentativorgan (z.B. Beirat, Wirtschaftsausschuss) geschieht.

*U3: Großunternehmen mit gesetzlicher Mitbestimmung*

Kennzeichnend hierfür sind deutsche Montanunternehmen (vollparitätisch) bzw. Großunternehmen mit mehr als 2000 Beschäftigten (eingeschränkt paritätisch), in welchen die Belegschaft repräsentative Mitbestimmungsrechte hat (Bestimmung der Hälfte der Aufsichtsratsmitglieder; Bestimmung des Arbeitsdirektors im Unternehmensvorstand sowie Mitbestimmung über bestimmte taktische Angelegenheiten über den Gesamtbetriebsrat). Unternehmen dieser Größenordnung konnten für die vorliegende Untersuchung keine gewonnen werden.

*U4: Konventionell geführtes Belegschaftsunternehmen bzw. konventionell geführte Produktivgenossenschaft*

Hierzu zählen Betriebe in (weitgehendem) Belegschaftsbesitz, ungeachtet ihrer Rechtsform (z.B. GmbH, OHG, Mitarbeiter-Aktiengesellschaft, Produktivgenossenschaft), die eine bürokratische Aufbau- und Ablauforganisation aufweisen und somit auch durch Vorstände bzw. Geschäftsführer mit weitgehendem Weisungsrecht geführt werden. Im Unterschied zu den Unternehmen der Typen 1 bis 3 verfügt die Belegschaft jedoch über die Möglichkeit, auf der Anteilseignerversammlung (typischerweise Jahresversammlung) über bestimmte strategische Belange zu entscheiden. Unternehmen dieses Typs können auch aus einer Belegschaftsübernahme hervorgegangen sein. Der Unternehmenstyp 4 wurde aufgrund der empirisch erhobenen Daten unterteilt in Typ 4a und 4b. Unternehmenstyp 4a ist dadurch gekennzeichnet, dass der Prozentsatz der Beschäftigten, die am Unternehmenskapital beteiligt sind, gering ist. Bei Unternehmenstyp 4b bilden die Beschäftigten, welche am Kapital beteiligt sind, die Majorität. Betriebe des Unternehmenstyps 4a sind den Unternehmenstypen 2 ähnlicher und Betriebe des Typs 4b verfügen über mehrere Charakteristika des Unternehmenstyps 6.

*U5: Demokratisches Reformunternehmen*

Solche Unternehmen weisen eine Kombination auf von direkter Mitbestimmung der Beschäftigten, typischerweise über taktische Angelegenheiten, und von repräsentativer Mitentscheidung (z.B. über Firmenrat, Beirat, Wirtschaftsausschuss, Aufsichtsrat) über strategischen Fragen. Die Belegschaftsmitglieder haben häufig Kapitalanteile am Unternehmen, jedoch insgesamt eher mit minoritärem Gesamtanteil (z.B. gegenüber einer Besitzerfamilie)

*U6: Selbstverwaltetes Unternehmen in Belegschaftsbesitz bzw. selbstverwaltete Produktivgenossenschaft*

In Unternehmen dieses Typs, die i. d. R. den kleinen bzw. kleineren Unternehmen (unter 50 Beschäftigten) zuzurechnen sind, entscheiden die Beschäftigten, denen das Unternehmen (weitgehend) gehört, auch direkt über nicht nur taktische, sondern auch über strategische Angelegenheiten mit (Plenum bzw. Vollversammlung). Gelegentlich haben Unternehmen dieses Typs die Rechtsform einer Produktivgenossenschaft (inkl. Handwerks-, Handels- oder sonstige Dienstleistungsgenossenschaften). Kennzeichnend ist, dass die Kapitaleigner/Genossenschafter selbst im Unternehmen mitarbeiten und die Mehrheit der Belegschaft bilden.

*U7: Kommunitäre, kibbuzähnliche Arbeits- und Lebensgemeinschaften*

Dieser Unternehmenstyp zeichnet sich durch basisdemokratische Strukturen aus. Die Mitglieder sind in allen Entscheidungsbereichen gleichberechtigt eingebunden, sie sind Eigner des Betriebes und in ein kommunitäres Gemeinwesen integriert.

### *Zuteilung der Unternehmen zu den Unternehmenstypen*

Für jedes Unternehmen wurde ein Profil erstellt, gemäß der in Tabelle 7.5 abgebildeten Kriterien. Zwei Raterinnen ordneten voneinander unabhängig die 30 Betriebe den beschriebenen Unternehmenstypen zu. Es konnten mit einer Raterübereinstimmung von 92 Prozent fünf bzw. sechs (mit der Unterteilung in Typ 4a und Typ 4b) Unternehmenstypen identifiziert werden (siehe Tabelle 7.6). In Tabelle 7.6 ist zusätzlich die Verteilung der Befragten nach Unternehmenstypen für die Gesamtstichprobe dargestellt. Mit Ausnahme des Unternehmenstyps 4b, der tendenziell auch dem Typ 6 zugeordnet werden könnte, ist die Probandenzahl relativ gleichmäßig verteilt. 87 Probanden sind den bürokratischen Unternehmen angehörig, 73 den sogenannten Partnerschaftsunternehmen, 49 arbeiten einem konventionell geführten Belegschaftsunternehmen, 26 in Belegschaftsunternehmen, die sich weitestgehend in Belegschaftsbesitz befinden, 126 Befragte sind in demokratischen Reformunternehmen tätig und schließlich 59 in Betrieben, die selbstverwaltet sind.

Tabelle 7.5: Übersicht Unternehmenstypen

| | Typ U1 | Typ U2 | Typ U3 | Typ U4 | | Typ U5 | Typ U6 | Typ U7 |
|---|---|---|---|---|---|---|---|---|
| | | | | Typ U4a | Typ U4b | | | |
| Beteiligungsgrad: Meinung (1), Mitwirkung (2), Mitentscheidung (3) | (1) (2) | 2 | 2 (3) | (2) (3) | (2) (3) | 3 | 3 | 3 |
| Reichweite:Subst. Beteiligung der Beschäftigten an strategischen (s) bzw. taktischen (t) Angelegenheiten | (t) | t | t (s) | (s) | (s) | t / s | s | s |
| Beteiligungsform: (auch) direkte (d) oder bloß repräsentative (r) Mitwirkung bzw. Mitentscheidung | (r) | d (r) | r | (d) r | (d) r | d / r | d | D |
| Direkte Mitwirkung bzw. Mitbestimmung auch außerhalb der Jahresversammlung typisch? | --- | Ja | Nein | Nein | Nein | t: Ja | Ja | Ja |
| Identitätsprinzip: Prozentsatz der Beschäftigten, die am Unternehmenskapital beteiligt sind | --- | Variiert | --- | Minori-tät | Majori-tät | Variiert | Majorität | Majorität |
| Belegschaftsbesitz? Anteil des Beschäftigtenkapitals am Eigenkapital des Unternehmens | --- | Ggf. niedrig | --- | Hoch | Hoch | Variiert (eher Minor) | Hoch | 100 % |
| Gewinn-/Erfolgsbeteiligung (evtl. Verlustbeteiligung) | --- | Ja | --- | variiert | Variiert | variiert | Variiert | --- |
| Integration in kommunitäres Gemeinwesen | Nein | Nein | Nein | Nein | Nein | Nein | Nein | ja |

Tabelle 7.6: Verteilung der Gesamtstichprobe nach Unternehmenstypen

| Typ | Beschreibung | Unternehmen | Pb |
|---|---|---|---|
| U1 | Bürokratische Unternehmen | 8 | 87 |
| U2 | Partnerschaftsunternehmen | 3 | 73 |
| U4a | Konventionell geführte Belegschaftsunternehmen/Produktivgenossenschaften | 3 | 49 |
| U4b | Konventionell geführte Belegschaftsunternehmen/Produktivgenossenschaften in überwiegendem Belegschaftsbesitz | 2 | 26 |
| U5 | Demokratische Reformunternehmen | 7 | 126 |
| U6 | Selbstverwaltete Belegschaftsunternehmen/Produktivgenossenschaften | 7 | 59 |
| | | **30** | **420** |

## 7.3 Auswertungsverfahren

Für die Auswertung und Prüfung der in Kapitel 6 formulierten Fragestellungen und Hypothesen kommen eine Reihe statistischer Methoden zum Einsatz. Entsprechend der üblichen Vorgehensweise bei empirischen Untersuchungen wurde zunächst die Vollständigkeit und Güte des Datensatzes überprüft. Die Prüfung der Güte der eingesetzten Untersuchungsverfahren erfolgt unter Einsatz verschiedener statistischer Methoden: explorative und konfirmatorische Faktorenanalysen, Berechnung der Reliabilität der Skalen mittels Cronbach´s Alpha, Trennschärfe der Items, Clusteranalyse, Multikollinearitätsdiagnose und Berechnung des Redundanzmaßes zur Prüfung von Expertenratings. Die methodischen Aspekte der statistischen Verfahren werden jeweils an der Stelle ihres Einsatzes beschrieben.

Die Basis der gesamten statistischen Analysen stellt die Korrelationsmatrix in Abschnitt 8.4.1 dar. Zur Prüfung der Zusammenhangshypothesen werden eine Reihe hierarchischer Regressionsanalysen gerechnet (siehe Abschnitt 8.4). Die vermuteten intervenierenden Effekte zweier Merkmale werden nach einer von Baron und Kenny (1986) vorgeschlagenen mehrstufigen regressionsanalytischen Methode überprüft. Dabei wird mit pfadanalytischen Modellen gearbeitet. Die methodischen Grundlagen hierfür sind in Abschnitt 8.4.5.1 beschrieben.

Der Komplexität des Untersuchungsansatzes wird schließlich durch die Anwendung so genannter Strukturgleichungsmodelle Rechnung getragen. Dazu wird der Untersuchungsansatz in ein Mess- und in ein Strukturmodell überführt und der Fit des Modells mit den empirischen Daten berechnet. Zur ausführlichen Erläuterung der methodischen Grundlagen sei auf Abschnitt 8.5.1 verwiesen.

# 8 Ergebnisse

## 8.1 Beschreibung der Stichprobe

### 8.1.1 Soziodemographische Variablen

Von den 420 in den Datensatz aufgenommenen Probanden sind gut zwei Drittel Männer (N = 272) und ein knappes Drittel Frauen (N = 133). Einige Personen verweigerten Angaben zu ihrem Geschlecht (N = 15).

Tabelle 8.1: Soziodemographische Merkmale Gesamtstichprobe

| | Anz. | Proz. | | |
|---|---|---|---|---|
| Geschlecht | | | | |
| Männer | 272 | 64.8 | | |
| Frauen | 133 | 31.7 | | |
| Alter | | | | |
| ≤ 30 Jahre | 92 | 21.8 | | |
| 30 bis 49 Jahre | 278 | 66.2 | | |
| ≥ 50 Jahre | 50 | 12.0 | | |
| Mitglied in einem Mitbestimmungsorgan (aktuell) | | | | |
| Gesamt | 237 | 56.6 | | |
| *Davon Männer* | *160* | *67.5* | | |
| *Davon Frauen* | *72* | *32.5* | | |
| Kapitalanteile | | | | |
| Gesamt | 181 | 43.1 | | |
| *Davon Männer* | *123* | *70.0* | | |
| *Davon Frauen* | *53* | *30.0* | | |
| | **MW** | **SD** | **Min** | **Max** |
| Durchschnittliche Dauer Unternehmenszugehörigkeit | 9.4 | 7.5 | 0.5 | 35.0 |
| Durchschnittliche Dauer Tätigkeitsausübung | 6.5 | 5.7 | 0.0 | 30.0 |

Rund 66.2 Prozent der Befragten sind im Alter zwischen 30 und 50 Jahren, 21.8 Prozent sind jünger als 30 Jahre und 12 Prozent liegen im Altersbereich über 50 Jahren, wovon lediglich 3 Personen älter als 60 Jahre sind. Die befragten Personen üben ihre aktuelle Tätigkeit seit durchschnittlich 6.5 Jahren aus. Die durchschnittliche Dauer der Organisationszugehörigkeit wird mit 9.4 Jahren angege-

ben. 237 Personen, das sind 56.6 Prozent der Befragten, geben an aktuell Mitglied eines betrieblichen Mitbestimmungsorgans (Gremien, Ausschüsse, Mitarbeitervertretung, Betriebsrat etc.) zu sein. Rund 43 Prozent der Teilnehmer verfügen über Kapitalanteile an ihrem Unternehmen (siehe Tabelle 8.1).

#### *8.1.1.1 Bildungsstand*

Das Bildungsniveau erweist sich insgesamt als relativ hoch (siehe Tabelle 8.2). 27 Prozent der Befragten sind Akademiker, weitere rund 25 Prozent haben Matura/Abitur. 91 Personen verfügen über eine weiterführende handwerkliche Ausbildung, das sind rund 22 Prozent der Befragten.

Tabelle 8.2: Verteilung Bildungstand in der Gesamtstichprobe

| | Gesamt | | % innerhalb Geschl. | |
|---|---|---|---|---|
| | # | % | Männer | Frauen |
| Pflicht-/Hauptschule/Realschule | 43 | 10.3 | 8.6 | 15.1 |
| Weiterführende handwerkliche Ausbildung | 91 | 21.7 | 25.1 | 18.0 |
| Weiterführende schul. Ausbildung o. Matura/Abitur | 48 | 11.5 | 10.9 | 14.3 |
| Weiterführende schul. Ausbildung m. Matura/Abitur | 71 | 16.9 | 16.5 | 20.3 |
| Weiterführende Ausbildung ohne Universität | 33 | 7.9 | 8.6 | 7.5 |
| Universität, Fachhochschule | 114 | 27.0 | 30.3 | 24.8 |

Differenziert man die Verteilung des Bildungsstandes nach Geschlecht, zeigt sich eine relativ gleichwertige Verteilung. Sowohl bei den Männern als auch bei den Frauen sind die Verteilungen innerhalb des Geschlechts ähnlich. So sind rund 25 Prozent der befragten Frauen Akademikerinnen, bei den Männern sind es 30 Prozent. Eine weiterführende schulische Ausbildung ohne Matura haben 14 Prozent der Frauen und 11 Prozent der Männer, mit Matura sind es 20 Prozent der Frauen und 17 Prozent der Männer. Lediglich bei der weiterführenden handwerklichen Ausbildung sind die Männer den Frauen prozentuell überlegen. Hier finden sich 25 Prozent bei den Männern im Vergleich zu 18 Prozent bei den Frauen. Keiner der Unterschiede ist jedoch signifikant (Chi-Quadrat-Test nach Pearson: $\chi^2=8.024$, $p=0.236$).

### 8.1.1.2 *Kapitalbeteiligung*

Bei einer Untersuchung zum Themenbereich Organisationale Demokratie interessiert natürlich nicht nur das Maß der wahrgenommenen Beteiligungsmöglichkeiten, sondern vor allem auch das Maß an substanzieller Beteiligung am Unternehmen im Sinne einer Kapitalbeteiligung. Tatsächlich geben von den 420 befragten Personen 181 an, am Kapital ihres Unternehmens beteiligt zu sein, das sind 43 Prozent.

Wie verteilen sich die Kapitalanteilseigner auf die verschiedenen Unternehmenstypen? Tabelle 8.3 zeigt die Auflistung sowohl von den Kapitalsanteilseignern als auch von den Nichteignern nach den Unternehmenstypen U1 bis U6. Erfreulicherweise finden sich auch in der Gruppe U1, den bürokratischen Unternehmen, Kapitalanteilseigner, was bedeutet, dass es auch in den bürokratisch geführten Unternehmen gelungen ist mit der Befragung bis zu den (Mit)Eigentümern vorzudringen.

Tabelle 8.3: Kapitalbeteiligung nach Unternehmenstypen in Anzahl und Prozent (Aufteilung innerhalb des U-Typs)

| | **Kapitalbeteiligung Ja** | | **Kapitalbeteiligung Nein** | |
|---|---|---|---|---|
| | **#** | **%** | **#** | **%** |
| U1 – bürokratisch | 8 | 9.2 | 79 | 90.8 |
| U2 – partnerschaftlich | 43 | 58.9 | 30 | 41.1 |
| U4a – konventionell | 11 | 22.4 | 38 | 77.6 |
| U4b – Belegschaftsbesitz | 23 | 92.0 | 2 | 8.0 |
| U5 – demokratisch | 52 | 39.7 | 79 | 60.3 |
| U6 – selbstverwaltet | 44 | 81.5 | 10 | 18.5 |
| | **181** | | **238** | |

% = prozentueller Anteil der Befragten innerhalb des Unternehmenstypus

Innerhalb der Unternehmenstypen U4b und U6 spiegelt sich eindrücklich die Besitzstruktur der Unternehmen wieder, wie sie in den Interviews und anhand der Dokumentenanalysen festgestellt werden konnte. Insofern kann diese Verteilung einen ersten Aufschluss über die Stimmigkeit des Unternehmensratings liefern, was folgend noch einmal ausführlicher belegt wird.

### 8.1.2 Überprüfung des Unternehmensratings

Infolge der qualitativen Erhebung in den Unternehmen wurden die Betriebe von zwei Ratern unabhängig voneinander den bereits beschriebenen Unternehmenstypen zugeordnet. Dabei erreichten die Rater eine Übereinstimmung von 92 Prozent. Die bisherigen Ergebnisse deuten darauf hin, dass auch die quantitativ erhobenen Daten das Rating bestätigen. Dies soll aber noch einmal genauer überprüft werden.

Zur Überprüfung, ob die dem Unternehmenstyp entsprechend postulierte, strukturell verankerte Mitbestimmung von den Befragten auch als solche erlebt wird, wurde der Chi-Quadrat-Test nach Pearson eingesetzt. Dieses Verfahren wurde gewählt, weil das Datenniveau der beiden Variablen unterschiedlich ist. Während die ODS-Daten intervallskaliert sind, liegen die U-Typen lediglich nominalskaliert vor. Um methodische Artefakte zu vermeiden, wurde das höhere Datenniveau der ODS-Variable zugunsten des niedrigeren Datenniveaus der U-Typen aufgegeben.

Zunächst wurden für die Organisationale-Demokratie-Struktur (ODS) Gruppen gebildet in den Ausprägungen geringe–mittlere–hohe Beteiligung. Die in der Beschreibung der OD-Struktur angeführten Partizipationsgrade (1 – 6) wurden für die Ergebnisdarstellung zu folgenden drei Kategorien zusammengefasst:

- gering = keine substanzielle Beteiligung (keine Beteiligung und bloße Information; der Kommunikationsfluss geht nicht an die Mitarbeiter zurück; range: 1.00 – 1.99)
- mittel = Mitsprache (Anhörung; der Kommunikationsfluss geht an die Mitarbeiter zurück, d. h. die Mitarbeiter werden informiert und ihre Anliegen können vorgetragen werden; die Beteiligung ist allerdings noch unverbindlich; range: 2.00 – 3.99)
- hoch = Mitbestimmung (Mitwirkung bis gleichberechtigte, verbindliche Teilhabe der Mitarbeiter an Entscheidungen, d. h. die Meinung der Mitarbeiter wird in die Entscheidung mit aufgenommen; range: 4.00 – 6.00)

Im Chi-Quadrat-Test wurde die in dieser Weise gruppierte Variable ODS mit den unter 7.2 beschriebenen Unternehmensgruppen in Vergleich gesetzt. Der Chi-Quadrat-Test vergleicht beobachtete Häufigkeiten mit erwarteten Häufigkeiten. Im vorliegenden Fall wird untersucht, ob die Unternehmensgruppen Einfluss auf die Beantwortung der ODS-Items haben. In Tabelle 8.4 sind die tatsächlichen und die erwarteten Werte ersichtlich. Neben den teilweise sehr großen Differenzen zwischen den Ist-Werten und den erwarteten Werten, lässt sich aus der Tabelle gut ersehen, wie deutlich die „Zusammenhänge" ausfallen. Beim geringen Demokratiegrad zeigt sich auch in den empirischen Daten mit dem Verhältnis von 49 : 4 (gering : hoch) die geringe Beteiligung, während beim hohen

Demokratiegrad 19 : 98 (gering : hoch) das Verhältnis spiegelverkehrt ausfällt. Der Chi-Quadrat-Test gibt eine Signifikanz von $\chi^2$ = 113.730 (df = 4), p = .000 aus. Die post hoc berechnete Teststärke erreicht bei mittlerer Effektgröße ($\omega$=0.30) 0.99. Diese Ergebnisse erlauben den Schluss, dass die Angaben der Befragten zu den Mitbestimmungsmöglichkeiten in ihrem Unternehmen mit dem Rating der Unternehmen auf Grundlage der Interviews weitestgehend übereinstimmen.

Tabelle 8.4: Kreuztabelle Chi-Quadrat-Test zur Prüfung des Zusammenhangs von Unternehmenstyp und angegebenen Mitbestimmungsmöglichkeiten

| | | Gruppierung geringe, mittlere, hohe Beteiligung (empirische Daten ODS-Verfahren) | | | |
|---|---|---|---|---|---|
| | | gering | Mittel | hoch | Total |
| geringer Demokratiegrad | Anzahl | 49.0 | 34.0 | 4.0 | 87 |
| | erwart. Anzahl | 20.9 | 41.4 | 24.7 | |
| mittlerer Demokratiegrad | Anzahl | 33.0 | 72.0 | 17.0 | 122 |
| | erwart. Anzahl | 29.3 | 58.1 | 34.6 | |
| hoher Demokratiegrad | Anzahl | 19.0 | 94.0 | 98.0 | 211 |
| | erwart. Anzahl | 50.7 | 100.5 | 59.8 | |
| | | 101 | 200 | 119 | 420 |

$\chi^2$ = 113.730 (df = 4), p = .000

Eine weitere Überprüfung des Unternehmensratings wird durch die Daten-Triangulation des Untersuchungsansatzes dieser Studie ermöglicht und stellt so etwas wie eine Quasi-Validierung dar. Sie ist gleichzeitig eine Möglichkeit der Qualitätssicherung, die aus dem Bemühen erwachsen ist, Informationen über den jeweiligen Demokratiegrad innerhalb der Unternehmen aus unterschiedlichen Quellen zu erhalten. Dabei ist es hilfreich und auch notwendig, genauer hinzusehen, worüber die Daten Auskunft geben und wie die unterschiedlichen Informationsquellen zusammenspielen. Grundlage jeder Organisation ist deren Verfassung, welche sich in Form der Unternehmensstruktur manifestiert. Die Struktur einer Organisation bestimmt den betrieblichen Alltag in Form der Aufbau- und Ablauforganisation. Die gelebte Praxis ist es schließlich auch, welche die Verfassung und die Struktur der Organisation für das einzelne Organisationsmitglied erfahrbar machen. Abbildung 8.1 verdeutlicht, mit welchen methodischen Ansätzen bzw. Verfahren versucht wurde, sich den jeweiligen Beschreibungsgegenständen anzunähern und Information über sie zu gewinnen. Die gewonnenen Informationen lassen sich verdichten zu jeweils einem Wert pro Unternehmen (siehe 3. Ebene). Die Analyse der Struktur und Verfassung der untersuchten Unternehmen erfolgte mittels Dokumentenanalyse (Betriebsverfassung, Gesellschaftervertrag, Organigramme, Leitbilder u. a.) und leitfadengestützten Interviews mit jeweils einem, teilweise auch mehreren betrieblichen Experten. Die gewonnenen Informationen dienten zur Einordnung des jeweiligen Unternehmens in ein Klassifikationsschema hinsichtlich des Demokratiegrades des Unternehmens. Die Kriterien, anhand derer die auf diese Weise gewonnenen Unternehmensinformationen zur Typenbildung herangezogen wurden, sind in Kapitel 7 beschrieben.

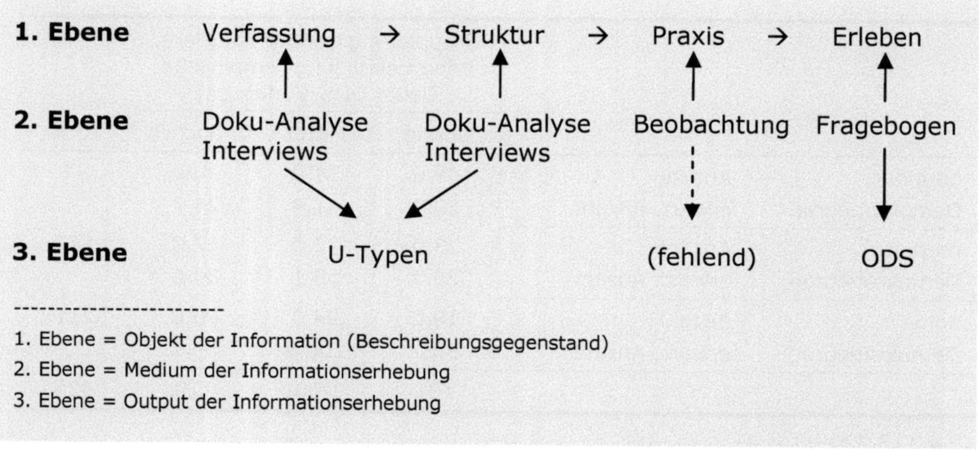


Abbildung 8.1: Zugang und Beschreibung der Untersuchungsgegenstände (schematische Darstellung)

Die gelebte betriebliche Praxis konnte aufgrund zeitlicher, personeller und finanzieller Restriktionen nicht adäquat erhoben werden. Dazu wären Beobachtungsinterviews von Nöten gewesen, die sich im Rahmen dieser Untersuchung leider nicht realisieren ließen. Die individuelle Redefinition der demokratischen Teilhabe in der Praxis, d.h. die Beurteilung, wie Beteiligung und Mitbestimmung bei betrieblichen Verteilungs- und Entscheidungsverfahren durch die Organisationsmitglieder wahrgenommen und erlebt werden, ist mittels Fragebogen erhoben worden. Die Ergebnisse dazu sind in den ODS-Werten (Gesamtindex) pro befragte Person verdichtet.

Damit stehen wir vor mehreren Problemen. Zunächst stehen sich mit den U-Typen und ODS-Werten Daten gegenüber, die im Fall der U-Typen Auskunft über ein Merkmal der Organisation und im Fall der ODS-Werte Aussagen über die individuelle Wahrnehmung eines Merkmals der Organisation wiedergeben. Das bedeutet, dass zunächst ein empirischer ODS-Mittelwert pro Unternehmen gebildet werden muss. Inwieweit es zulässig ist, diesen Mittelwert als für die

Organisationale-Demokratie-Struktur des Unternehmens repräsentativen Wert anzunehmen, kann über den Intraclass Correlation Coefficient (ICC) geprüft werden. Der ICC ist ein Maß der Beobachterübereinstimmung. Grundlegend für die Intraklassenkorrelation ist der Gedanke, dass Befragte als Beobachter eine Einschätzung kollektiver Eigenschaften des gemeinsamen Kontextes, in dem sie sich aufhalten, abgeben. Je übereinstimmender die Beurteilungen der Befragten ausfallen, desto höher ist die ökologische Reliabilität der Messung (Oberwittler, 2002), in unserem Fall die Reliabilität des Unternehmensmittelwertes von ODS. Ist diese Prüfung bestanden, kann untersucht werden, ob die anhand der betrieblichen Verfassung gebildeten U-Typen mit der Wahrnehmung betrieblicher Demokratie bei den Organisationsmitgliedern (abgebildet im Unternehmensmittelwert) überein gehen.

Damit ist nicht nur die Klassifizierung der Unternehmen entsprechend der definierten U-Typen validiert, sondern auch die Basis gelegt für eventuelle varianzanalytische Berechnungen auf Basis der U-Typen. Und schließlich ist damit auch die Frage beantwortet, ob an demokratischen Prinzipien orientierte betriebliche Verfassungen und Strukturen tatsächlich zu stärker ausgeprägter demokratischer Teilhabe im Alltag führen. Die Prüfung der ICC ergab bei allen Unternehmen Werte zwischen .990 und 1.000 jeweils auf dem Null-Prozent-Niveau signifikant. Das bedeutet, dass die Befragten pro Unternehmen die Beteiligungsmöglichkeiten in ihrer Organisation durchgängig vergleichbar wahrnehmen. Damit ist die Arbeit mit einem Unternehmensmittelwert für ODS gut begründet[11].

Abbildung 8.2 zeigt, wo sich die Unternehmen einordnen, werden die Koordinaten Unternehmensmittelwert (Y-Achse) und Unternehmenstyp (X-Achse) aufgetragen. Aus der Darstellung wird ersichtlich, dass bei 17 der 28 Unternehmen die Beurteilung der Entscheidungsbeteiligung durch die befragten Unternehmensmitglieder mit der Einstufung durch die externen „Beobachter" anhand der Dokumentenanalysen und Interviews übereinstimmen. Bei sechs Unternehmen werden die Beteiligungsmöglichkeiten durch die Befragten negativer beurteilt, als dies anhand der Dokumentenanalysen und Interviews anzunehmen ist. Hier besteht demnach eine negative Differenz zwischen dem Ideal bzw. der Unternehmensverfassung und der betrieblichen Realität. Erfreulicherweise gibt es auch Unternehmen, bei denen die befragten Unternehmensmitglieder die Beteiligungsmöglichkeiten positiver wahrnehmen, als dies zu erwarten wäre. Interessanterweise handelt es sich bei den betreffenden fünf Unternehmen um Unternehmen aus der Kategorie der bürokratischen Organisationen.

[11] Zur detaillierten Darstellung der Ergebnisse siehe Weber, Unterrainer & Schmid, 2009.

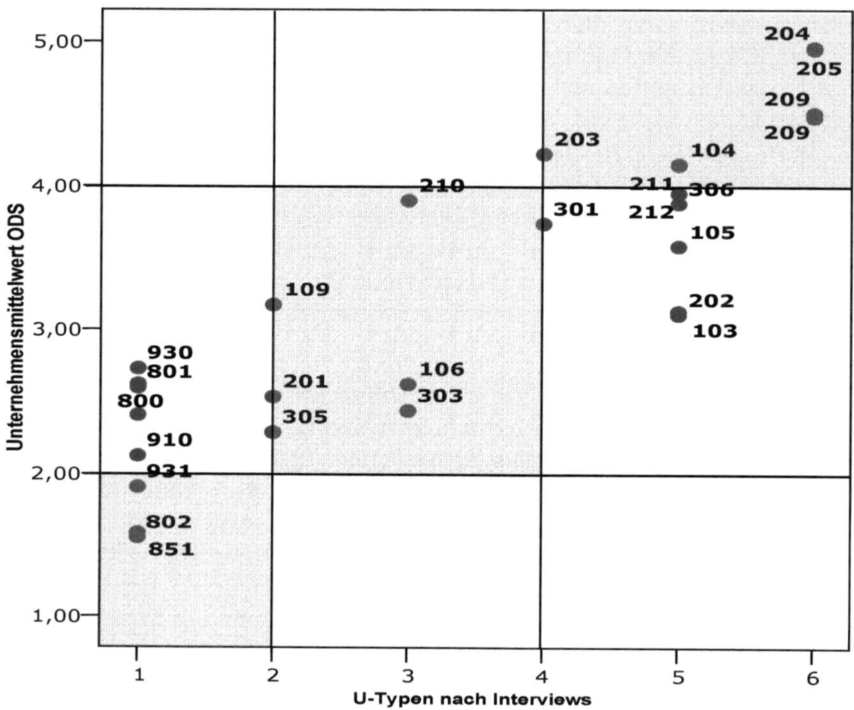


Abbildung 8.2: Verortung der Unternehmen nach ihrem Demokratiegrad; Unternehmen mit Übereinstimmung U-Typ und ODS-MW in den grauen Felder; positive und negative Abgleiche in den weißen Feldern

### 8.1.3 Einfluss soziodemographischer Variablen auf die angegebenen Mitbestimmungsmöglichkeiten

Der Grad der angegebenen Mitbestimmungsmöglichkeiten (ODS) hängt nicht nur von der strukturellen Unternehmensverfassung ab, sondern in bestimmtem Maße auch von soziodemographischen Variablen. Alltagsbeobachtungen oder auch einfach nur eigenen Stereotypen folgend, lässt sich vermuten, dass die Einbindung in unternehmerische Entscheidungen mitunter auch vom a) Bildungsniveau des Organisationsmitglieds, b) vom Alter und/oder der Dauer der Organisationszugehörigkeit, c) wenn gegeben, von der Kapitalbeteiligung und d) möglicherweise vom Geschlecht (mehr Männer als Frauen) abhängt. Zur Überprüfung möglicher Einflüsse von soziodemographischen Variablen auf die Organisationale Demokratie wurde eine hierarchische Regressionsanalyse mit den Prädiktoren Geschlecht, Alter, Bildungsstand (1. Schritt) und Dauer der

Organisationszugehörigkeit, aktuelles Mitglied in einem Mitbestimmungsorgan und Kapitalanteile (2.Schritt) gerechnet.

Wie in Tabelle 8.5 ersichtlich wird, nehmen Geschlecht und die Dauer der Zugehörigkeit zur Organisation keinen signifikanten Einfluss auf den Grad der demokratischen Teilhabe. Die gut 57 Prozent Varianzaufklärung werden erklärt durch das Alter, den Bildungsstand, aktuelle Mitgliedschaften in Mitbestimmungsorganen und das Halten von Kapitalanteilen am Unternehmen. Die negativen Vorzeichen bei letzteren beiden sind der Codierung geschuldet (1=ja, 2=nein). Interessanterweise scheint die Mitgliedschaft in einem konkreten, institutionell verankerten Mitbestimmungsorgan (-.466***) sich deutlicher auf die wahrgenommene Beteiligung auszuwirken als die Beteiligung am Unternehmenskapital (-.292***).

Tabelle 8.5: Hierarchische Regressionsanalyse der Organisationalen Demokratie auf Einflüsse soziodemographischer Variablen

| | Organ. Demokratie (ODS) | | | |
|---|---|---|---|---|
| | *B* | *SF B* | β | p |
| Schritt 1 | | | | |
| Geschlecht | .147 | .121 | .055 | .226 |
| Alter | .194 | .033 | .308*** | .000 |
| Bildungsstand | .209 | .031 | .317*** | .000 |
| $R^2$ | | .233 | | |
| Schritt 2 | | | | |
| Geschlecht | .123 | .091 | .046 | .177 |
| Alter | .096 | .028 | .153** | .001 |
| Bildungsstand | .082 | .024 | .124** | .001 |
| Unternehmenszugehörigkeit | -.011 | .007 | -.068 | .088 |
| Mitglied Mitbestimmungsorgan | -1.183 | .101 | -.466*** | .000 |
| Kapitalanteile | -.743 | .103 | -.292*** | .000 |
| $R^2$ | | .583 | | |
| $\Delta R^2$ | | .575 | | |
| F | 75.718*** | | | |

N = 420; *$p < 0.05$, **$p < 0.01$, ***$p < 0.001$
Geschlecht: 1=weiblich, 2=männlich
Mitglied eines Mitbestimmungsorgans, Kapitalanteile: 1=ja, 2= nein

Eine mögliche Erklärung, welche sich allerdings anhand der vorliegenden Daten nur theoretisch ableiten lässt, könnte darin bestehen, dass bei den befragten Kapitalanteilseignern auch Genossenschafter dabei sind, deren Mitbestimmungsmöglichkeiten sich (zumindest im strategischen Bereich) auf die einmal jährlich stattfindende Genossenschaftsversammlung beschränken[12]. Die Mitgliedschaft in einem Mitbestimmungsorgan hingegen ist in der Regel mit kontinuierlicher Einbindung in Entscheidungsprozesse auf taktischer und fallweise auch auf strategischer Ebene verbunden, was den stärkeren Effekt erklären könnte.

## 8.2 Güte der Verfahren

Die Güte der verwendeten Untersuchungsverfahren bestimmt in wesentlichen Teilen die Aussagekraft der Ergebnisse. Daher steht vor jeder Auswertung neben der Prüfung der Qualität des Datensatzes die Prüfung der Verfahrensgüte. Dazu kommen Methoden der Itemanalyse sowie explorative und konfirmatorische Faktorenanalysen zum Einsatz. Zunächst wurden die Trennschärfe der Items und die Reliabilität der Skalen bestimmt. Der Trennschärfekoeffizient drückt aus, wie gut ein Item den Skaleninhalt repräsentiert bzw. wiedergibt. Ein Item mit einer guten Trennschärfe, d.h. einem hohen Koeffizienten, kann die Probanden ähnlich gut differenzieren wie die Skala als gesamte (Krauth, 1995). Bortz und Döring (1995) betrachten Trennschärfekoeffizienten zwischen .30 und .50 als zufrieden stellend, Koeffizienten über .50 als gut. Nach Lienert und Raatz (1994) sind Items mit Koeffizienten unter .30 auszuscheiden bzw. zu überarbeiten. Im Falle von Likert-Skalen – wie hier verwendet – bietet es sich an, neben der Itemselektion nach der Trennschärfe die Dimensionalität der Skalen mittels explorativer Faktorenanalyse zu überprüfen. Hier gilt, dass heterogene Items, d.h. Items mit niedriger Ladung auf einem zu erwartenden Faktor oder mit Doppelladungen, aus der Skala entfernt oder neu formuliert werden müssen (Bortz & Döring, 2003). Anschließend erfolgt die Prüfung der Reliabilität der Skalen und ihrer Subdimensionen. Unter der Reliabilität einer Skala wird der Grad der Zuverlässigkeit bzw. Genauigkeit verstanden, mit dem die Skala das zu messende Merkmal misst (Lienert & Raatz, 1994). Als gängige Methode zur Prüfung der Reliabilität wird die interne Konsistenz der Skalen überprüft. Die interne Konsistenz wird mit Cronbach´s Alpha angegeben. Nach Fisseni (1997) gelten Reliabilitäten über .90 als hoch, Reliabilitäten zwischen .80 und .90 als mittel bzw. zufrieden stellend und Reliabilitäten unter .80 als niedrig.

---

[12] Dies gilt zumindest für Genossenschaften, welche den Unternehmenstypen U1 und U4a angehören.

### 8.2.1 Struktur der Organisationalen Demokratie (ODS)

Mit insgesamt 43 Items handelt es sich bei der Erfassung der Struktur der Organisationalen Demokratie (ODS) um den umfangreichsten Verfahrensteil der Untersuchung. Wie bereits beschrieben, besteht das Verfahren aus einem quantitativen und einem qualitativen Untersuchungsteil. Im Vergleich zum IDE-Verfahren (Wilpert & Rayley, 1983) mit seinen 16 Entscheidungssätzen (α zwischen .81 und .88) konnte die Reliabilität im vorliegenden quantitativen Verfahrensteil verbessert werden, wie die Daten in Tabelle 8.6 belegen.

Tabelle 8.6: Kennwerte der Struktur der Organisationalen Demokratie und deren Subskalen für I) Gesamtstichprobe (N=419), II) Hauptstichprobe (N=333) und III) Vergleichsstichprobe (N=87)

| | | Item Anzahl | Stufen | M | SD | α |
|---|---|---|---|---|---|---|
| **I) Gesamtstichprobe** | | | | | | |
| ODS | **Struktur Org. Demokratie** | **43** | **1-6** | **3.13** | **1.27** | **.98** |
| Op | Operative Entscheidungen | 12 | 1-6 | 3.90 | 1.08 | .93 |
| Ta | Taktische Entscheidungen | 15 | 1-6 | 2.98 | 1.38 | .97 |
| Stra | Strategische Entscheidungen | 16 | 1-6 | 2.65 | 1.53 | .98 |
| **II) Hauptstichprobe** | | | | | | |
| ODS | **Struktur Org. Demokratie** | **43** | **1-6** | **3.40** | **1.22** | **.98** |
| Op | Operative Entscheidungen | 12 | 1-6 | 4.12 | 0.99 | .93 |
| Ta | Taktische Entscheidungen | 15 | 1-6 | 3.27 | 1.34 | .97 |
| Stra | Strategische Entscheidungen | 16 | 1-6 | 2.94 | 1.52 | .98 |
| **III) ergänzende Teilstichprobe** | | | | | | |
| ODS | **Struktur Org. Demokratie** | **43** | **1-6** | **2.10** | **0.85** | **.97** |
| Op | Operative Entscheidungen | 12 | 1-6 | 3.05 | 1.00 | .87 |
| Ta | Taktische Entscheidungen | 15 | 1-6 | 1.91 | 0.93 | .94 |
| Stra | Strategische Entscheidungen | 16 | 1-6 | 1.56 | 0.97 | .98 |

Die interne Konsistenz der Gesamtskala ODS mit .98 ist sehr zufrieden stellend. Auch die drei Subskalen operative, taktische und strategische Entscheidungen erreichen mit Koeffizienten von jeweils über .90 sehr gute Werte. Die Reliabilitätsprüfung wurde zusätzlich für die beiden Stichproben getrennt durchgeführt. Wie die Ergebnisse in Tabelle 8.6 zeigen, können die vergleichbaren Reliabilitätskoeffizienten bei doch deutlich unterschiedlichen statistischen Kennwerten wie Mittelwert und Standardabweichung zufrieden stellen. Sie können damit auch als Beleg für die über die beiden Stichproben hinweg konstante Zuverlässigkeit des Verfahrens gelten.

### 8.2.2 Fragebogen zur prozeduralen Gerechtigkeit (pG)

Der Fragebogen zur Erfassung der prozeduralen Gerechtigkeit in Organisationen baut im Wesentlichen auf der empirisch bewährten Skala von Schmitt und Dörfel (1995) auf. Aus Gründen der Untersuchungsökonomie konnte das 30 Item umfassende Verfahren nicht im Original eingesetzt werden. Die Skala wurde gekürzt und um eigens formulierte Items ergänzt (vgl. Weber et al., 2004). Die eingesetzte Skala umfasst 10 Items zu den Merkmalsbereichen Konsistenz, Unvoreingenommenheit, Genauigkeit, Beteiligung und Transparenz. Faktorenanalytisch lassen sich die Subdimensionen nicht nachweisen. Mit Ausnahme eines Ausreißers laden alle Items auf einem Faktor. Die Reliabilität der Skala fällt mit $\alpha$=.92 für die Gesamtstichprobe gut aus (siehe Tabelle 8.7). Auch die Trennschärfe der einzelnen Items überzeugt mit Koeffizienten zwischen .54 und .76.

Tabelle 8.7: Kennwerte der Skala prozedurale Gerechtigkeit für die I) Gesamtstichprobe, die II) Hauptstichprobe und die III) Vergleichsstichprobe

| **prozedurale Gerechtigkeit (pG)** | **Item-Anzahl** | **Skalen-Stufen** | **M** | **SD** | **α** |
|---|---|---|---|---|---|
| I) Gesamtstichprobe (N=419) | 10 | 1-6 | 4.22 | .95 | .92 |
| II) Hauptstichprobe (N=333) | 10 | 1-6 | 4.37 | .87 | .93 |
| III) Vergleichsstichprobe (N=87) | 10 | 1-6 | 3.66 | .99 | .89 |

### 8.2.3 Screeningverfahren Soziomoralische Atmosphäre (smA)

Dieses von Weber und Mitarbeitern (2004) neu konzipierte Verfahren stellt einen ersten Versuch dar, die in Kapitel 5.2 beschriebenen soziomoralischen Anregungspotenziale für eine quantitative Untersuchung zu operationalisieren. Die Itementwicklung erfolgte theoriegeleitet entsprechend der bei Hoff et al. (1991) beschriebenen Aspekte 1) offener Umgang mit Konflikten, 2) zuverlässig gewährte Wertschätzung und Zuwendung, 3) Kommunikation und partizipative Kooperation und 4) angemessene Zuweisung von Verantwortung. Das schlussendlich eingesetzte Verfahren besteht aus 16 Items (vier pro Merkmalsbereich). Es wird von den Autoren (Weber et al., 2004) als Screeningverfahren verstanden, welches im Rahmen bereits in Arbeit befindlicher Studien zu einem wissenschaftlich fundierten und die psychometrischen Gütekriterien erfüllenden Analyseverfahren weiter entwickelt wird. Das Verfahren soll später auch von betrieblichen Experten sowie externen und internen Beratern eingesetzt werden können.

Die Überprüfung der Trennschärfe der 16 Items des Screeningverfahrens zeigt erste Schwächen des Verfahrens auf. Dem Kriterium folgend, dass Items mit Koeffizienten unter .30 zu unscharf trennen, müssen zwei der 16 Items ausgeschieden werden. Sie werden in den weiteren Auswertungen ausgenommen, so dass das Verfahren zur soziomoralischen Atmosphäre nur mehr 14 Items aufweist. Die betreffenden Items gehören dem Merkmalsbereich Verantwortung an (siehe Tabelle 8.8):

Tabelle 8.8: Ausgeschiedene Items Merkmalsbereich Verantwortung

| **Name** | **Label** | **M** | **SD** | **$r_{it}$** |
|---|---|---|---|---|
| smA14 | In meiner Arbeit trage ich Verantwortung für die Gesundheit anderer Menschen. | 4.26 | 1.75 | .272 |
| smA15 | Unsere Arbeit leistet einen hohen Beitrag zum Schutze unserer Umwelt. | 4.42 | 1.46 | .222 |

Anmerkung: Skalenstufen 1-6

Der Merkmalsbereich Verantwortung sollte von seiner Konzeption her nach der *angemessenen Zuweisung von Verantwortung* fragen. Gemeint ist damit, inwieweit der Arbeitnehmer in seinem konkreten Arbeitsumfeld und Alltag eigenverantwortlich handeln und entscheiden und für seine Handlungen und die damit verbundenen Konsequenzen die Verantwortung übernehmen darf und soll. In der Konzeption ist auch die Frage nach einem definierten Verantwortungsbereich enthalten. Die Entwicklungsförderlichkeit von Verantwortung entscheidet sich an der *Angemessenheit* der zugewiesenen Zuständigkeit. Ein zu viel an Verantwortung für den Einzelnen kann ebenso negativ sein, wie ein zu wenig an Verantwortung. Beide Items generalisieren in ihrer Formulierung sehr stark und nehmen damit zu wenig Bezug auf das Individuum. Vor allem smA15 ist sehr abstrakt formuliert, so dass es dem Befragten schwer gemacht wird, die Aussage des Items auf sich selber beziehen zu können. Selbst wenn der Proband dem Item generell zustimmen kann, bleibt doch die Frage, welchen Einfluss er persönlich auf diesen Sachverhalt hat. Die beiden Items sind jedenfalls neu zu formulieren bzw. durch adäquatere Operationalisierungen der Konstruktmerkmale zu ersetzen.

Die Reliabilität des Merkmalsbereichs Verantwortung ist nach der Entfernung der beiden soeben diskutierten Items für sich allein gesehen als kritisch zu betrachten. Da sich die Konsistenz der Soziomoralischen Atmosphäre insgesamt mit $\alpha = .90$ trotzdem als hoch, d.h. als sehr gut erweist, wird die um zwei Items reduzierte Subdimension vorläufig im Verfahren belassen. Die Konsistenzwerte für die Subskalen und die Gesamtskala sind in Tabelle 8.9 ersichtlich.

Tabelle 8.9: Kennwerte der Skala und Subskalen (Merkmalsbereiche) der soziomoralischen Atmosphäre (nach der Itemselektion; N=419)

| | | Item Anz. | Skalen Stufen | M | SD | α |
|---|---|---|---|---|---|---|
| **smA** | **Soziomoral. Atmosphäre** | **13** | **1-6** | **4.37** | **.87** | **.90** |
| smA_konf | Konflikte | 4 | 1-6 | 4.20 | 1.02 | .79 |
| smA_wert | Wertschätzung | 4 | 1-6 | 4.61 | 0.94 | .79 |
| smA_komm | Kommunikation/Kooperation | 4 | 1-6 | 4.31 | 1.00 | .74 |
| smA_ver | Verantwortung | 2 | 1-6 | 4.34 | 1.17 | .34 |

### 8.2.4 Commitment gegenüber der Organisation (CO)

Der Verfahrensteil zum Organisationalen Commitment ist dem „Fragebogen zur Erfassung von affektivem, kalkulatorischem und normativem Commitment gegenüber der Organisation, dem Beruf/der Tätigkeit und der Beschäftigungsform (COBB)" von Felfe und Mitarbeitern (Felfe, Six, Schmook & Knorz, 2004) entnommen. Diese berichten zufrieden stellende Ergebnisse aus ihrer Validierungsstudie (N=580). Die Itemschwierigkeiten liegen für das Organisationale Commitment zwischen .43 und .73, die Trennschärfen zwischen .32 und .82. Die Werte für die interne Konsistenz werden mit Cronbach´s Alpha angegeben und liegen zwischen .67 und .91. In Anbetracht, dass es sich um insgesamt eher kurze Skalen mit jeweils drei bis fünf Items handelt, zeigen sich die Autoren mit diesen Ergebnissen zufrieden (vgl. Felfe et al., 2004). Vergleichbare Ergebnisse können auch für den vorliegenden Datensatz berichtet werden.

Tabelle 8.10: Kennwerte der Skala und Subskalen Organisationales Commitment; Gesamtstichprobe (N=419)

| | | Item Anzahl | Skalen Stufen | M | SD | α |
|---|---|---|---|---|---|---|
| **OC** | **Organisat. Commitment** | **12** | **1-6** | **3.88** | **.89** | **.82** |
| ac | Affektives Commitment | 4 | 1-6 | 4.76 | 1.13 | .86 |
| cc | Kalkulatorisches Commitment | 4 | 1-6 | 3.56 | 1.15 | .67 |
| Nc | Normatives Commitment | 4 | 1-6 | 3.34 | 1.29 | .83 |

Die interne Konsistenz der drei Dimensionen des Organisationalen Commitments fällt jeweils weitestgehend zufrieden stellend aus (vgl. Tabelle 8.10). Für das affektive Commitment lässt sich ein Cronbach´s Alpha von .86 berichten, für das normative Commitment ein Alpha von .83. Die interne Konsistenz der Subskala kalkulatorisches oder abwägendes Commitment kann mit .67 nicht ganz überzeugen.

Nachdem bei der in der Pilotstudie zur vorliegenden Untersuchung eingesetzten deutschen Version (Schmidt, Hollmann & Sodenkamp, 1998) des Fragebogens von Meyer und Allen (1991) die postulierten drei Dimensionen des Organisationalen Commitments durch die Faktorenanalyse nicht eindeutig repliziert werden konnte, wird im Folgenden das Verfahren von Felfe et al. (2004) einer faktorenanalytischen Überprüfung unterzogen (siehe Tabelle 8.11).

Tabelle 8.11: Faktorenanalyse über die Skalen des Organisationalen Commitment; Gesamtstichprobe

| **Item** | **Faktor 1** | **Faktor 2** | **Faktor 3** | **$H^2$** |
|---|---|---|---|---|
| OCA1 | .78 | | | .68 |
| OCA2* | .80 | | | .65 |
| OCA3 | .83 | | | .79 |
| OCA4 | .82 | | | .77 |
| OCC1 | | | .72 | .61 |
| OCC2 | | | .74 | .61 |
| OCC3 | | | .66 | .54 |
| OCC4 | | | .66 | .58 |
| OCN1 | | .69 | | .57 |
| OCN2 | | .73 | | .64 |
| OCN3 | | .86 | | .75 |
| OCN4 | | .82 | | .71 |
| **Varianz in %** | **38.1** | **15.8** | **11.9** | |
| **Gesamtvarianz in %** | | | | **65.8** |

OCA = Organisationales Commitment affektiv
OCC = Organisationales Commitment kalkulatorisch (costs)
OCN = Organisationales Commitment normativ
* = Item recodiert

Dazu wurde eine Hauptkomponentenanalyse mit anschließender Varimax-Rotation durchgeführt. Es zeigt sich bei den vorliegenden Daten eine eindeutige Zuordnung der Items zu den entsprechenden Faktoren, wie schon von Felfe und Mitarbeitern (2004) berichtet (siehe Tabelle 8.11). Die Varianzaufklärung ist mit 65.8 Prozent insgesamt als gut zu bezeichnen, wobei das affektive Commitment mit 38.1 Prozent mehr als die Hälfte der Varianzaufklärung ausmacht. Die Autoren des Verfahrens (Felfe et al., 2004) berichten eine Varianzaufklärung gesamt von 65.2 Prozent. Es kann festgehalten werden, dass mit dem Verfahren von Felfe und Mitarbeitern (2004) ein gut fundiertes und geprüftes Instrument zur Erfassung des Commitments von Personen ihrer Organisation gegenüber vorgelegt wurde, dessen psychometrische Eigenschaften sich gegenüber der Skala von Schmidt et al. (1998) deutlich besser zeigen.

### Zusammenfassende Darstellung der Reliabilitätsprüfung

Zusammenfassend sind in Tabelle 8.12 noch einmal die bereits berichteten Ergebnisse der Reliabilitätsprüfung der eingesetzten Skalen im Überblick für I) die Gesamtstichprobe, II) die Hauptstichprobe und III) die ergänzende Teilstichprobe dargestellt.

Tabelle 8.12: Reliabilitätskoeffizienten der eingesetzten Skalen für die I) Gesamtstichprobe, II) Hauptstichprobe, III) ergänzende Teilstichprobe

| | **Cronbach´s α** | | |
|---|---|---|---|
| **Skalen** | **I)** | **II)** | **III)** |
| Organisationale Demokratie: Gesamtindex (Weber, 2004) | .98 | .98 | .97 |
| Organisationale Demokratie: operativer Entscheidungsbereich (Weber, 2004) | .93 | .93 | .87 |
| Organisationale Demokratie: taktischer Entscheidungsbereich (Weber, 2004) | .97 | .97 | .94 |
| Organisationale Demokratie: strategischer Entscheidungsbereich (Weber, 2004) | .98 | .98 | .98 |
| Soziomoralische Atmosphäre (Weber, Iwanowa, Schmid & Unterrainer, 2004) | .90 | .93 | .89 |
| Prozedurale Gerechtigkeit (Schmitt & Dörfel, 1995) | .92 | .93 | .89 |
| Organisationales Commitment (Felfe, Six, Schmook & Knorz, 2004) | .82 | .81 | .85 |
| Affektives Commitment (Felfe, Six, Schmook & Knorz, 2004) | .86 | .85 | .83 |
| Abwägendes Commitment (Felfe, Six, Schmook & Knorz, 2004) | .67 | .65 | .74 |
| Normatives Commitment (Felfe, Six, Schmook & Knorz, 2004) | .83 | .83 | .82 |

## 8.3 Zusammenhangsanalysen

### 8.3.1 Darstellung der Zusammenhänge

Bevor die hypothesenbezogenen Auswertungen vorgestellt werden, erfolgt zunächst die Prüfung der Zusammenhänge zwischen den untersuchten Konstrukten und Merkmalsbereichen. Die Basis aller weiterführenden Berechnungen bildet die Korrelationsmatrix, welche in Tabelle 8.13 abgebildet ist. Die vermuteten Zusammenhänge werden durch die berichteten Korrelationskoeffizienten durchwegs bestätigt. Mit Ausnahme des abwägenden Commitment (OCC) lassen sich zwischen allen Merkmalen hochsignifikante Beziehungen erkennen.

Tabelle 8.13: Korrelationsmatrix der untersuchten Merkmale (N=420)

| | | 1 | 2 | 3 | 4 | 5 | 6 | 7 |
|---|---|---|---|---|---|---|---|---|
| 1. Organisationale Demokratie | r<br>p | 1.00 | | | | | | |
| 2. Prozedurale Gerechtigkeit | r<br>p | .497<br>.000 | 1.00 | | | | | |
| 3. Soziomoralische Atmosphäre | r<br>p | .543<br>.000 | .855<br>.000 | 1.00 | | | | |
| 4. Organisationales Commitment | r<br>p | .392<br>.000 | .433<br>.000 | .499<br>.000 | 1.00 | | | |
| 5. Affektives Commitment | r<br>p | .492<br>.000 | .576<br>.000 | .660<br>.000 | .746<br>.000 | 1.00 | | |
| 6. Abwägendes Commitment | r<br>p | .029<br>.558 | .039<br>.430 | .066<br>.182 | .664<br>.000 | .194<br>.000 | 1.00 | |
| 7. Normatives Commitment | r<br>p | .360<br>.000 | .359<br>.000 | .395<br>.000 | .825<br>.000 | .497<br>.000 | .312<br>.000 | 1.00 |

r = Produkt-Moment-Korrelationskoeffizient nach Pearson
p = Signifikanz (2seitig)

Dies ist vor allem für die Zusammenhänge der als unabhängigen Variablen gesetzten Organisationalen Demokratie und den als abhängigen Variablen postulierten Merkmalen des Organisationalen Commitment (affektives und normatives Commitment) bedeutsam. Es trifft aber ebenso auf die Zusammenhänge zwischen den potentiellen Mediatoren (prozedurale Gerechtigkeit, soziomoralische Atmosphäre) und der unabhängigen sowie den abhängigen Variablen zu. Wie erwartet findet sich der höchste Koeffizient von .855 zwischen prozeduraler Gerechtigkeit und soziomoralischer Atmosphäre, gefolgt von .660 zwischen soziomoralischer Atmosphäre und affektivem Commitment und .576 zwischen prozeduraler Gerechtigkeit und affektivem Commitment. Die schwächsten Zusammenhänge finden sich durchwegs beim normativen Commitment (< .400).

### 8.3.2 Exkurs zum Verhältnis von prozeduraler Gerechtigkeit und soziomoralischer Atmosphäre

Korrelations- und regressionsanalytische Auswertungsmethoden setzen per se Korrelationen zwischen den untersuchten Variablen voraus. Gleichzeitig ist von den Variablen aber auch eine gewisse Eigenständigkeit gefordert, d.h. sie sollen einen selbständigen Beitrag zur Varianzaufklärung des Kriteriums beitragen. Grundsätzlich gilt die Daumenregel, dass Interkorrelationen zwischen zwei Prädiktoren bei entsprechendem Stichprobenumfang kleiner .80 (bivariate Korrelationen) sein sollten. Nun zeigt sich in der vorliegenden Untersuchung allerdings ein auf dem 0.0 Prozent-Niveau signifikanter Zusammenhang von .855 zwischen der prozeduralen Gerechtigkeit und der soziomoralischen Atmosphäre. Die Höhe des Koeffizienten deutet darauf hin, dass die beiden in der vorliegenden Form operationalisierten Konstrukte eine starke inhaltliche Nähe zueinander haben dürften, was die Frage nach ihrer Distinktheit aufwirft (Problem der Multikollinearität). Zur Überprüfung dieser Frage werden verschiedene statistische Verfahren eingesetzt. Nachdem beide Skalen bereits auf ihre Reliabilität geprüft sind, kommen an dieser Stelle sowohl explorative Faktorenanalysen als auch konfirmatorische Faktorenanalysen zum Einsatz (vgl. Bortz, 1999; Bortz & Döring, 2003). Deren Ergebnisse und die daraus abgeleitete Struktur werden im Folgenden berichtet.

Zunächst wurde über die Items beider Merkmale gemeinsam eine explorative Faktorenanalyse gerechnet. Zur Anwendung kam die Methode der Hauptkomponentenanalyse mit Varimax-Rotation (Bortz & Döring, 2003). Es wurden vier Faktoren extrahiert, die zusammen 62 Prozent der Varianz der Items aufklären, wovon der erste Faktor bereits 46 Prozent zur Aufklärung beiträgt. Leider lassen sich die Subdimensionen, d.h. Faktoren in den empirischen Daten nicht rekonstruieren. Der Konzeption der beiden Skalen entsprechend müssten sich neun Faktoren abbilden lassen (siehe Tabelle 8.14). Dies gelingt aber auch dann nicht, wenn man versucht die Daten in die vorgegebene Neun-Faktoren-Struktur zu zwingen.

Tabelle 8.14: Itemzuordnung entsprechend der manifesten Variablen für prozedurale Gerechtigkeit und soziomoralische Atmosphäre

**Prozedurale Gerechtigkeit**

***Beteiligung***

pg1 - Bei uns achtet man darauf, dass vor einer Entscheidung alle Betroffenen die Möglichkeit haben, ihre Meinung zu äußern.

pg2 - Bevor Entscheidungen getroffen werden, werden die Interessen aller Betroffenen ermittelt und es wird versucht, diese zu berücksichtigen.

***Unvoreingenommenheit***

pg3 - Verbesserungsvorschläge werden gehört und geprüft, egal woher sie kommen.

Pg4 – Entscheidungen werden unparteiisch getroffen, sie haben das Wohl aller im Auge.

***Transparenz***

pg5 - Bei uns kann jeder Informationen, die er haben möchte, schnell und unbürokratisch bekommen.

pg6 - Unangenehme Informationen werden nicht zurückgehalten.

***Konsistenz***

pg7 - Verfahrensweisen werden bei uns gleich bleibend angewendet. Damit weiß man immer, woran man ist.

pg8 - Beurteilungskriterien werden bei uns auf alle in gleicher Weise angewendet.

***Genauigkeit***

pg9 - Bevor bei uns jemand etwas entscheidet, informiert er sich möglichst genau und umfassend.

pg10 - Bei Entscheidungen werden alle vorhandenen Informationen berücksichtigt.

**Soziomoralische Atmosphäre**

***Offener Umgang mit Konflikten***

sa1 - In unserem Unternehmen geht man offen mit Konflikten und Interessensgegensätzen um.

sa2_u - Probleme und Konflikte werden bei uns unter den Teppich gekehrt.

sa3 - Widersprüchliche wirtschaftliche Interessen zwischen den MitarbeiterInnen und dem Unternehmen werden offen diskutiert.

sa4 - Konflikte zwischen Abteilungen/Teams werden am „Runden Tisch" ausgehandelt.

***Wertschätzung***

sa5 - Man kann bei uns auch Fehler machen, ohne dafür bestraft zu werden.

sa6 - Bei uns wird man auch dann geachtet, wenn man andere Ansichten oder Überzeugungen vertritt.

sa7 - Bei uns findet jede und jeder Beachtung. Man ist sich nicht gleichgültig.

sa8 - MitarbeiterInnen werden unabhängig von der Ausbildung und Qualifikation geachtet.

***Kommunikation/Kooperation***

sa9 - Bei uns ist es möglich Kritik zu üben, ohne dafür mit unangenehmen Konsequenzen rechnen zu müssen.

sa10 - Bei uns gibt es kaum „heilige Kühe". Es ist möglich, Prinzipien in Frage zu stellen, falls sie für den gemeinsamen Erfolg oder die gute Zusammenarbeit nicht mehr taugen.

sa11 - In unserem Unternehmen hat auch jemand einer anderen Nationalität, Konfession, politischen Überzeugung usw. echte Karrierechancen.

sa12 - Auch bei weit reichenden Veränderungen im Unternehmen, haben die MitarbeiterInnen ein Wörtchen mitzureden.

***Verantwortungszuweisung***

sa13 - Ich fühle mich durch meine Arbeit für das Wohl anderer Personen verantwortlich.

sa14 - In meiner Arbeit trage ich Verantwortung für die Gesundheit anderer Menschen.

sa15 - Unsere Arbeit leistet einen hohen Beitrag zum Schutze unserer Umwelt.

sa16 - Allen Bedürfnissen der KollegInnen gerecht zu werden ist eine echte Herausforderung und Verantwortung.

Ein ähnlich durchmischtes Bild zeigt sich bei der Berechnung mittels hierarchischer Clusteranalyse nach der Ward-Methode (siehe Abbildung 8.3). Die Clusteranalyse ist ein Verfahren zur Gruppenbildung, das versucht, unter Einbeziehung aller vorliegenden Eigenschaften homogene Teilmengen von Objekten zu erkennen. Dabei sollen die Objekte innerhalb einer Gruppe möglichst ähnlich sein, Objekte aus unterschiedlichen Gruppen möglichst verschieden. Die Gruppen nennt man Cluster, wovon sich auch der Name des statistischen Verfahrens ableitet. Bei der Clusteranalyse handelt es sich um einen Sammelbegriff für verschiedene Techniken der systematischen Klassifizierung (vgl. Bortz, 1999). Bei der hier eingesetzten hierarchisch-agglomerativen Clusteranalyse werden ausgehend von den einzelnen Objekten immer größer werdende Gruppen gebildet. Die Ward-Methode „fusioniert als hierarchisches Verfahren sukzessive diejenigen Elemente (Cluster), mit deren Fusion die geringste Erhöhung der gesamten Fehlerquadratsumme einhergeht" (Bortz, 1999, S. 557).

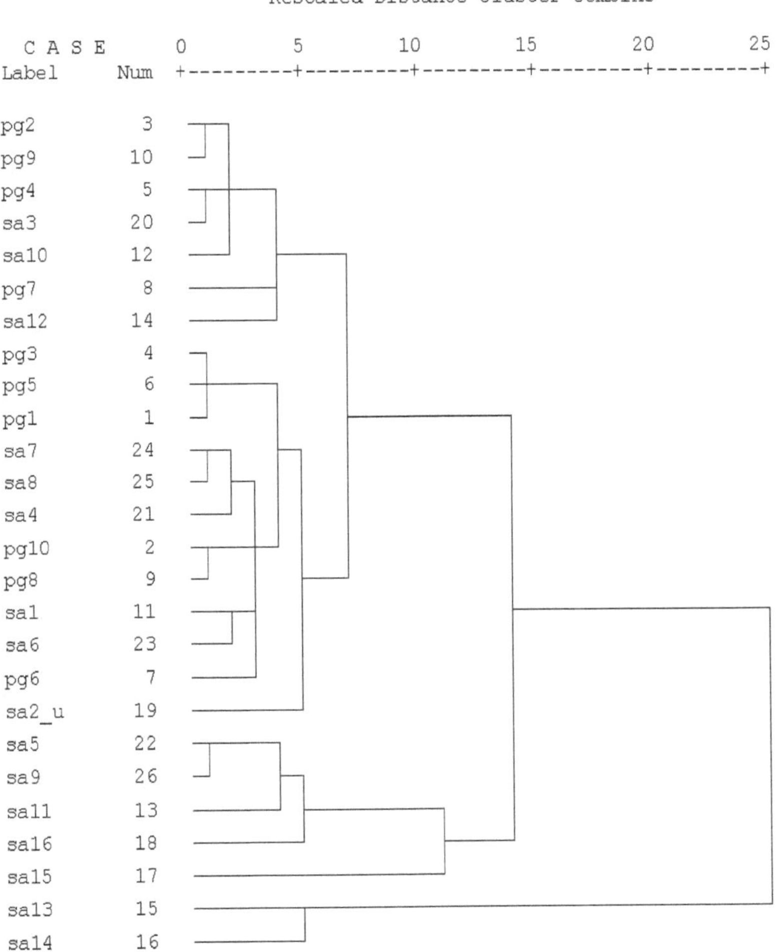


Abbildung 8.3: Dendrogramm der Clusteranalyse über die Items von prozeduraler Gerechtigkeit und soziomoralischer Atmosphäre (Ward-Methode)

Anhand des Dendrogramms in Abbildung 8.3 lassen sich die Clusterbildungen gut veranschaulichen. Zunächst lässt sich das hierarchische System der Gruppen erkennen. Im oberen Teil der Abbildung sieht man, dass pg2 und pg9 zusammengefasst werden (erkennbar durch die „Klammer", die die beiden Items verbindet). Genauso sind pg4 und sa3 verbunden, bevor die beiden Gruppen zusammen mit sa10 wiederum zu einer größeren Gruppe zusammengefasst werden. Die Gruppierung wird so lange fortgesetzt, bis auf der letzten Stufe die einzelnen Gruppen zur Gruppe aller Items zusammen gefügt werden. Das Dendrogramm gibt zusätzlich Auskunft über die Abstandsrelationen zwischen den Gruppen und die Reihenfolge der Vereinigungen (Abstand auf der y-Achse). Schließlich lässt sich die Kompaktheit der Cluster anhand der Länge der vereinigenden Klammer in Richtung x-Achse erkennen: je kürzer die Klammer, desto kompakter ist das Vereinigungscluster. Das Dendrogramm in Abbildung 8.3 zeigt deutlich, dass sich auch mit dieser Methode weder die beiden Skalen eindeutig voneinander unterscheiden lassen, noch sich die Subdimensionen der beiden Skalen replizieren lassen. Der erste Cluster, in dem sich Items beieinander befinden, welche auch konzeptuell zusammengehören, findet sich in der Mitte des Dendrogramms, die Items sa7 und sa8 umfassend (beide gehören zur Subdimension Wertschätzung). Der kleine Cluster wird allerdings noch durch ein drittes Item ergänzt, das zwar zum selben Konstrukt gehört, nicht aber zur selben Subdimension (sa4 = offener Umgang mit Konflikten). In einem nächsten Schritt kommt daher die konfirmatorische Faktorenanalyse (CFA) zum Einsatz[13].

### *8.3.2.1 Modellspezifikation zur Prüfung mittels CFA*

Während es bei der explorativen Faktorenanalyse (EFA) mehr oder weniger dem mathematischen Algorithmus überlassen wird, wie viele interpretierbare Faktoren sich aus einer Korrelationsmatrix generieren lassen, müssen bei der konfirmatorischen Faktorenanalyse (CFA) vor der Anwendung des Verfahrens Hypothesen bezüglich der zugrunde liegenden Faktorenstruktur formuliert werden (Bortz & Döring, 2003). Im Rahmen der Datenanalyse wird dann untersucht, wie gut sich die gegebene Korrelationsmatrix mit Hilfe des vorgegebenen Faktorenstrukturmodells reproduzieren lässt. CFAs können mit SPSS aber auch mit Programmen wie LISREL (Jöreskog & Sörbom, 1996) oder AMOS (Arbuckle & Wothke, 1999) berechnet werden. Im vorliegenden Fall wurde das Statistikprogramm AMOS in der Version 7.0.0 verwendet. Zur Überprüfung kommen zwei unterschiedliche Modelle, die sich beide theoriegeleitet formulieren lassen. Dabei handelt es sich um ein zweifaktorielles Modell (siehe Abbildung 8.4) und um ein einfaktorielles Modell (siehe Abbildung 8.5). Dem bisherigen Ansatz entsprechend, worin prozedurale Gerechtigkeit und soziomoralische Atmosphäre als zwei unterschiedliche Konstrukte mit je eigenem Aufklärungswert verstanden wird, wird im ersten Modell von zwei eigenständigen Faktoren – sogenannten latenten Variablen – ausgegangen. Graphisch veranschaulicht sieht das Modell folgendermaßen aus:

[13] Die CFA stellt eine Form der Pfadanalyse dar. Zum statistischen Hintergrund siehe den folgenden Abschnitt.

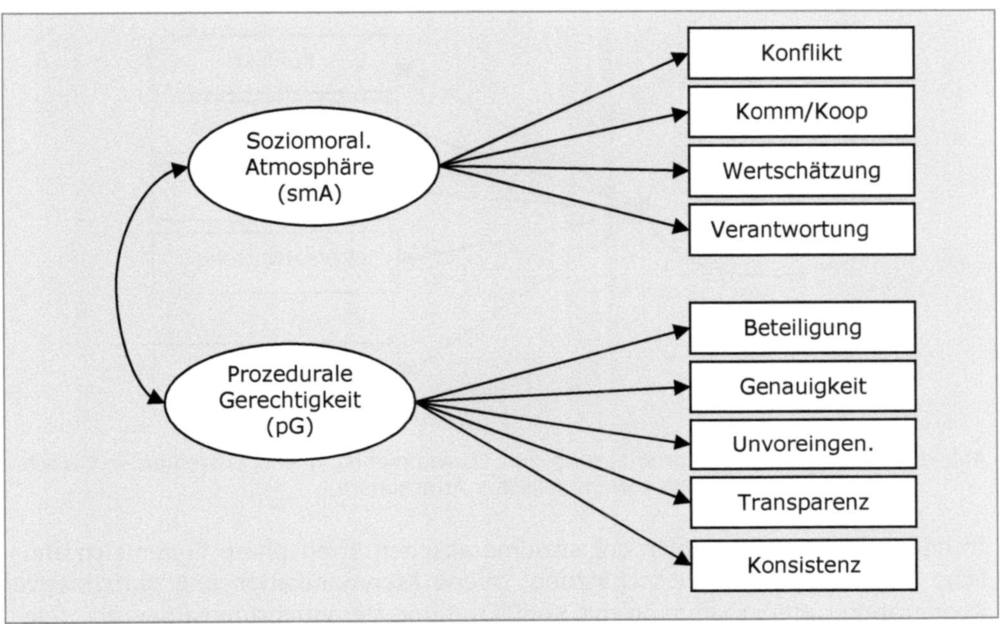


Abbildung 8.4: Zwei-Faktoren-Modell zum Zusammenhang von prozeduraler Gerechtigkeit und soziomoralischer Atmosphäre

Die zweite Modellannahme geht von einer einfaktoriellen Lösung aus. Die Zusammenfassung der manifesten Variablen auf ein latentes Konstrukt lässt sich mit Argumenten aus der Gerechtigkeitsforschung begründen. Dort wird neben der strukturellen Seite der prozeduralen Gerechtigkeit zunehmend Augenmerk auf die personalen Anteile der Gerechtigkeitswahrnehmung gelegt (interaktionale Gerechtigkeit). Dabei wird, wie bereits in Kapitel 5.3 beschrieben, nach wie vor darüber diskutiert, ob es sich bei der sogenannten interaktionalen Gerechtigkeit um die zwischenmenschlichen Aspekte der prozeduralen Gerechtigkeit handelt – und damit um einen immanenten Bestandteil der prozeduralen Gerechtigkeit – oder doch um eine eigenständige Gerechtigkeitsdimension. Konovsky (2000) spricht sich deutlich für die erste Variante aus, während beispielsweise Colquitt und andere (2001) von zwei bzw. drei getrennten Gerechtigkeitsdimensionen ausgehen. Inhaltlich geht es bei der interaktionalen Gerechtigkeit um die Beurteilung des Verhaltens der Entscheidungsträger gegenüber den Betroffenen im Laufe des Verfahrens. Bei der weiteren Unterteilung in interpersonale und informationale Gerechtigkeit werden Aspekte des zwischenmenschlichen Verhaltens und Kommunizierens wie die Behandlung des Mitarbeiters durch den Vorgesetzten mit Würde, Respekt, Höflichkeit, die Information der Betroffenen darüber, warum und in welcher Weise die jeweiligen Verfahren durchgeführt werden etc. beschrieben (u. a. Colquitt et al., 2001).

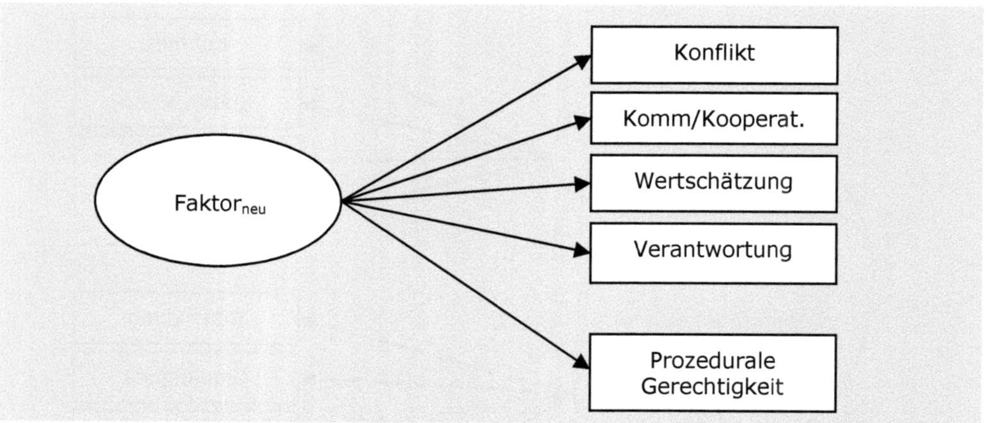


Abbildung 8.5: Ein-Faktoren-Lösung zum Zusammenhang von prozeduraler Gerechtigkeit und soziomoralischer Atmosphäre

In den manifesten Variablen der soziomoralischen Atmosphäre finden sich ähnliche Begriffe wieder: Wertschätzung, offene Kommunikation und partizipative Kooperation, offener Umgang mit Konflikten und Verantwortungsübergabe (siehe Abbildung 8.5). Aus dieser Perspektive lässt sich eine gewisse inhaltliche Nähe zu den Aspekten der interaktionalen Gerechtigkeit erkennen, was die Zusammenführung mit der prozeduralen Gerechtigkeit zu einer latenten Variable begründet.

Die prozedurale Gerechtigkeit wird in diesem Modell als manifeste Variable aufgenommen. Dies begründet sich aus der explorativen Faktorenanalyse über die Items der prozeduralen Gerechtigkeit. Hier laden die Items auf einen einzigen Faktor, so dass von den theoretisch begründeten Subdimensionen wie Beteiligung, Universalität, Genauigkeit usw. als manifeste Variablen hinter dem Konstrukt der prozeduralen Gerechtigkeit abgesehen werden kann.

#### *8.3.2.2 Ergebnisse zum Zwei-Faktoren-Modell*

Das Untersuchungsmodell 1 erreicht nach der Entfernung von einer manifesten Variable (Konsistenz) bei der prozeduralen Gerechtigkeit und einer manifesten Variable (Verantwortung) bei der soziomoralischen Atmosphäre einen zufrieden stellenden Fit (siehe Abbildung 8.6). Bei beiden entfernten Subkonstrukten haben bereits die Reliabilitätskoeffizienten Schwächen in der Operationalisierung angedeutet. Nach ihrer Entfernung zeigt das Modell mit Fit-Indizes deutlich über .90 (NFI = .986, CFI = .991) und einem RMSEA von .066 eine akzeptable Passung mit den empirischen Daten. Die hohe Interkorrelation auf der Ebene der latenten Variablen überrascht kaum, unterstützt aufgrund der Höhe ihrer Ausprägung mit .95 aber gleichzeitig die Möglichkeit einer einfaktoriellen Lösung.

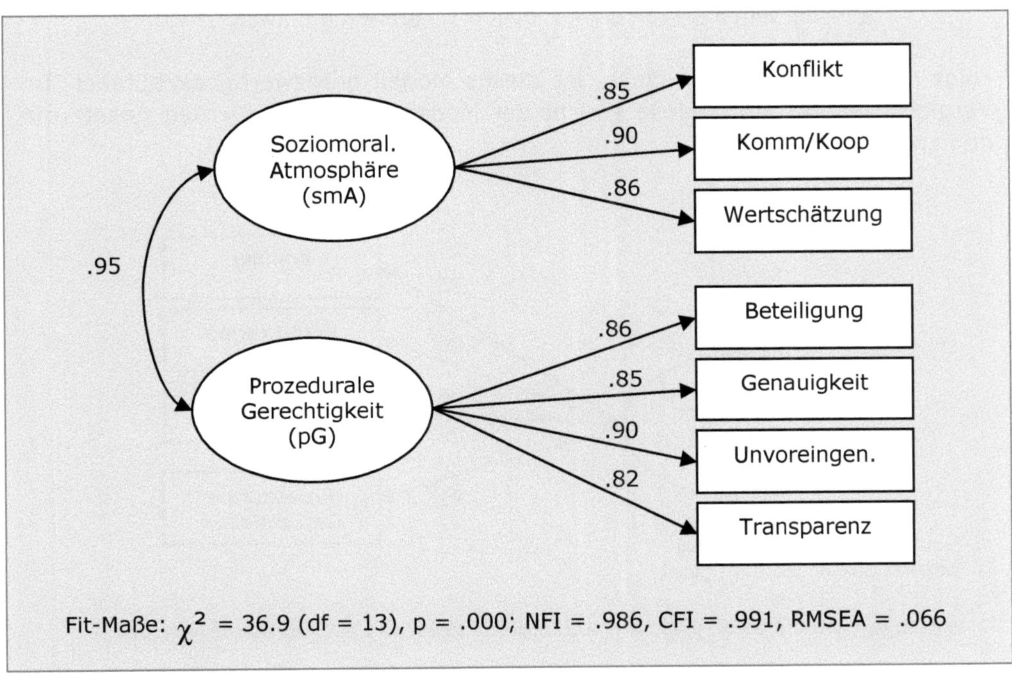


Abbildung 8.6: Ergebnis der CFA zur Prüfung des Zwei-Faktoren-Modells

#### *8.3.2.3 Ergebnisse zum Ein-Faktoren-Modell*

Diese Lösung erreicht überraschenderweise einen vergleichbaren Fit wie das Zwei-Faktoren-Modell (siehe Abbildung 8.7). Nach der Entfernung der Variable *Verantwortung* mit ihren verbliebenen zwei Items ($\alpha$ = .34) zeigen sich die Fit-Indizes etwas höher als im Zwei-Faktoren-Modell (NFI = .994, CFI = .996), allerdings liegt der RMSEA mit .082 deutlich über dem „kritischen" Wert von .06. Auch wenn verschiedene Autoren vorsichtig mit der Festsetzung kritischer Werte umgehen, ein Wert über .08 schränkt die Passung des Modells erheblich ein.

> Practical experience has made us feel that a value of the RMSEA of about .05 of less would indicate a close fit of the model in relation to the degrees of freedom. This figure is based on subjective judgment. It cannot be regarded as infallible or correct, but it is more reasonable than the requirement of exact fit with the RMSEA = 0.0. We are also of the opinion that a value of about 0.08 or less for the RMSEA would indi-

> cate a reasonable error of approximation and would not want to employ a model with a RMSEA greater than 0.1. (Browne & Cudeck, 1993)

Folgt man Browne und Cudeck, ist dieses Modell grenzwertig akzeptabel. Im Vergleich der beiden Modelle spricht der Modell-Fit stärker für den Ansatz mit den zwei Faktoren.

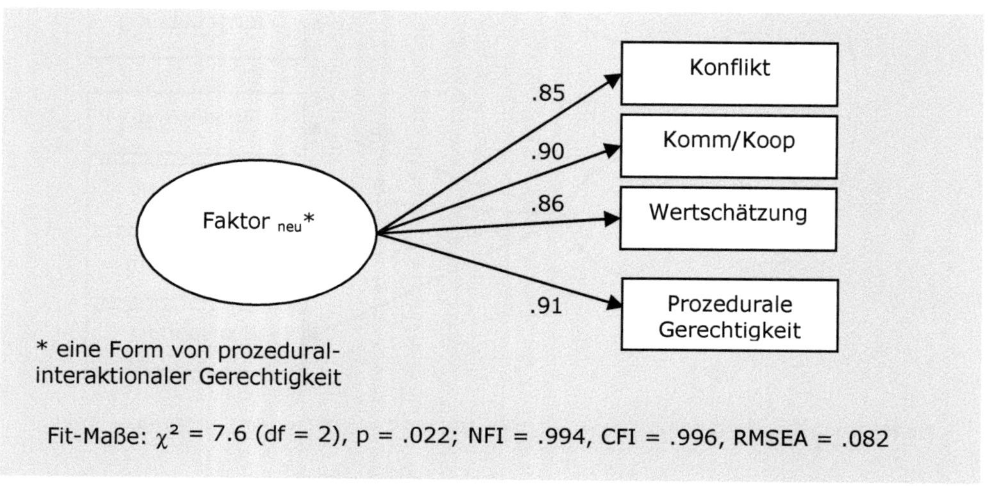


Abbildung 8.7: Ergebnis der CFA zur Prüfung des Ein-Faktoren-Modells

#### *8.3.2.4 Prüfung mittels Expertenrating*

Ein weiterer methodischer Ansatz zur Prüfung von Ähnlichkeit bzw. Unterscheidbarkeit der Skalen stellt das Expertenrating dar. Es handelt sich hierbei um ein Verfahren zur Prüfung der Objektivität, worunter die Übereinstimmung der Resultate unterschiedlicher Untersucher verstanden wird. Als Maße der Objektivität kommen in der Regel Korrelations- bzw. Kontingenzkoeffizienten in Frage (siehe oben). Zur Prüfung der interpersonellen Übereinstimmung verschiedener Expertenurteile kann aber auch auf ein Maß aus der Informationstheorie, das Redundanzmaß R, zurückgegriffen werden.

Von Redundanz wird in der Informationstheorie gesprochen, wenn sich Informationen laufend wiederholen und damit bereits Bekanntes kommuniziert wird. Perfekte Redundanz bedeutet vollkommene Übereinstimmung. Auf unser Beispiel übertragen, wäre die vollkommene Übereinstimmung/Redundanz dann erreicht, wenn alle Experten das Item derselben Skala zuordnen. Die Redundanz R betrüge dann 1.0. Bei mehrstufigen Ratings wird eine befriedigende Übereinstimmung ab $R \geq 0.40$ angenommen (vgl. Hacker, Iwanowa & Richter,

1983). Da im aktuellen Fall eine dichotome Verteilung vorliegt, sollte das Maß verschärft werden. Befriedigende Ergebnisse können bestenfalls ab $R \geq 0.50$ angenommen werden. Die Formel zur Berechnung der Redundanz enthält das Entropiemaß H. Zur Berechnung sind mehrere Schritte nötig. Zum Einsatz kommen folgende Formeln nach Shannon und Weaver (vgl. Peters, 1967):

$$R = 1 - \frac{H}{H_{max}}$$

$$H = - \Sigma \, p_i \log p_i$$

$$H_{max} = \log n$$

R = Redundanz
H = Entropie
$H_{max}$ = maximale Entropie
$P_i$ = relative Häufigkeit der Besetzung der Stufe i
n = Anzahl der Stufen

Im vorliegenden Fall wurden 41 Studierenden im Rahmen des Seminars *Psychologische Gestaltung und Entwicklung von Arbeit und Organisationen* die beiden Konstrukte prozedurale Gerechtigkeit und soziomoralische Atmosphäre inhaltlich vorgestellt. Anschließend erhielten die Studierenden die einzeln auf Kärtchen abgebildeten Items beider Skalen mit dem Auftrag, die einzelnen Items in Einzelarbeit nach inhaltlichen Kriterien entweder der Skala prozedurale Gerechtigkeit oder soziomoralische Atmosphäre zuzuordnen. Die Ergebnisse dieser 41 Einzelratings sind im Anhang abgebildet. Berechnet man dafür die Redundanz, zeigen sich die Ergebnisse in Tabelle 8.15.

Tabelle 8.15: Ergebnisse der Redundanzberechnung interpersonelle Übereinstimmung Expertenratings (N = 41)

| | **Exp.rating** | | **Redundanz** | |
|---|---|---|---|---|
| | **smA** | **pG** | **smA** | **pG** |
| pG Bei Entscheidungen werden alle vorhandenen Informationen berücksichtigt. | | 41 | | 1.00 |
| pG Bei uns achtet man darauf, dass vor einer Entscheidung alle Betroffenen die Möglichkeit haben, ihre Meinung zu äußern. | | 38 | | 0.89 |
| pG Beurteilungskriterien werden bei uns auf alle in gleicher Weise angewendet. | | 40 | | 0.89 |
| pG Bevor Entscheidungen getroffen werden, werden die Interessen aller Betroffenen ermittelt und es wird versucht, diese zu berücksichtigen. | | 40 | | 0.89 |
| pG Entscheidungen werden unparteiisch getroffen, sie haben das Wohl aller im Auge. | | 38 | | 0.89 |
| pG Verfahrensweisen werden bei uns gleichbleibend angewendet. Damit weiß man immer woran man ist. | | 40 | | 0.89 |

| | smA | pG | smA | pG |
|---|---|---|---|---|
| pG Bevor bei uns jemand etwas entscheidet, informiert er sich möglichst genau und umfassend. | | 37 | | 0.86 |
| pG Verbesserungsvorschläge werden gehört und geprüft, egal woher sie kommen. | | 29 | | 0.64 |
| pG Unangenehme Informationen werden nicht zurückgehalten. | | 23 | | 0.53 |

| | smA | pG | smA | pG |
|---|---|---|---|---|
| smA In meiner Arbeit trage ich Verantwortung für die Gesundheit anderer Menschen. | 39 | | 0.93 | |
| smA Ich fühle mich durch meine Arbeit für das Wohl anderer Personen verantwortlich. | 40 | | 0.89 | |
| smA In unserem Unternehmen geht man offen mit Konflikten und Interessensgegensätzen um. | 40 | | 0.89 | |
| smA Bei uns findet jede und jeder Beachtung. Man ist sich nicht gleichgültig. | 37 | | 0.86 | |
| smA Probleme und Konflikte werden bei uns unter den Teppich gekehrt. (-) | 37 | | 0.86 | |
| smA Bei uns wird man auch dann geachtet, wenn man andere Ansichten oder Überzeugungen vertritt. | 35 | | 0.80 | |
| smA Man bei uns auch Fehler machen, ohne dafür bestraft zu werden. | 34 | | 0.78 | |
| smA MitarbeiterInnen werden unabhängig von der Ausbildung und Qualifikation geachtet. | 34 | | 0.78 | |
| smA Bei uns ist es möglich Kritik zu üben, ohne dafür mit unangenehmen Konsequenzen rechnen zu müssen. | 33 | | 0.74 | |
| smA Konflikte zwischen Abteilungen/Teams werden am "Runden Tisch" ausgehandelt. | 33 | | 0.74 | |
| smA Unsere Arbeit leistet einen hohen Beitrag zum Schutze unserer Umwelt. | 33 | | 0.74 | |
| smA Allen Bedürfnissen der KollegInnen gerecht zu werden ist eine echte Herausforderung und Verantwortung. | 32 | | 0.72 | |
| smA Widersprüchliche wirtschaftliche Interessen zwischen den MitarbeiterInnen und dem Unternehmen werden offen diskutiert. | 30 | | 0.67 | |
| smA Bei uns gibt es kaum "heilige Kühe". Es ist möglich Prinzipien in Frage zu stellen, falls sie für den gemeinsamen Erfolg oder die gute Zusammenarbeit nicht mehr taugen. | 28 | | 0.62 | |
| smA In unserem Unternehmen hat auch jemand einer anderen Nationalität, Konfession, politischen Überzeugung usw. echte Karrierechancen. | 16 | | 0.44 | |
| smA Auch bei weitreichenden Veränderungen im Unternehmen, haben die MitarbeiterInnen ein Wörtchen mitzureden. | 8 | | 0.26 | |

Die Items der Skala prozedurale Gerechtigkeit lassen sich ohne Ausnahme der Skala zuordnen. Bis auf zwei Items gelingt es den Ratern mit über 90-prozentiger Übereinstimmung und Redundanzwerten über R = 0.80 die Items, welche Merkmale des Konstrukts der prozeduralen Gerechtigkeit beschreiben, aus dem Gesamtpool der Items zu extrahieren und der richtigen Skala zuzuordnen. Die beiden Items, welche zwar noch mit über 50 Prozent richtig zugeordnet werden, von den Ratern aber nicht mehr so eindeutig mit Inhalten der prozeduralen Gerechtigkeit in Verbindung gebracht werden sind:

1. *„Verbesserungsvorschläge werden gehört und geprüft, egal woher sie kommen."* Dieses Item könnte auch Inhalte des Konstrukts der soziomoralischen Atmosphäre abbilden u.a. aus dem Merkmalsbereich *Wertschätzung*.
2. *„Unangenehme Informationen werden nicht zurückgehalten."* Dieses Item ließe sich ebenso gut dem Merkmalsbereich der soziomoralischen Atmosphäre *Offener Umgang mit Konflikten* zuordnen.

Bei der Skala Soziomoralische Atmosphäre zeigt sich ein vergleichbares Bild. Den Ratern ist es mit Ausnahme von zwei Items möglich, diejenigen Items, welche Inhalte der Konstruktbeschreibung abbilden, verlässlich und mit durchgängig relativ hoher Übereinstimmung herauszufiltern und der richtigen Skala zuzuordnen. Die beiden Items, bei welchen dies den Ratern nicht möglich war, sind:

1. *„In unserem Unternehmen hat auch jemand einer anderen Nationalität, Konfession, politischen Überzeugung usw. echte Karrierechancen."* Dieses Item soll Aspekte der Wertschätzung der Person an sich abbilden. Mehr als 50 Prozent der Rater ordnen das Item aber der prozeduralen Gerechtigkeit zu. Hier könnte es als Ausdruck für Inhalte des Merkmalsbereichs *Unvoreingenommenheit* eingeschätzt werden.
2. *„Auch bei weitreichenden Veränderungen im Unternehmen, haben die MitarbeiterInnen ein Wörtchen mitzureden."* Als Item des Merkmalsbereichs offene Kommunikation und partizipative Kooperation wird es von den Ratern allerdings mehrheitlich der Skala prozedurale Gerechtigkeit zugeordnet und hier vermutlich der Subdimension *Beteiligung*.

Die Auswertung des Expertenratings mit Hilfe des Redundanzmaßes R belegt, dass es bei Kenntnis der Inhalte der Konstrukte und ihrer Merkmalsbereiche Personen möglich ist, die Operationalisierungen der Dimensionen, sprich die Items, den jeweiligen Skalen zuzuordnen. Mit vier von insgesamt 26 Items hatten die Rater teilweise Schwierigkeiten in der Zuordnung. Die interpersonelle Übereinstimmung erreicht bei zwei der vier Items zwar das Mindestmaß von R $\geq$ 0.50, die Abweichungen und die alternativen inhaltslogischen Zuordnungsmöglichkeiten zu jeweils einem Merkmalsbereich des anderen Konstrukts weisen dabei aber auch auf ähnliche Inhalte der Konstrukte hin bzw. auch auf mögliche Schwächen in der Operationalisierung, sprich der Formulierung.

***Zusammenfassende Bewertung***

Nach dem Einsatz der verschiedenen Prüfverfahren und den ermittelten Werten, lässt sich festhalten, dass sich prozedurale Gerechtigkeit und soziomoralische Atmosphäre als zwei eigenständige Konstrukte darstellen, die trotz inhaltlicher Nähe über ausreichend Diskriminanz verfügen. Nichts desto weniger sind hier weiterführende Untersuchungen zu empfehlen.

Zur bereits in Abschnitt 6.2 formulierten Hypothese zum Verhältnis von prozeduraler Gerechtigkeit und soziomoralischer Atmosphäre lässt sich festhalten:

- Zwischen den beiden Konstrukten besteht eine starke inhaltliche Nähe, was sich in einem (standardisierten) Korrelationskoeffizienten von .95 ausdrückt.
- Trotz aller inhaltlicher Nähe kann sowohl vor dem Hintergrund der theoretischen Konzeptionen als auch anhand der empirischen Daten von zwei unterschiedlichen Konstrukten ausgegangen werden.
- Anhand der vorliegenden Daten kann das Verhältnis der beiden Konstrukte nicht weiter spezifiziert werden, was weiterführende Untersuchungen zu diesem Thema nahe legt. Dabei sollten alle Gerechtigkeitsdimensionen in die Erhebungen mit aufgenommen werden, um die Interkorrelation der soziomoralischen Atmosphäre mit Aspekten der interaktionalen Gerechtigkeit überprüfen zu können.

Was die vorliegende Arbeit und das Handling der beiden Skalen im weiteren Verlauf der Auswertungen betrifft, wird weiterhin mit zwei Konstrukten gearbeitet.

## 8.4 Prüfung der postulierten Effekte

Nach dem Exkurs zur Prüfung der Diskriminanz der beiden Konstrukte *prozedurale Gerechtigkeit* und *soziomoralische Atmosphäre* und der Festlegung, wie in der vorliegenden Arbeit mit dieser noch nicht zur vollständigen Zufriedenheit geklärten Sachlage weiter verfahren wird, ist es Zeit, sich wieder den in Kapitel 6 formulierten Fragestellungen und Hypothesen zuzuwenden. Zur Prüfung der in den Fragestellungen 1 und 2 formulierten Hypothesen sind eine Reihe hierarchischer Regressionsanalysen zu rechnen, welche im Folgenden ausführlich vorgestellt werden.

### 8.4.1 Organisationale Demokratie und Organisationales Commitment

Im ersten Teil dieses Abschnitts wird der Frage nachgegangen, wie sich die Teilhabe an unternehmerischen bzw. betrieblichen Entscheidungen auf die Bindung der Mitarbeiter an ihr Unternehmen auswirkt. Zur Kontrolle möglicher Einflüsse durch soziodemographische Merkmale sind im ersten und zweiten Schritt der Regressionsanalysen jeweils potentielle Einflussfaktoren, wie Geschlecht, Alter, Bildungsstand, Dauer der Organisationszugehörigkeit etc. mit aufgenommen. Organisationales Commitment wird wie bereits beschrieben in seinen beiden hier fokussierten Dimensionen stark von Merkmalen der Organisation und der Arbeit beeinflusst.

#### *8.4.1.1 Vermutete Effekte*

***Affektives Commitment***

Affektives Commitment hängt eng mit Arbeitserfahrungen, wie Kompetenzerlebnis oder Wohlbefinden am Arbeitsplatz zusammen, sowie mit den dahinter liegenden strukturellen Merkmalen der Organisation (vgl. Meyer & Allen, 1991). Im vorliegenden Fall werden die über die so genannte Organisationale-Demokratie-Struktur erhobenen Partizipationsmöglichkeiten als Merkmal der Organisation mit Wirkung auf das affektive Commitment betrachtet. Bisherige Untersuchungen berichten zudem von Einflüssen des Geschlechts und des Alters bzw. der Dauer der Organisationszugehörigkeit auf das affektive Commitment (siehe Abschnitt 4.2.1).

***Normatives Commitment***

Mit dem normativen Commitment wird stärker nach der Verpflichtung gefragt, die das Unternehmensmitglied gegenüber seiner Organisation empfindet (vgl. Wiener, 1982). Dahinter stehen vorrangig individuelle Normen und Werte, die im Laufe des Lebens internalisiert werden und das Welt- und Menschenbild der befragten Person mitprägen. Von Seiten der Organisation fällt vor allem die bisherige Förderung des Mitarbeiters durch das Unternehmen (Investitionen) ins Gewicht (vgl. Meyer & Allen, 1991). Von den soziodemographischen Merkmalen können Einflüsse eventuell vom Alter (positiv) oder auch vom Bildungsniveau (eher negativ, vgl. Moser, 1997) erwartet werden.

***Abwägendes Commitment***

Zwischen den Organisationalen-Demokratie-Merkmalen und dem abwägenden Commitment wird wie bereits weiter oben ausgeführt kein direkter Zusammenhang erwartet. Abwägendes Commitment zeigte sich bisher vor allem von

Merkmalen wie Bildungsniveau, dem Alter und außerbetrieblichen Kontextfaktoren, wie der Arbeitsmarktlage abhängig.

#### *8.4.1.2 Ergebnisse zum Einfluss von Mitbestimmung auf das Organisationale Commitment*

Die Ergebnisse der sequentiellen (hierarchischen) multiplen Regressionsanalyse finden sich in Tabelle 8.16 wieder. Betrachten wir die Ergebnisse zunächst für das Organisationale Commitment insgesamt (Spalte 2 - 4). Hypothesenkonform kann festgehalten werden, dass mit zunehmendem Grad der Beteiligung an betrieblichen Entscheidungsprozessen die psychologische Bindung der Mitarbeiter an das Unternehmen stärker wird. Dieser bereits anhand der bivariaten Korrelation erkennbare Zusammenhang wird durch die Ergebnisse der Regressionsanalyse bestätigt. Der Aufklärungsbeitrag, den die Organisationale Demokratie im zweiten Schritt der Analyse beisteuert, ist zwar verhältnismäßig gering (knapp drei Prozent), aber statistisch gut abgesichert (0.27, p=0.000). Als weitere vorhersagekräftige Merkmale für das Organisationale Commitment erweisen sich die Dauer der Organisationszugehörigkeit (0.14, p=0.000) und die aktuelle Mitgliedschaft in einem der betrieblichen Mitbestimmungsorgane (-0.17, p=0.000). Zusammen leisten sie 19 Prozent der Varianzaufklärung. Insgesamt betrachtet kann Hypothese 1 bestätigt werden.

*Die Beteiligung von Unternehmensmitgliedern an betrieblichen Entscheidungsprozessen führt zu einer positiven psychologischen Bindung der Mitglieder an das Unternehmen.*

Tabelle 8.16: Ergebnisse der hierarchischen Regressionsanalyse zum Einfluss von Organisationaler Demokratie auf das Commitment unter Kontrolle soziodemographischer Merkmale

| | Organisationales Commitment | | | | | | | | | | | |
|---|---|---|---|---|---|---|---|---|---|---|---|---|
| | Commitment (OC) | | | Affektives Commitment (OCA) | | | Normatives Comm. (OCN) | | | Abwägendes Comm. (OCC) | | |
| | B | SF B | B | B | SF B | β | B | SF B | β | B | SF B | β |
| **Schritt 1** | | | | | | | | | | | | |
| Geschlecht | - 0.05 | 0.09 | - 0.03 | - 0.19 | 0.11 | - 0.08 | 0.09 | 0.14 | 0.03 | - 0.06 | 0.12 | - 0.03 |
| Alter | 0.05 | 0.03 | 0.12 | - 0.01 | 0.03 | - 0.01 | 0.05 | 0.04 | 0.08 | 0.11 | 0.04 | 0.19** |
| Bildungsstand | - 0.02 | 0.02 | - 0.04 | 0.01 | 0.03 | 0.02 | - 0.04 | 0.04 | - 0.06 | - 0.03 | 0.03 | - 0.05 |
| Org.zugehörigkeit | 0.02 | 0.01 | 0.13* | - 0.01 | 0.01 | - 0.04 | 0.01 | 0.01 | 0.03 | 0.05 | 0.01 | 0.29*** |
| Mitbest.organ | - 0.54 | 0.10 | - 0.30*** | - 0.87 | 0.12 | - 0.37*** | - 0.55 | 0.15 | - 0.21*** | - 0.18 | 0.13 | - 0.08 |
| Kapitalanteile | - 0.09 | 0.10 | - 0.05 | - 0.44 | 0.13 | - 0.19*** | - 0.28 | 0.15 | - 0.11 | 0.46 | 0.14 | 0.20*** |
| $R^2$ | | 0.19 | | | 0.27 | | | 0.11 | | | 0.15 | |
| **Schritt 2** | | | | | | | | | | | | |
| Geschlecht | - 0.07 | 0.09 | - 0.04 | - 0.22 | 0.11 | - 0.08 | 0.05 | 0.13 | 0.02 | - 0.06 | 0.12 | - 0.02 |
| Alter | 0.03 | 0.03 | 0.08 | - 0.02 | 0.03 | - 0.01 | 0.02 | 0.04 | 0.03 | 0.11 | 0.04 | 0.19** |
| Bildungsstand | - 0.04 | 0.02 | - 0.08 | - 0.01 | 0.03 | 0.02 | - 0.07 | 0.04 | - 0.10 | - 0.03 | 0.03 | - 0.04 |
| Org.zugehörigkeit | 0.02 | 0.01 | 0.14** | 0.00 | 0.01 | - 0.04 | 0.01 | 0.01 | 0.05 | 0.05 | 0.01 | 0.29*** |
| Mitbest.organ | - 0.31 | 0.12 | - 0.17** | - 0.52 | 0.12 | - 0.37*** | - 0.18 | 0.17 | - 0.07 | - 0.18 | 0.16 | - 0.08 |
| Kapitalanteile | - 0.05 | 0.11 | 0.03 | - 0.23 | 0.13 | - 0.19*** | - 0.06 | 0.16 | - 0.02 | 0.46 | 0.15 | 0.20*** |
| ODS (Org.Demokr.) | 0.19 | 0.05 | 0.27*** | 0.29 | 0.07 | 0.31*** | 0.31 | 0.18 | 0.31*** | - 0.01 | 0.07 | - 0.01 |
| $R^2$ | | 0.22 | | | 0.32 | | | 0.15 | | | 0.15 | |
| $\Delta R^2$ | | 0.21 | | | 0.31 | | | 0.13 | | | 0.13 | |
| F | | 13.61*** | | | 21.94*** | | | 8.38*** | | | 8.38*** | |

N = 420; *p < 0.05, **p < 0.01, ***p < 0.01; Geschlecht: 1=weiblich, 2=männlich;
Kinder, Mitglied Mitbestimmungsorgan, Kapitalanteile: 1=ja, 2=nein

Nachdem immer wieder darauf hingewiesen wird, dass es sich bei den drei Submerkmalen des Organisationalen Commitment um drei eigenständige Dimensionen handelt, welche jeweils ganz unterschiedliche Formen der Bindung beschreiben (Meyer & Allen, 1991, 1990; Moser, 1997, 1996; Schmidt et al., 1998), interessiert natürlich im besonderen, wie sich ODS auf diese drei Facetten im einzelnen auswirkt.

### Affektives Commitment

Die emotionale Bindung ist in der vorliegenden Untersuchungsstichprobe weder durch Alter noch Geschlecht oder Bildungsstand signifikant beeinflusst (siehe Tabelle 8.16). Im ersten Schritt zeigen sich die Mitgliedschaft in einem Mitbestimmungsorgan (-0.38, p=0.000) und das Halten von Kapitalanteilen am Unternehmen (-0.19, p=0.000) als hochsignifikante Prädiktoren. Bei Aufnahme von ODS in die multiple Regressionsgleichung verändert sich das Bild geringfügig. Die Kapitalanteile verlieren ihren signifikanten Vorhersagewert, dafür werden Geschlecht (-0.09, p=0.040) und ODS (0.31, p=0.000) signifikant. Insgesamt können 32 Prozent der Varianz aufgeklärt werden. Hypothese 1a kann somit bestätigt werden: *Die Beteiligung von Unternehmensmitgliedern an betrieblichen Entscheidungsprozessen (ODS) wirkt sich positiv auf die emotionale Bindung der Mitglieder an das Unternehmen (OCA) aus.*

### Normatives Commitment

Wie erwartet fallen die Effekte in Bezug auf das normative Commitment weniger deutlich aus, als dies beim affektiven Commitment der Fall ist (siehe Tabelle 8.16, Spalten 8 - 10). Während sich im ersten Schritt die Mitgliedschaft in einem Mitbestimmungsorgan als einziger signifikanter Prädiktor erweist (-0.21, p=0.000), zeigt sich im zweiten Schritt nur noch die Organisationale Demokratie (ODS) als signifikante unabhängige Variable (0.31, p=0.000) bei insgesamt 15 Prozent aufgeklärter Varianz. Damit kann ein signifikanter Einfluss von ODS auf das normative Commitment berichtet werden, verbunden mit einer Varianzaufklärung von 15 Prozent (siehe Tabelle 8.16). Das bedeutet:

> *Die normative Bindung an das Unternehmen ist durch die Beteiligung von Unternehmensmitgliedern an betrieblichen Entscheidungsprozessen mit beeinflusst.*

### Abwägendes Commitment

Ein Einfluss von demokratischen Unternehmenspraktiken auf das abwägende Commitment wurde als eher unwahrscheinlich postuliert. Tatsächlich belegen die regressionsanalytischen Berechnungen diese Annahme (vgl. Tabelle 8.16, Spalten 11-13). Als signifikante Prädiktoren erweisen sich Alter (0.19, p=0.004), langjährige Organisationszugehörigkeit (0.29, p=0.000) und Kapitaleignerschaft (0.20, p=0.002). Die Werte bleiben durch die Aufnahme von ODS in die Analyse (2. Schritt) unverändert, was bedeutet, dass ODS so gut wie keinen Einfluss auf das abwägende Commitment nimmt. Damit zeigen sich die Ergebnisse erwartungskonform zu Hypothese 1c:

> *Auf das abwägende Commitment nimmt die Beteiligung von Unternehmensmitgliedern an betrieblichen Entscheidungsprozessen keinen signifikanten Einfluss.*

Die Ergebnisse verhalten sich den konzeptuellen Annahmen entsprechend. Wie in den theoretischen Ausführungen dargelegt, wird abwägendes Commitment auch als Ergebnis eines Abwägungs- und Bewertungsprozesses von bisher erbrachtem Input und eigenen Investitionen gegenüber dem Output in Form von Gehalt, Nebenleistungen und auch Karriere- und Entwicklungsmöglichkeiten betrachtet. Dass die Chancen auf statusverbessernde Veränderungen durch Wechsel zu einem anderen Unternehmen mit zunehmendem Alter abnehmen, ist gerade heute unter Aspekten der kontinuierlichen Leistungssteigerung gut verständlich. Mitarbeiter, die bereits älter sind und seit längerer Zeit im Unternehmen, sollten daher ein höheres abwägendes Commitment gegenüber der Organisation äußern. Dies ist auch tatsächlich der Fall. Das Alter zeigte sich bereits auch in der früheren Untersuchung (Schmid, 2004) als signifikanter Prädiktor.

### *Zusammenfassung der Ergebnisse zu Organisationaler Demokratie und Organisationalem Commitment*

Zunächst sei festgehalten, dass durch die multiplen Regressionsanalysen alle vier zu Fragestellung 1 formulierten Hypothesen bestätigt werden konnten. Bei Kontrolle des Einflusses relevanter soziodemographischer Merkmale, lässt sich konstatieren:

Ad 1) Beteiligung an betrieblichen/unternehmerischen Entscheidungsprozessen trägt zur psychologischen Bindung der Unternehmensmitglieder bei.

Ad 1a) Beteiligung an betrieblichen/unternehmerischen Entscheidungsprozessen fördert die emotionale Bindung der Mitglieder und damit die Identifikation mit dem Unternehmen.

Ad 1b) Beteiligung an betrieblichen/unternehmerischen Entscheidungsprozessen unterstützt das normative Commitment der Beschäftigten, d.h. sie trägt dazu bei, dass sich die Beschäftigten dem Unternehmen gegenüber verpflichtet fühlen.

Ad 1c) Beteiligung an betrieblichen/unternehmerischen Entscheidungsprozessen nimmt keinen erkennbaren Einfluss auf das abwägende Commitment der Beschäftigten, d.h. Mitbestimmungsmöglichkeiten scheinen keinen signifikanten Einfluss auf individuelle Kosten-Nutzen-Abwägungen zu nehmen.

Diese Aussagen lassen sich zusätzlich durch die Ergebnisse einer früheren Studie mit vergleichbarer Fragestellung und ähnlichen Untersuchungsverfahren (vgl. Schmid, 2004) weitestgehend bestätigen.

### 8.4.2 Organisationale Demokratie, prozedurale Gerechtigkeit und soziomoralische Atmosphäre

Die Beantwortung dieser ersten Frage führt unweigerlich weiter zur nächsten Fragestellung inwieweit praktizierte Organisationale Demokratie sich auf die beiden Organisationsmerkmale prozedurale Gerechtigkeit und soziomoralische Atmosphäre auswirkt.

#### *8.4.2.1 Vermutete Effekte*

***Prozedurale Gerechtigkeit***

Im vorliegenden Modell wird angenommen, dass die Gestaltung betrieblicher Entscheidungs- und Verteilungsverfahren wesentlich durch die Verfassung, oder konkreter formuliert, durch die *gelebte* Verfassung des Unternehmens mitbestimmt wird. In Unternehmen, in denen demokratische Prinzipien gelebt und eingefordert werden können, sollten sich diese Verfahren durch Transparenz, Beteiligung und so etwas wie Angemessenheit (der Situation, den Betroffenen gegenüber etc.) auszeichnen. Es wird daher in Hypothese 2a postuliert, dass sich die Beteiligung an betrieblichen Entscheidungen (ODS) positiv auf die wahrgenommene Fairness betrieblicher Prozeduren (pG) auswirkt.

***Soziomoralische Atmosphäre***

Wie bereits ausgeführt, weisen zahlreiche Studien zur soziomoralischen Atmosphäre bzw. dem soziomoralischen Anregungspotenzial (vgl. Hoff et al., 1991; Kohlberg, 1984; Lempert, 1993; Oser & Althof, 2001; Power, Higgins, Kohlberg & Reimer, 1989) darauf hin, dass praktizierte Organisationale Demokratie zum Entstehen einer soziomoralischen Atmosphäre beiträgt. Mit zunehmendem Umfang und zunehmendem Niveau der Organisationalen Demokratie (von der Meinungsäußerung über die Mitwirkung bis zur gleichberechtigten Mitentscheidung) wird es wahrscheinlicher, dass sich die Merkmale einer intakten soziomoralischen Atmosphäre herausbilden. Dies wird besonders in solchen Unternehmen zutreffen, in denen Organe für die direkte demokratische Mitwirkung oder Mitbestimmung existieren. Dies führt zu der Annahme, dass die strukturell abgesicherte und im Alltag erlebte Einbindung der Unternehmensmitglieder in betriebliche Entscheidungen (ODS) zu einer positiv ausgeprägten soziomoralischen Atmosphäre (smA) beiträgt.

#### *8.4.2.2 Ergebnisse zum Einfluss von Mitbestimmung auf prozedurale Gerechtigkeit und soziomoralische Atmosphäre*

Wie bereits zur Prüfung der Hypothesen zur Fragestellung 1, kommen auch in diesem Abschnitt wieder hierarchische multiple Regressionsanalysen zum Einsatz. Die Ergebnisse dazu sind in Tabelle 8.17 dargestellt. Sowohl in Bezug auf die wahrgenommene prozedurale Gerechtigkeit als auch auf die soziomoralische Atmosphäre nimmt die praktizierte Organisationale Demokratie starken Einfluss (vgl. Tabelle 8.17). Betrachtet man die Ergebnisse zur *prozeduralen Gerechtigkeit* genauer, zeigt sich, dass ODS die gesamte Varianzaufklärung von rund 30 Prozent übernimmt, während im ersten Schritt noch soziodemographische Variablen wie Geschlecht, Zugehörigkeit zum Unternehmen, Mitgliedschaft in einem Mitbestimmungsforum oder das Halten von Kapitalanteilen Einfluss nehmen. Ähnlich verhält es sich bei der soziomoralischen Atmosphäre. Neben der Organisationalen Demokratie (0.50, p=0.000) zeigt sich die Beurteilung der soziomoralischen Atmosphäre durch die Dauer der Organisationszugehörigkeit beeinflusst (-0.12, p=0.015). Dabei deutet der negative Koeffizient darauf hin, dass mit Fortdauer der Zugehörigkeit die soziomoralische Atmosphäre eher kritischer eingeschätzt wird. Zusammenfassend kann auch hierfür festgehalten werden, dass die in Kapitel 5 aufgestellten Hypothesen (2a und 2b) durch die empirischen Daten bestätigt werden. Das heißt:

> *Die Beteiligung an betrieblichen Entscheidungen wirkt sich positiv auf die wahrgenommene Fairness betrieblicher Prozeduren (prozedurale Gerechtigkeit) aus.*
>
> *Die Einbindung von Unternehmensmitgliedern in betriebliche Entscheidungen führt zu einer positiv ausgeprägten soziomoralischen Atmosphäre.*

Tabelle 8.17: Hierarchische Regressionsanalysen zum Einfluss von ODS auf prozedurale Gerechtigkeit und soziomoralische Atmosphäre bei Kontrolle soziodemographischer Variablen

| | prozedurale Gerechtigkeit | | | soziomoralische Atmosphäre | | |
|---|---|---|---|---|---|---|
| | *B* | *SF B* | β | *B* | *SF B* | β |
| Schritt 1 | | | | | | |
| Geschlecht | –0.19 | 0.10 | –0.10* | –0.11 | 0.09 | –0.06 |
| Alter | –0.01 | 0.03 | 0.01 | –0.01 | 0.03 | –0.02 |
| Bildungsstand | 0.03 | 0.03 | 0.06 | 0.05 | 0.02 | 0.11* |
| Organisationszugehörigk. | –0.02 | 0.01 | –0.16* | –0.02 | 0.01 | –0.16** |
| Mitbestimmungsorgan | –0.55 | 0.11 | –0.29*** | –0.60 | 0.10 | –0.34*** |
| Kapitalanteile | –0.32 | 0.11 | –0.17** | –0.32 | 0.10 | –0.18*** |
| $R^2$ | | 0.18 | | | 0.25 | |
| Schritt 2 | | | | | | |
| Geschlecht | –0.24 | 0.09 | –0.12 | –0.15 | 0.08 | –0.08 |
| Alter | –0.05 | 0.03 | –0.10 | –0.04 | 0.03 | –0.10 |
| Bildungsstand | –0.01 | 0.02 | –0.01 | 0.02 | 0.02 | 0.04 |
| Organisationszugehörigk. | –0.02 | 0.01 | –0.12 | –0.01 | 0.01 | –0.12* |
| Mitbestimmungsorgan | –0.07 | 0.12 | –0.04 | –0.20 | 0.10 | –0.11 |
| Kapitalanteile | –0.01 | 0.11 | –0.01 | –0.06 | 0.10 | –0.03 |
| Organ. Demokratie (ODS) | 0.41 | 0.05 | 0.54*** | 0.35 | 0.05 | 0.50*** |
| $R^2$ | | 0.30 | | | 0.35 | |
| $\Delta R^2$ | | 0.29 | | | 0.34 | |
| F | | 20.16*** | | | 25.58*** | |

N = 420; *p < 0.05, **p < 0.01, ***p < 0.001
Geschlecht: 1=weiblich, 2=männlich
Mitglied eines Mitbestimmungsorgans, Kapitalanteile: 1=ja, 2= nein

An dieser Stelle drängt sich unwillkürlich wieder die Frage nach dem Verhältnis bzw. dem Zusammenwirken der beiden Konstrukte auf (vgl. dazu bereits Abschnitt 8.3.2). Es wurde daher in einem dritten Schritt die jeweils andere Variable in die Regressionsanalyse mit aufgenommen und auf ihre Wirkung hinsichtlich des Einflusses von ODS auf die Kriteriumsvariable untersucht. In Tabelle 8.18 ist in Fortsetzung zu Tabelle 8.17 jeweils der relevante Teil des dritten Schrittes der Regressionsanalysen dargestellt.

Tabelle 8.18: Fortführung der Regressionsanalysen in Tabelle 8.17 durch Erweiterung um jeweils eine der beiden Variablen prozedurale Gerechtigkeit bzw. soziomoralische Atmosphäre

| | prozedurale Gerechtigkeit | | | soziomoralische Atmosphäre | | |
|---|---|---|---|---|---|---|
| | *B* | *SF B* | Β | *B* | *SF B* | Β |
| Schritt 3 ... | | | | | | |
| Organ. Demokratie (ODS) | 0.10 | 0.03 | 0.13** | 0.06 | 0.03 | 0.08 |
| prozedurale Gerechtigkeit | - | - | - | 0.70 | 0.03 | 0.76*** |
| Soziomoral. Atmosphäre | 0.90 | 0.04 | 0.83*** | - | - | - |
| $R^2$ | | 0.74 | | | 0.76 | |
| $\Delta R^2$ | | 0.74 | | | 0.75 | |
| F | | 118.78*** | | | 131.75*** | |

N = 420; *p < 0.05, **p < 0.01, ***p < 0.001
Geschlecht: 1=weiblich, 2=männlich
Mitglied eines Mitbestimmungsorgans, Kapitalanteile: 1=ja, 2= nein

Wird in die Analyse zur Vorhersage der prozeduralen Gerechtigkeit die soziomoralische Atmosphäre als weitere Prädiktorvariable aufgenommen, so sinkt zwar der Koeffizient von ODS von 0.54 auf 0.13 ab, bleibt aber mit p=0.003 hoch signifikant. Gleichzeitig zeigt sich die soziomoralische Atmosphäre mit 0.83 (p=0.000) als starker positiver Prädiktor. Insgesamt steigt die Varianzaufklärung von 30 auf 74 Prozent.

Wird in die Analyse der soziomoralischen Atmosphäre die prozedurale Gerechtigkeit als weiterer Prädiktor eingeführt, so bleibt lediglich die prozedurale Gerechtigkeit als signifikanter Prädiktor erhalten. ODS kann keinen signifikanten Aufklärungsbeitrag mehr leisten. Was kann daraus abgeleitet werden?

1. ODS kann sich bei Hinzunahme der beiden Variablen nur mehr in Bezug auf die prozedurale Gerechtigkeit als signifikanter Prädiktor behaupten.
2. Die soziomoralische Atmosphäre wird im dritten Schritt der berichteten Regressionsanalyse weitestgehend durch die prozedurale Gerechtigkeit beeinflusst.
3. Mit aller Vorsicht ließe sich das Ergebnis auch so interpretieren, dass die prozedurale Gerechtigkeit der soziomoralischen Atmosphäre möglicherweise vorgeschaltet ist, was eine Modifikation des in Kapitel 5 abgebildeten Modells nahe legt. Diese Frage wird im Zuge der Modellprüfung wieder aufgegriffen werden. Diese Vermutung deckt sich mit Aussagen von Kohlberg (1996) und anderen Autoren, welche Gerechtigkeit als in-

direkte Bedingung für die Entwicklung einer soziomoralischen Atmosphäre betrachten (vgl. Kapitel 4.1).

### 8.4.3 Prozedurale Gerechtigkeit, soziomoralische Atmosphäre und Organisationales Commitment

Fragestellung 3 setzt sich mit der Wirkung von prozeduraler Gerechtigkeit und soziomoralischer Atmosphäre auf die Bindung der Mitarbeiter an ihr Unternehmen auseinander. Die Belege, welche für einen positiven signifikanten Effekt der beiden Variablen auf das Commitment sprechen, sind vielfältig, wie bereits ausführlich dargestellt wurde.

#### *8.4.3.1 Vermutete Effekte*

***Prozedurale Gerechtigkeit***

Der umfangreichen procedural-justice-Forschung entsprechend, gibt es zahlreiche Belege dafür, dass prozedurale Gerechtigkeit in starkem Maße Einfluss auf das Commitment der Beschäftigten nimmt (Moorman, 1991; MacFarlin & Sweeney, 1992; Masterson et al., 2000; u.a.). Menschen können sich besser mit Institutionen identifizieren, in denen sie die Verfahrensweisen als fair und transparent erleben. In diesem Sinne wird auch in der vorliegenden Untersuchung davon ausgegangen, dass die prozedurale Gerechtigkeit direkt auf das affektive Commitment Einfluss nimmt, ebenso wie auf das normative Commitment. Eigene Erfahrungen legen nahe, dass man sich einer Organisation gegenüber stärker verpflichtet fühlt, von der man gerecht behandelt wird. Ob sich prozedurale Gerechtigkeit auf das abwägende Commitment direkt auswirkt, ist eher zu bezweifeln. Hier dürfte vielmehr erfahrene Ungerechtigkeit situativ Einfluss auf den individuellen Abwägungsprozess von Kosten und Nutzen nehmen.

***Soziomoralische Atmosphäre***

Soweit bekannt, gibt es bisher keine Untersuchungen zum Einfluss der soziomoralischen Atmosphäre auf das Organisationale Commitment. Es gilt hier demnach explorativ vorzugehen. Ausgehend von den Inhalten der soziomoralischen Atmosphäre, wie Wertschätzung, Kommunikation, Kooperation, Verantwortungszuweisung etc., muss allerdings fast schon zwangsläufig ein positiver Effekt der soziomoralischen Atmosphäre auf das Commitment insgesamt, wie auf seine Subdimensionen angenommen werden.

### 8.4.3.2 Ergebnisse zum Einfluss von prozeduraler Gerechtigkeit und soziomoralischer Atmosphäre auf das Commitment

#### Prozedurale Gerechtigkeit

Die Korrelationsmatrix weist als Ergebnis der bivariaten Korrelation nach Pearson (2seitig) mit r = 0.497 (p = 0.000) einen hochsignifikanten Zusammenhang zwischen prozeduraler Gerechtigkeit und Organisationalem Commitment aus (vgl. Tabelle 8.13). Als gerichtete Hypothese formuliert (prozedurale Gerechtigkeit wirkt auf Organisationales Commitment), erfolgt die Überprüfung des Effekts wie bereits zuvor mittels Regressionsanalyse (Tabelle 8.19). Selbst bei der Kontrolle soziodemographischer Einflüsse und des Einflusses der Organisationalen Demokratie zeigt sich die prozedurale Gerechtigkeit als starker Einflussfaktor (0.38, p = 0.000). Daneben können sich unter den mit einbezogenen Variablen (Geschlecht, Alter, Bildung, Kapitalanteile) noch die Dauer der Organisationszugehörigkeit als hoch signifikanter Prädiktor (0.19, p = 0.000) und die Zugehörigkeit zu einem Organ der organisationalen Mitbestimmung mit einem etwas schwächeren Effekt (-0.15, p = 0.028) durchsetzen. Von der Varianz des Organisationalen Commitment werden so insgesamt 31 Prozent aufgeklärt.

Ausdifferenziert nach den drei Dimensionen des Organisationalen Commitment zeigt sich eine ähnliche Datenlage (siehe wiederum Tabelle 8.19). In Bezug auf das affektive Commitment und das normative Commitment empfiehlt sich die prozedurale Gerechtigkeit jeweils als hochsignifikanter positiver Prädiktor (OCA: 0.45, p = 0.000; OCN: 0.29, p = 0.000). Keinen signifikanten Einfluss nimmt die Wahrnehmung prozeduraler Gerechtigkeit auf das abwägende Commitment.

Die vermutete Mediatorfunktion von prozeduraler Gerechtigkeit im Zusammenhang Commitment und ODS erfährt neuerlich Unterstützung, nachdem die in Schritt 2 noch hochsignifikanten Effekte von ODS auf organisationales (Gesamtindex), affektives und normatives Commitment durch die Aufnahme der prozeduralen Gerechtigkeit in Schritt 3 allesamt stark reduziert werden und ihre Signifikanz verlieren (siehe Tabelle 8.19).

#### Soziomoralische Atmosphäre

Wird im dritten Schritt anstelle der prozeduralen Gerechtigkeit die soziomoralische Atmosphäre in die sequentielle Regressionsanalyse mit aufgenommen, zeigen sich ähnliche Ergebnisse (siehe Tabelle 8.20). Zusammen mit den Variablen aus Schritt 1 und 2 können so 38 Prozent der Varianz des Organisationalen Commitment (Gesamtindex), 52 Prozent des affektiven, 23 Prozent des normativen und 18 Prozent des abwägenden Commitment aufgeklärt werden. Im Unterschied zur prozeduralen Gerechtigkeit nimmt die soziomoralische Atmosphäre auch signifikanten Einfluss auf das abwägende Commitment mit .018

(p = 0.012). Sowohl in Hinsicht auf das affektive als auch auf das normative Commitment erweist sich die soziomoralische Atmosphäre als hochsignifikanter positiver Prädiktor (OCA: 0.56, p = 0.000; OCN: 0.35, p = 0.000).

### 8.4.4 Zusammenfassung der Ergebnisse

In den vorhergehenden drei Abschnitten wurden mit Hilfe sequentieller multipler Regressionsanalysen die in Kapitel 5 formulierten Hypothesen getestet. Wie vermutet, lassen sich alle postulierten Effekte anhand der empirischen Daten nachweisen und damit bestätigen. Zusammengefasst kann festgehalten werden:

1. Der Grad der gelebten Organisationalen Demokratie, d.h. einer real praktizierten Beteiligungskultur im Unternehmen im Zusammenhang mit betrieblichen Entscheidungen, wirkt sich förderlich auf das Organisationale Commitment, insbesondere auf das affektive und etwas abgeschwächt auch auf das normative Commitment aus.
2. Betriebliche Verteilungs- und Entscheidungsverfahren werden bei praktizierter Organisationaler Demokratie als gerecht und fair erlebt und bewertet.
3. Die Beteiligung an betrieblichen bzw. auch unternehmerischen Entscheidungen trägt zu einer positiven soziomoralischen Atmosphäre im Unternehmen bei, d.h. Menschen nehmen wahr, dass ihnen Wertschätzung und Vertrauen entgegen gebracht werden.
4. Sowohl die Beurteilung von Entscheidungsprozessen als fair und gerecht, wie auch die Wahrnehmung einer positiven, wertschätzenden Atmosphäre im Unternehmen tragen wesentlich zur psychologischen Bindung der Mitglieder an ihre Organisation bei.

Tabelle 8.19: Hierarchische Regressionsanalyse 3. Schritt Einfluss prozedurale Gerechtigkeit auf Commitment bei Kontrolle soziodemographischer Variable

| | **Organisationales Commitment** | | | | | | | | | | | |
|---|---|---|---|---|---|---|---|---|---|---|---|---|
| | Commitment (OC) | | | affektives Commitment | | | normatives Commitment | | | abwägendes Commitm. | | |
| | *B* | *SE B* | Β | *B* | *SE B* | Β | *B* | *SE B* | β | *B* | *SE B* | β |
| *Schritt 3* | | | | | | | | | | | | |
| Geschlecht | 0.01 | .0.08 | 0.01 | -0.08 | 0.10 | -0.04 | 0.15 | 0.13 | 0.05 | -0.03 | 0.12 | -0.01 |
| Alter | 0.05 | 0.03 | 0.11 | 0.01 | 0.03 | 0.01 | 0.04 | 0.04 | 0.06 | 0.11 | 0.04 | 0.20** |
| Bildung | -0.03 | 0.02 | -0.07 | -0.01 | 0.03 | -0.02 | -0.07 | 0.04 | -0.10 | -0.03 | 0.03 | -0.04 |
| Kinder | -0.10 | 0.09 | -0.06 | -0.25 | 0.10 | -0.11** | -0.13 | 0.14 | -0.05 | 0.06 | 0.13 | 0.03 |
| Organ.zugehörigkeit | 0.02 | 0.01 | 0.19*** | 0.01 | 0.01 | 0.03 | 0.01 | 0.01 | 0.08 | 0.05 | 0.01 | 0.31*** |
| Mitbestimmungsorgan | -0.27 | 0.11 | -0.15* | -0.47 | 0.12 | -0.20*** | -0.14 | 0.17 | -0.05 | -0.17 | 0.16 | -0.07 |
| Kapitalanteile | 0.05 | 0.10 | 0.03 | -0.23 | 0.12 | -0.10 | -0.05 | 0.16 | -0.02 | 0.46 | 0.14 | 0.20** |
| Organisat. Demokratie | 0.05 | 0.05 | 0.07 | 0.07 | 0.06 | 0.07 | 0.15 | 0.08 | 0.15 | -0.06 | 0.07 | -0.06 |
| prozed. Gerechtigkeit | 0.35 | 0.05 | 0.38*** | 0.55 | 0.05 | 0.45*** | 0.39 | 0.07 | 0.29*** | 0.13 | 0.07 | 0.11 |
| $R^2$ | | 0.32 | | | 0.46 | | | 0.21 | | | 0.16 | |
| $\Delta R^2$ | | 0.31*** | | | 0.45*** | | | 0.19*** | | | 0.14*** | |
| F | | 19.95*** | | | 35.84*** | | | 11.09*** | | | 7.90*** | |

N = 420; $^*p < 0.05$, $^{**}p < 0.01$, $^{***}p < 0.001$
Die Schritte 1 und 2 sind identisch mit den Schritten 1 und 2 in Tabelle 8.17.

Tabelle 8.20: Hierarchische Regressionsanalyse 3. Schritt Einfluss soziomoralische Atmosphäre auf Commitment bei Kontrolle soziodemographischer Variablen

| | **Organisationales Commitment** | | | | | | | | | | | |
|---|---|---|---|---|---|---|---|---|---|---|---|---|
| | Commitment (OC) | | | affektives Commitment | | | normatives Commitment | | | abwägendes Commit. | | |
| | *B* | *SE B* | Β | *B* | *SE B* | Β | *B* | *SE B* | β | *B* | *SE B* | β |
| *Schritt 3* | | | | | | | | | | | | |
| Geschlecht | 0.01 | .0.08 | 0.01 | -0.11 | 0.10 | -0.05 | 0.14 | 0.13 | 0.05 | -0.02 | 0.12 | -0.01 |
| Alter | 0.06 | 0.03 | 0.13* | 0.01 | 0.03 | 0.02 | 0.05 | 0.04 | 0.07 | 0.12 | 0.04 | 0.21*** |
| Bildung | -0.04 | 0.02 | -0.09* | -0.03 | 0.03 | -0.05 | -0.07 | 0.04 | -0.11* | -0.03 | 0.03 | -0.05 |
| Kinder | -0.07 | 0.09 | -0.04 | -0.19 | 0.10 | -0.09* | -0.10 | 0.14 | -0.04 | 0.07 | 0.13 | 0.03 |
| Organ.zugehörigkeit | 0.02 | 0.01 | 0.20*** | 0.01 | 0.01 | 0.05 | 0.02 | 0.01 | 0.09 | 0.05 | 0.01 | 0.32*** |
| Mitbestimmungsorgan | -0.20 | 0.11 | -0.11 | -0.38 | 0.12 | -0.16** | -0.07 | 0.17 | -0.02 | -0.11 | 0.16 | -0.05 |
| Kapitalanteile | 0.06 | 0.10 | 0.03 | -0.19 | 0.11 | -0.08 | -0.06 | 0.16 | -0.02 | 0.43 | 0.14 | 0.19** |
| Organisat. Demokratie | 0.02 | 0.05 | 0.02 | 0.03 | 0.06 | 0.04 | 0.12 | 0.08 | 0.12 | -0.10 | 0.07 | -0.11 |
| Soziomoral. Atmosphäre | 0.49 | 0.05 | 0.48*** | 0.73 | 0.06 | 0.56*** | 0.50 | 0.08 | 0.35*** | 0.23 | 0.08 | 0.18** |
| $R^2$ | | 0.38 | | | 0.52 | | | 0.23 | | | 0.18 | |
| $\Delta R^2$ | | 0.36*** | | | 0.51*** | | | 0.21*** | | | 0.16*** | |
| F | | 24.78*** | | | 44.56*** | | | 12.23*** | | | 8.90*** | |

N = 420; $*p < 0.05$, $**p < 0.01$, $***p < 0.001$
Die Schritte 1 und 2 sind identisch mit den Schritten 1 und 2 in Tabelle 8.17.

***Graphische Darstellung***

Um die Ergebnisse noch einmal graphisch zu verdeutlichen, wird in Abbildung 8.8 das Modell aus Kapitel 5 mit den postulierten Effekten und den entsprechenden standardisierten Regressionskoeffizienten dargestellt:

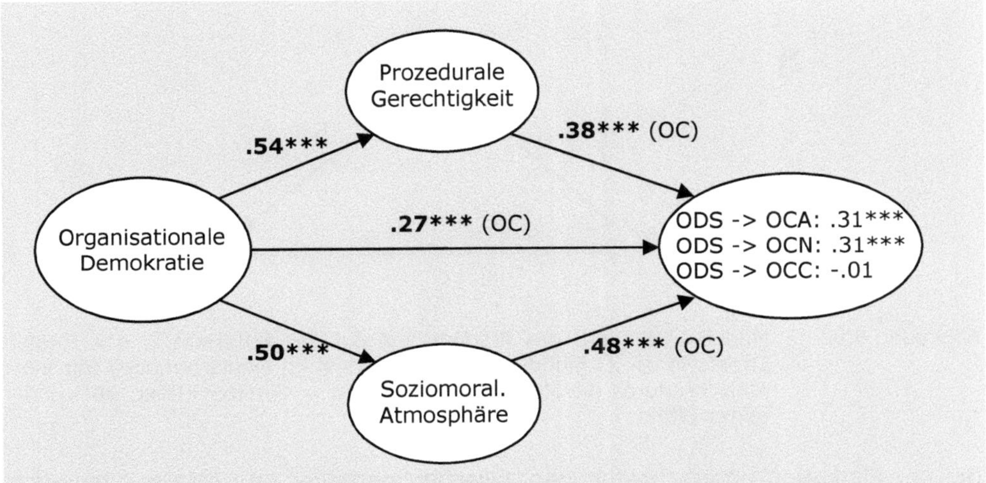


Abbildung 8.8: Darstellung des postulierten Zusammenhangsmodells mit den standarisierten Regressionskoeffizienten aus den verschiedenen (unabhängigen) sequentiellen multiplen Regressionsanalysen

Nachdem in diesem Abschnitt die einzelnen Effekte mit Hilfe von sequentiellen multiplen Regressionsanalysen in jeweils unabhängigen Analysen überprüft wurden, ist im weiteren Vorgehen folgerichtig zu prüfen, wie sich die Variablen bei gleichzeitiger Prüfung zueinander verhalten. Derartige komplexe Modelle können mit der Hilfe so genannter Strukturgleichungsmodelle berechnet werden. Die Methode und ihre Anwendung innerhalb der vorliegenden Arbeit werden in Abschnitt 8.5 behandelt. Zuvor sollen aber die bereits wiederholt angesprochenen vermuteten Mediatorfunktionen von prozeduraler Gerechtigkeit und soziomoralischer Atmosphäre eingehender untersucht werden.

### 8.4.5 Prüfung der vermuteten Mediatoreffekte

#### 8.4.5.1 Methodische Grundlagen

Von einem Mediatoreffekt kann grundsätzlich dann gesprochen werden, wenn die kausale Beziehung zwischen zwei Variablen X und Y durch eine dritte Variable Z verändert bzw. unterbrochen wird. Man spricht daher neben der mediierenden auch von der *intervenierenden* Variable. Die Mediatorvariable nimmt in diesem Gefüge einen besonderen Stellenwert ein, da sie sowohl unabhängige Variable (in Bezug auf Y) als auch abhängige Variable (in Bezug auf X) ist (siehe Abbildung 8.9).

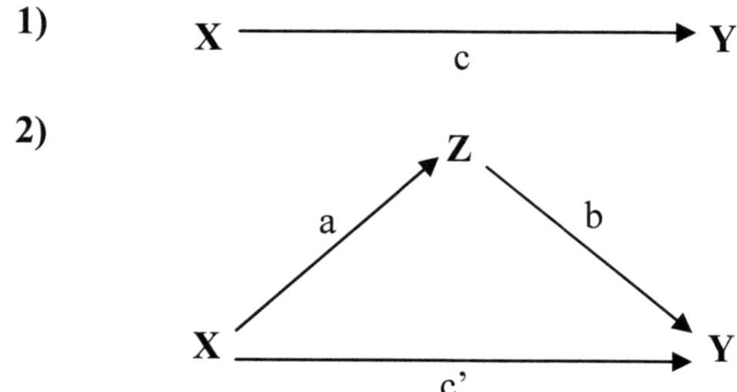


Abbildung 8.9: Modell 1) Einfluss des Prädiktors X auf das Kriterium Y, c = totaler Effekt Modell 2) Einfluss des Prädiktors X im Mediatormodell mit Vermittlung durch die Mediatorvariable Z, c' = direkter Effekt, ab = indirekter Effekt

Bei der Mediation unterscheidet man zwischen *partieller* und *totaler* oder auch *vollkommener* Mediation. Eine partielle Mediation liegt dann vor, wenn der ursprüngliche Effekt der Variable X auf die Variable Y zwar beeinflusst wird, aber nach wie vor signifikant bleibt (siehe Modell 1a in Abbildung 8.10). Eine totale Mediation liegt dann vor, wenn der ursprüngliche Effekt der Variable X auf die Variable Y durch die Mediatorvariable Z vollständig übernommen wird, d.h. zwischen X und Y kein direkter[14] Effekt mehr besteht (vgl. Modell 1b in Abbildung 8.10).

*Modell 1a: partielle Mediation* *Modell 1b: vollständige Mediation*

Abbildung 8.10: Modelle für partiellen Mediatoreffekt (1a) und totalen Mediatoreffekt (1b)

[14] Zur Bedeutung direkter, indirekter und totaler Effekte in der Analyse von Mediatoreffekten siehe Urban & Mayerl (2006).

Ob ein Mediatoreffekt zu prüfen ist, sollte in erster Linie Ergebnis der theoretischen Konzeption eines Untersuchungs- bzw. Auswertungsdesigns sein. Tatsächlich kommt der Gedanke, auf Mediatoreffekte zu prüfen, allerdings oft erst während der statistischen Datenauswertung auf. Baron und Kenny (1986) haben für derartige Fälle ein Verfahren vorgeschlagen, welches prüft, ob es aufgrund der Datenlage gerechtfertigt ist, nach Mediatoreffekten zu suchen.

Nach Baron und Kenny (1986) und Judd und Kenny (1981) müssen die folgenden vier Bedingungen für den Nachweis eines Mediatoreffektes erfüllt sein:

- der Prädiktor X muss einen signifikanten Effekt auf den Mediator Z ausüben,
- der Prädiktor X muss in einem Regressionsmodell einen signifikanten Effekt auf die abhängige Variable Y ausüben (ohne Kontrolle des Einflusses von Z),
- die Variable Z (Mediator) muss einen signifikanten Effekt auf die abhängige Variable Y ausüben und
- der Effekt des Prädiktors X auf die abhängige Variable Y muss sich verringern, wenn in einer multivariaten Regression die Variable Z (Mediator) als zusätzlicher Prädiktor aufgenommen wird.

Diese vier Bedingungen können mit Hilfe von drei Regressionsschätzungen überprüft werden (vgl. Urban & Mayerl, 2006):

1. eine Regressionsanalyse von Z (Mediator) auf X (Prädiktor) zur Überprüfung der ersten Bedingung; dieser Effekt muss sich als signifikant erweisen: $Z = a + b X + U$
2. eine Regressionsanalyse von Y (Kriterium) auf X (Prädiktor) zur Überprüfung der zweiten Bedingung mit ebenfalls signifikantem Effekt: $Y = a + b X + U$
3. eine multivariate Regressionsanalyse zur Überprüfung der dritten und vierten Bedingung. Bei dieser multivariaten Prüfung von Y (Kriterium) auf X (Prädiktor) und Z (Mediator) muss a) der Effekt von Z auf Y signifikant sein und b) der Effekt von X auf Y entweder nicht signifikant (totale Mediation) oder zumindest geringer sein, als er es bei der zweiten Regressionsanalyse war (partielle Mediation): $Y = a + b_1 X + b_2 Z + U$

Der Ansatz von Baron und Kenny (1986) wird von einigen Autoren, u. a. Mac Kinnon, Lockwood, Hoffman, West und Sheets (2002) und Shrout und Bolger (2002) kritisiert. Die Kritik bezieht sich vor allem auf den ersten Schritt, in welchem der Zusammenhang zwischen Prädiktor (X) und Kriteriumsvariable (Y) durch eine lineare Regressionsanalyse nachgewiesen werden muss. Nach Auffassung der Kritiker besteht eine Schwachstelle des Prüfmodells darin, dass durch einfache Analysen mögliche Zusammenhänge zwischen X und Y unerkannt bleiben könnten. Sie begründen dies mit sogenannten Suppressionseffekten (vgl. auch Collins, Graham und Flaherty (1998).

Ein Suppressionseffekt liegt vor, wenn ein nur mäßiger Zusammenhang zwischen Kriterium und Prädiktor durch eine dritte Variable, die so genannte Suppressorvariable, deutlich erhöht wird. Nach Bortz (1999, S. 444) ist eine Suppressorvariable „eine Variable, die den Vorhersagebeitrag einer (oder mehrerer) anderer Variablen erhöht, indem sie irrelevante Varianzen in der (den) anderen Prädiktorvariablen unterdrückt". Suppressorvariablen führen dazu, dass der Einfluss des Prädiktors auf das Kriterium unterschätzt wird. Shrout und Bolger (2002) schlagen vor, in Fällen, wo von einem Suprressionseffekt ausgegangen werden kann, die Beziehungen zwischen Prädiktor und Mediator *und* zwischen Mediator und Kriteriumsvariable mit einer Regressionsanalyse zu prüfen. Mit Blick auf die in der Korrelationsmatrix (Tabelle 8.13) dargestellten, durchgängig hochsignifikanten Zusammenhänge zwischen allen Variablen, können in den vorliegenden Daten Suppressionseffekte weitestgehend ausgeschlossen werden, was auch die entsprechenden Prüfschritte bestätigen.

Kann ein Mediationseffekt nachgewiesen werden, so ist weiters zu prüfen, ob diese Mediation statistisch signifikant ist. Hierfür schlagen Baron und Kenny (1986) den Sobel-Test vor. Auch MacKinnon et al. (2002) präferieren nach dem Vergleich von 14 Methoden zur Prüfung von Mediatoreffekten den Sobel-Test als den Test mit der besten Prüfstärke. Preacher und Hayes (2004) unterstützen diesen Ansatz und fragen sich, warum so wenige Autoren den Test einsetzen bzw. per se die Signifikanz des indirekten Effekts nicht überprüfen (ebd., S. 719):

> Curiously, the Sobel test is discussed, with requisite formulas, by Baron and Kenny (1986), but it is rarely used in practice (cf. MacKinnon et al., 2002). We cannot say for sure why the significance of the indirect effect is rarely tested formally (...) these programs [SPSS, SAS] provide all the information needed for the researcher to conduct the Sobel test manually, some extra hand computation is required, and researchers simply may not see the point in bothering with those computations given that the significance of the indirect effect is not listed by Baron and Kenny as one of the criteria for establishing mediation.

Der Sobel-Test prüft unter Verwendung der Regressionskoeffizienten der einzelnen Pfade und ihrer Standardfehler die Mediation auf Signifikanz. Preacher (u. a. Preacher & Hayes, 2004) empfiehlt die Anwendung des Sobel-Tests nur bei umfangreicheren Stichproben. Als Untergrenze benennt er $N > 50$. Die Formel für den Test lautet (Sobel, 1982):

$$z^{15} = \frac{a \cdot b}{\sqrt{(b^2 \cdot s_a^2 + a^2 \cdot s_b^2 + s_a^2 \cdot s_b^2)}}$$

Soll gleichzeitig der Einfluss mehrerer potentieller Mediatoren überprüft werden, bietet sich die Anwendung von Pfadanalysen auf Basis von Strukturgleichungsmodellen an (Byrne, 2001; Kline, 2005; Moosbrugger, Schermelleh-Engel & Klein, 1997 u. a.). Statistisch gesehen handelt es sich bei den Strukturgleichungsmodellen um die Verknüpfung von Regressionsanalysen und konfirmatorischen Faktorenanalysen. Sie können vor allem dort eingesetzt werden, wo die bekannten Verfahren der Varianz- und Regressionsanalysen an ihre Grenzen stoßen. Auf der Basis von Kovarianz- oder Korrelationsmatrizen können komplexe Alternativmodelle gegeneinander getestet werden. Im Unterschied zur traditionellen Regressionsanalyse können mit Hilfe von Pfad- und Strukturgleichungsmodellen mehrere Zusammenhänge gleichzeitig geprüft werden.

Mit Pfadanalysen können gerichtete Beziehungen zwischen mehreren unabhängigen und abhängigen Variablen in einem einzigen Modell überprüft werden. Mit der Pfadanalyse können kausale Strukturen überprüft werden, sie überprüft allerdings keine Kausalität an sich. Die zu schätzenden Koeffizienten in einem Pfadmodell sind entweder Produkt-Moment-Korrelationskoeffizienten oder standardisierte Partialregressionskoeffizienten (Pfadkoeffizienten). Die Grundlage der Pfadanalyse wurde bereits 1921 von Wright im sogenannten Fundamentaltheorem der Pfadanalyse formuliert. Dabei handelt es sich um eine allgemeine Formel für die Berechnung der jeweiligen Korrelationskoeffizienten mit Hilfe der Pfadkoeffizienten. Einfachere Pfadmodelle lassen sich in SPSS berechnen. Bei komplexeren Modellen empfiehlt sich die Anwendung von Programmen, die auch eine graphische Umsetzung erlauben wie AMOS oder LISREL. Für die Überprüfung von prozeduraler Gerechtigkeit und soziomoralischer Atmosphäre auf ihre vermutete Mediatorfunktion im vorliegenden Untersuchungsmodell wurde AMOS 7.0 verwendet.

#### *8.4.5.2 Mediatorprüfung*

In Abbildung 8.11 sind die einzelnen Schritte zur Prüfung der vermuteten intervenierenden Effekte nach Baron und Kenny (1986) graphisch veranschaulicht. Die einzelnen Schritte wurden praktisch bereits bei den vorhergegangenen Regressionsanalysen vollzogen. Im ersten Schritt sehen wir einen standardisierten Regressionskoeffizienten von .39 ($p = .000$) als Effekt von ODS auf das Organisationale Commitment.

---

[15] z-Werte > 1.96 sind mit $p < 0.05$ assoziiert

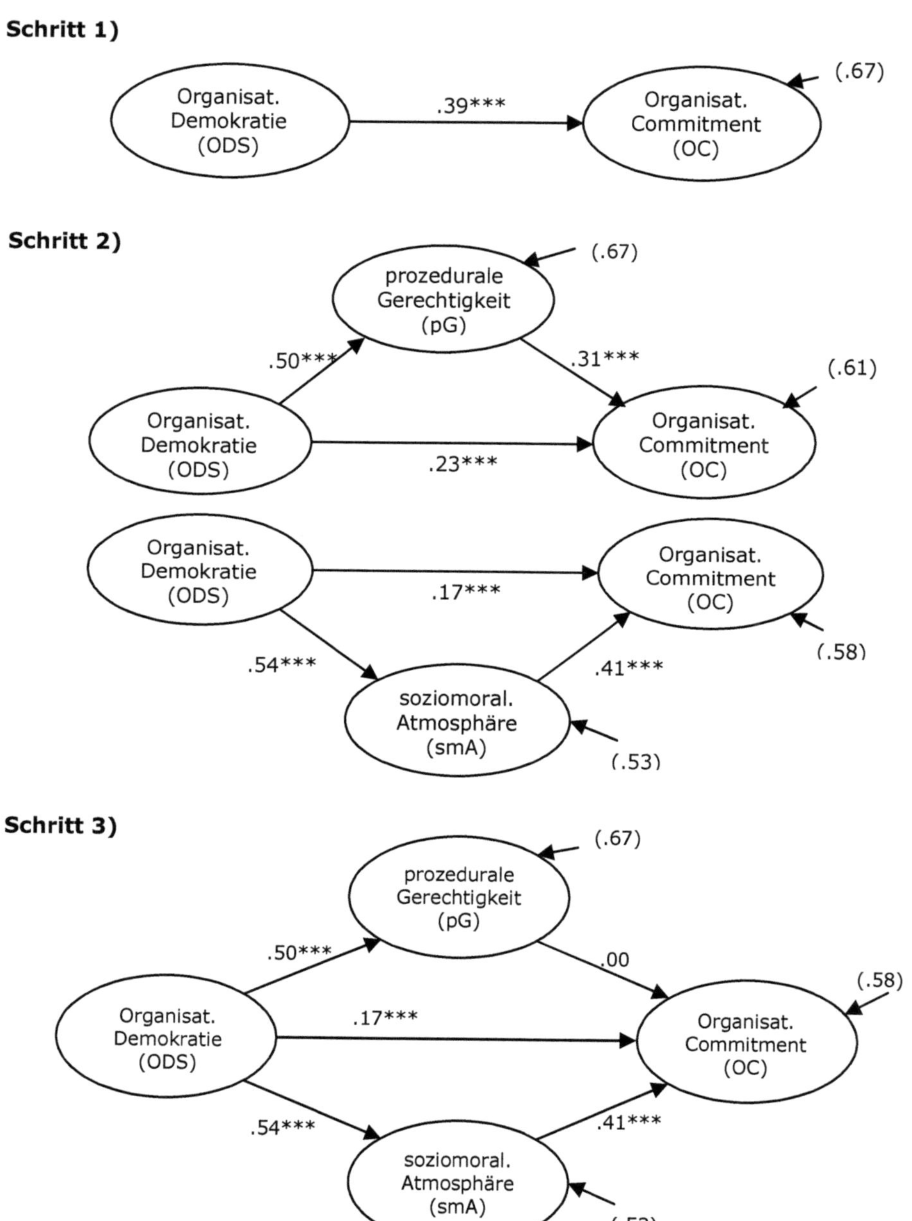


Abbildung 8.11: Schrittweise Überprüfung des Einflusses der Mediatorvariablen prozedurale Gerechtigkeit und soziomoralische Atmosphäre nach Baron und Kenny (1986)

Wird im zweiten Schritt die prozedurale Gerechtigkeit als potentieller Mediator in die Regressionsgleichung mit aufgenommen, sinkt der Koeffizient zwischen ODS und CO auf .23 ab, bleibt aber weiterhin signifikant. Ähnlich verhält es sich bei der Aufnahme der soziomoralischen Atmosphäre in die Gleichung. Hier sinkt der ursprüngliche Koeffizient auf .17 ab, bleibt aber ebenfalls signifikant. Als Zwischenergebnis kann festgehalten werden, dass beide Variablen maximal als partielle Mediatoren Einfluss auf den Zusammenhang ODS und Commitment nehmen. Zur Absicherung sind die indirekten Effekte mit Hilfe des Sobel-Tests auf ihre Signifikanz zu prüfen (siehe unten). Erst dann kann mit Sicherheit von Mediation oder Nicht-Mediation gesprochen werden.

Im dritten Schritt werden beide intervenierenden Variablen in die multiple Regressionsgleichung aufgenommen. Auf den direkten Effekt von ODS auf Commitment nimmt dies keinen weiteren Einfluss. Der standardisierte Regressionskoeffizient bleibt bei .17 ($p = .000$), also gleich wie bei Schritt 2 b. Eine auffällige Veränderung ergibt sich in der Beziehung von prozeduraler Gerechtigkeit und Organisationalem Commitment. Der ursprünglich hochsignifikante Effekt von .31 geht in dieser Konstellation vollständig verloren, so dass sich vermuten lässt, dass der direkte Effekt der prozeduralen Gerechtigkeit auf das Commitment durch die soziomoralische Atmosphäre vollständig mediiert wird, was die entsprechende Prüfung auch bestätigt.

Die Ergebnisse aus den ersten drei Schritten führen zur Modifikation des Pfadmodells in Schritt 4, in dem ein weiterer Pfad von prozeduraler Gerechtigkeit zu soziomoralischer Atmosphäre aufgenommen und überprüft wird (siehe Abbildung 8.12). Zur Verdeutlichung der Effekte werden neben den Pfadkoeffizienten zusätzlich die bivariaten Produkt-Moment-Koeffizienten in Klammer angezeigt.

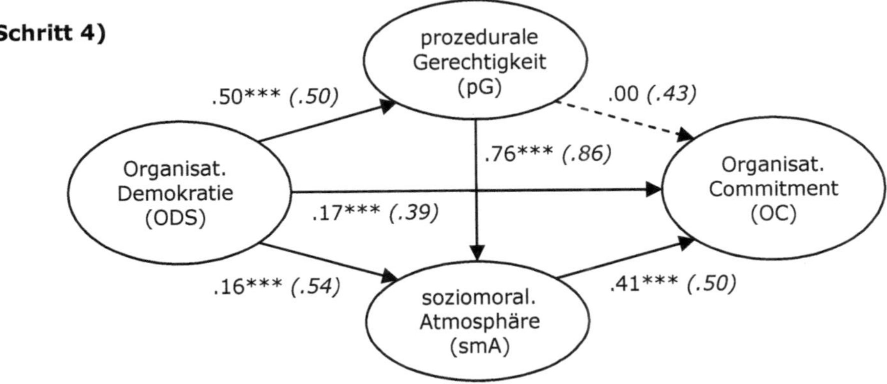


Abbildung 8.12: Pfadkoeffizienten im Vergleich zu den bivariaten Korrelationen (in Klammer) zwischen den Variablen

Es zeigen sich folgende Effekte:

- die Beziehung ODS - smA wird durch die prozedurale Gerechtigkeit partiell mediiert (von .54 auf .16, beide hochsignifikant)
- die Beziehung pG - CO wird durch die soziomoralische Atmosphäre vollständig mediiert (von .43 auf .00)
- die Beziehung ODS - CO wird durch beide Variablen (pG und smA) mediiert.

In diesem Modell werden 25 Prozent der Varianz der prozeduralen Gerechtigkeit aufgeklärt, 75 Prozent der soziomoralischen Atmosphäre und 27 Prozent der Varianz des Organisationalen Commitment.

#### *8.4.5.3 Direkte, indirekte und totale Effekte*

Wichtig ist an dieser Stelle noch einmal der Verweis auf die Unterscheidung von direkten, indirekten und totalen Effekten. Direkte Effekte bezeichnen direkte Einflussbeziehungen, die nicht durch dritte Variablen unterbrochen bzw. interveniert werden (Urban & Mayerl, 2006; Bortz, 1999). Die indirekten Effekte können unmittelbar aus den direkten Effekten berechnet werden. Bei einem einfachen Mediatormodell bedeutet dies:

$$\text{indirekter Effekt}_{zx.yz} = \text{direkter Effekt}_{zx} \times \text{direkter Effekt}_{yz}$$
$$(b_{zx\cdot yz} = b_{zx} \times b_{yz})$$

Der totale Effekt auf das Kriterium (Y) entspricht dann der Summe des direkten und indirekten Effekts von Prädiktor (X) auf Kriterium (Y):

$$\text{totaler Effekt}_{yx} = \text{direkter Effekt}_{yx} + \text{indirekter Effekt}_{zx\cdot yz}$$
$$(b_{yx\ total} = b_{yx} + b_{zx\cdot yz})$$

Diese Berechnungsformen der totalen und indirekten Effekte gelten sowohl für unstandardisierte als auch für standardisierte Regressionskoeffizienten. Mit Kenntnis der direkten Effekte aus Abbildung 8.11 (Schritt 3) können der indirekte und der totale Effekt von prozeduraler Gerechtigkeit und soziomoralischer Atmosphäre auf das Organisationale Commitment ermittelt werden (siehe Tabelle 8.21). Bei Berücksichtigung beider Mediatoren beträgt der totale Effekt von Organisationaler Demokratie auf das Organisationale Commitment (gemäß Gleichung) $b_{yx1x2\ total} = 0.40$.

Tabelle 8.21: Direkte und indirekte Effekte Organisationale Demokratie – Organisationales Commitment

| | Direkter Effekt | Indirekte Effekte | Totaler Effekt | Korr. |
|---|---|---|---|---|
| Organisationale Demokratie (ODS) | .17 | .50 *.00 = .00<br>.50 *.76 *.41 = .16<br>.16 *.41 = .07 | .40 | .39 |
| Prozedurale Gerechtigkeit (pG) | .00 (n.s.) | .76 *.41 = .31 | .31 | .43 |
| Soziomoralische Atmosphäre (smA) | .41 | ---- | .41 | .50 |

Das Ergebnis ist inhaltlich so zu interpretieren, dass mit jeder Erhöhung der Organisationalen Demokratie um eine empirische Einheit das erwartete Organisationale Commitment um 0.4 Skalenpunkte ansteigt (totaler Effekt). Diesen Wert erhält man auch, wenn man eine einfache Regression von Organisationalem Commitment (Y) auf Organisationale Demokratie (X) schätzt ohne Berücksichtigung von Mediatoren. Was an zusätzlichem Wissen durch die Berechnungen gewonnen wird, ist, dass der totale Effekt der Organisationalen Demokratie zu rund 58 Prozent auf indirekte Effekte über die Mediatoren zurückzuführen ist und zu ca. 42 Prozent auf einen direkten Effekt von Organisationaler Demokratie ($b_{yx}$ = 0.17). Ohne die Mediatorprüfung hätte man fälschlicherweise einen deutlich stärkeren Effekt von der Organisationalen Demokratie auf das Organisationale Commitment vermutet, als sich dieser nach Berücksichtigung der Mediatoren tatsächlich erweist.

Was bislang noch nicht geklärt wurde, ist die Frage, ob die Effekte auch signifikant sind. Die statistische Signifikanzbestimmung ist für die direkten, indirekten und totalen Effekte durchzuführen. Bei totalen und direkten Effekten kann die Signifikanzprüfung mittels der in den Regressionsberechnungen angegebenen t-Tests durchgeführt werden. Im Falle des totalen Effekts liefert die Regressionsanalyse nicht nur einen direkten Effekt, der identisch ist mit der Summe aus indirektem und direktem Effekt im Mediatormodell (siehe oben), sondern gleichzeitig auch den Signifikanztest zu diesem Effekt, der dem t-Test des totalen Effekts im Mediatormodell entspricht (vgl. Urban & Mayerl, 2006). Die Bestimmung der Signifikanz des direkten Effekts erfolgt ebenfalls mittels t-Test.

Die Signifikanzprüfung des indirekten Effekts ist leider nicht so einfach möglich (vgl. hierzu Baron & Kenny, 1986). Es existieren drei unterschiedliche Tests, welche verwirrenderweise alle unter dem Begriff „Sobel-Test" firmieren. Mac Kinnon et al. (2006), aber auch Hayes und Preacher (2004) haben auf die unklare begriffliche Unterscheidung der drei verschiedenen Tests hingewiesen. Die unklare Benennung geht nicht zuletzt auf den viel zitierten Artikel von Baron und Kenny (1986) zurück, worin die Autoren bspw. auch die Goodman-Variante des Tests unter dem Begriff Sobel-Test führen. Letztlich sind alle drei Versionen Vorschläge, wie man den für den t-Test benötigten Standardfehler des indirekten Effekts ermitteln kann. Unterschiede zwischen den Testvarianten bestehen darin, ob bzw. inwieweit Interaktionsterme der Standardfehler der direkten Effekte in die Analysen mit einbezogen werden sollen (vgl. Urban & Mayerl). Zur ausführlicheren Auseinandersetzung mit den statistischen Aspekten sei unter anderem auf Urban und Mayerl (2006) und Preacher und Hayes (2004) verwiesen. Für die Signifikanztests der indirekten Effekte wurde im vorliegenden Fall auf das von Preacher an der Universität von Kansas online zur Verfügung gestellte Kalkulationsprogramm zurückgegriffen (vgl. Abbildung 8.13). Für die Berechnung sind mittels Regressionsanalysen die unstandardisierten Koeffizienten und ihre Standardfehler zu generieren: a, $s_a$, b und $s_b$. Als Alternative wird die Berechnung mittels t-Werten angeboten.

| | Input: | | Test statistic: | *p*-value: |
|---|---|---|---|---|
| *a* | | Sobel test: | | |
| *b* | | Aroian test: | | |
| $s_a$ | | Goodman test: | | |
| $s_b$ | | | | |

Abbildung 8.13: Eingabemaske Signifikanztests für indirekte Effekte; Quelle: www.psych.ku.edu/preacher/sobel/sobel.htm

Die Signifikanzprüfung der indirekten Effekte in Schritt 2 erbrachte für beide Mediatoren in allen drei Testvarianten hochsignifikante Ergebnisse. Berichtet seien hier die Werte des Sobel-Tests (Tabelle 8.22):

Tabelle 8.22: Ergebnisse Signifikanzprüfung indirekte Effekte mittels Sobel-Test

| Mediator | Sobel-Test | p-Wert |
|---|---|---|
| Prozedurale Gerechtigkeit (pG) | 7.52775 | 0.000 |
| Soziomoralische Atmosphäre (smA) | 8.85828 | 0.000 |

Zusammenfassend kann festgehalten werden, dass die intervenierende Wirkung der beiden Variablen prozedurale Gerechtigkeit und soziomoralische Atmosphäre durch die Signifikanzprüfung bestätigt wird. Diese Ergebnisse fließen im Folgenden in die Prüfung des bereits in Kapitel 5 vorgestellten Rahmenmodells der Untersuchung mit ein.

## 8.5 Prüfung des Rahmenmodells mit Hilfe von Strukturgleichungsmodellen

### 8.5.1 Methodische Grundlagen

Die hier vorgestellte Untersuchung will aufzeigen, ob und wenn ja, in welchem Maße die Möglichkeit zu demokratischer Teilhabe an betrieblichen und unternehmerischen Entscheidungen die Bindung der Mitarbeitenden an das Unternehmen beeinflusst. Demokratische Teilhabe an Entscheidungsprozessen ist per se kein notwendiges Element einer Arbeitsorganisation. Mitbestimmung – sofern sie über das gesetzlich vorgeschriebene Mindestmaß hinausgeht – muss von den Organisationsmitgliedern gewollt und abgesichert werden. Dies erfolgt einerseits durch die Verankerung in der betrieblichen Verfassung, andererseits aber auch in der entsprechenden Gestaltung von Prozeduren und Aspekten der Unternehmenskultur. Organisationales Commitment ist vielfach untersucht und zahlreiche Entstehungsbedingungen sind bereits nachgewiesen. Soweit bekannt, gibt es allerdings noch keine Untersuchung, welche die hier untersuchte Konstellation von möglichen Einflussmerkmalen abgebildet hätte. Aufgrund der Komplexität des Rahmenmodells wird im folgenden Abschnitt mit Strukturgleichungsmodellen gearbeitet.

Strukturgleichungsmodelle bieten im Gegensatz zu den bisher eingesetzten Verfahren den Vorteil, dass eine Unterscheidung zwischen latenten Variablen und ihren manifesten Indikatoren erfolgt und Messfehler explizit berücksichtigt werden. Zunächst muss hierfür eine Theorie bzw. Hypothese in ein Modell überführt werden. Mit Hilfe von AMOS 7.0 wird das Modell graphisch abgebildet. Das Modell stellt eine statistische Aussage zum Zusammenhang der Variablen dar. Es enthält manifeste Variablen, d.h. direkt beobachtbare Variablen (bzw. Messergebnisse), welche durch rechteckige Felder abgebildet werden und latente Variablen, das sind nicht direkt beobachtbare Variablen (Konstrukte), welche durch Kreise bzw. Ellipsen abgebildet werden. Die Pfade sind im Falle gerichteter Hypothesen durch einfache Pfeile eingezeichnet, Korrelationen werden durch doppelgerichtete Pfeile (ungerichteter Zusammenhang) symbolisiert.

Es lassen sich jeweils zwei Modellkomponenten unterscheiden (siehe Abbildung 8.14): Das *Messmodell* umfasst die Verbindungen einer latenten Variable mit ihren Indikatoren, den manifesten Variablen. Das Messmodell spezifiziert damit die Operationalisierung des Konstrukts. Das *Strukturmodell* beschreibt die Verknüpfung zwischen den latenten Variablen bzw. zwischen latenten Variablen und manifesten Variablen, die nicht als Indikatoren für latente Variablen verwendet werden, und bildet damit die vermuteten Beziehungen auf der Ebene der theoretischen Konstrukte ab.

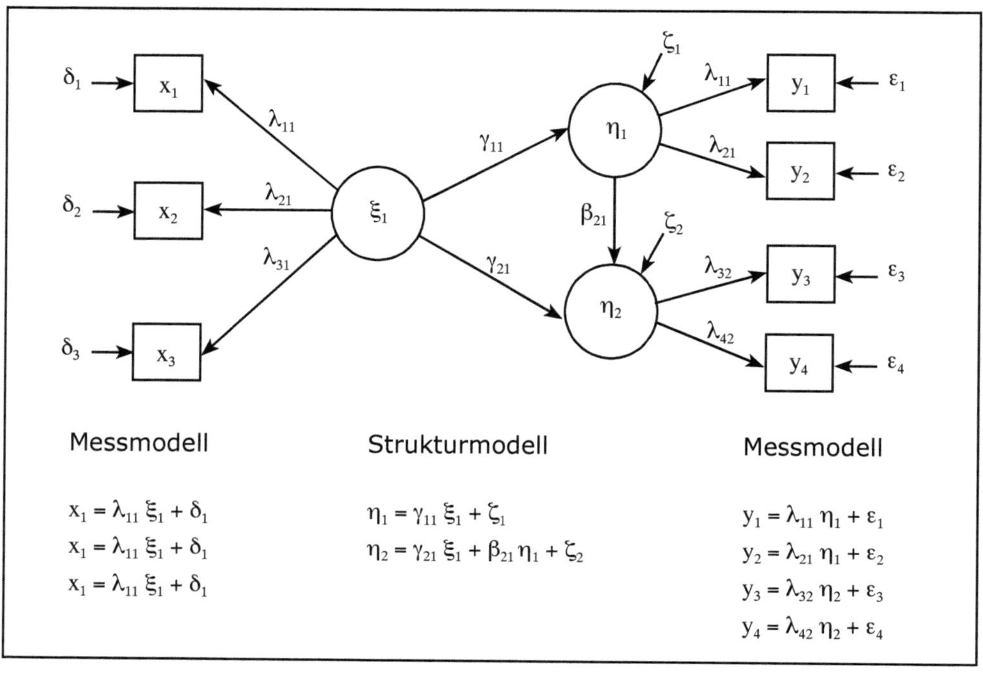


Abbildung 8.14: Strukturgleichungsmodell (vgl. Homburg & Hildebrandt, 1998)

Gegenüber anderen multivariaten Analyseverfahren weisen die Strukturgleichungsmodelle Vorteile auf, die sich vor allem aus der Modellierung der Messfehler ergeben. Damit können auch Kausalbeziehungen auf der Ebene der latenten Variablen geschätzt werden, in denen der Einfluss der Messfehler eliminiert wurde. Die Strukturgleichungsmethodik hat zudem den Vorteil, dass sie alle Beziehungen zwischen den Variablen des Modells simultan analysiert. Die Datengrundlage dafür bilden die Varianzen und Kovarianzen der beobachtbaren Variablen.

Die Güte des geschätzten Modells besteht in der Prüfung, wie gut die theoretischen Annahmen, die in den Daten beobachteten Beziehungen erklären. Dafür steht eine breite Palette an Fit-Indizes zur Verfügung. Dabei ist zu beachten, dass die Fit-Maße nur Auskunft über einen Mangel an Fit geben und keine Auskunft über die Plausibilität des Modells (Byrne, 2001). Der Untersuchende muss die Güte des Modells an Hand von theoretischen, statistischen und praktischen Überlegungen selbst beurteilen. Dennoch werden verschiedene Empfehlungen ausgesprochen. Kline (1998) beispielsweise empfiehlt zur Beachtung die Maße CMIN, df, p, RMSEA, GFI, NFI, CFI und NNFI.

Nach Byrne (2001) gelten folgende Fit-Indizes als akzeptabel:

- Goodness-of-Fit statistics >.90
- Chi² nicht signifikant
- Parsimony-fit-indices >.50 (PNFI, PGFI, CMIN/df, AIC)

Als weitere Maße, die für einen akzeptablen Fit sprechen, gelten die Incremental Fit Indices (NFI, TLI >.90) sowie RMSEA und RMSR mit <.08.

### 8.5.2 Prüfung Rahmenmodell

In der folgenden Abbildung 8.15 ist das ursprüngliche Rahmenmodell in Form eines Strukturgleichungsmodells mit den latenten Variablen und ihren jeweiligen Indikatoren (manifesten Variablen) abgebildet. Auf die Abbildung der Fehlerterme und Residuen wird zugunsten der besseren Lesbarkeit verzichtet. Das in Abbildung 8.15 dargestellte Modell beinhaltet alle erhobenen manifesten Variablen mit den entsprechenden Konstrukten (latente Variablen in ovalen Kreisen). Die latenten Variablen sind durch gerichtete Koeffizienten verbunden. Ein kurzer Blick auf die Fit-Maße genügt bereits, um festzustellen, dass das Modell in der vorliegenden Form keine akzeptable Abbildung in den empirischen Daten findet.

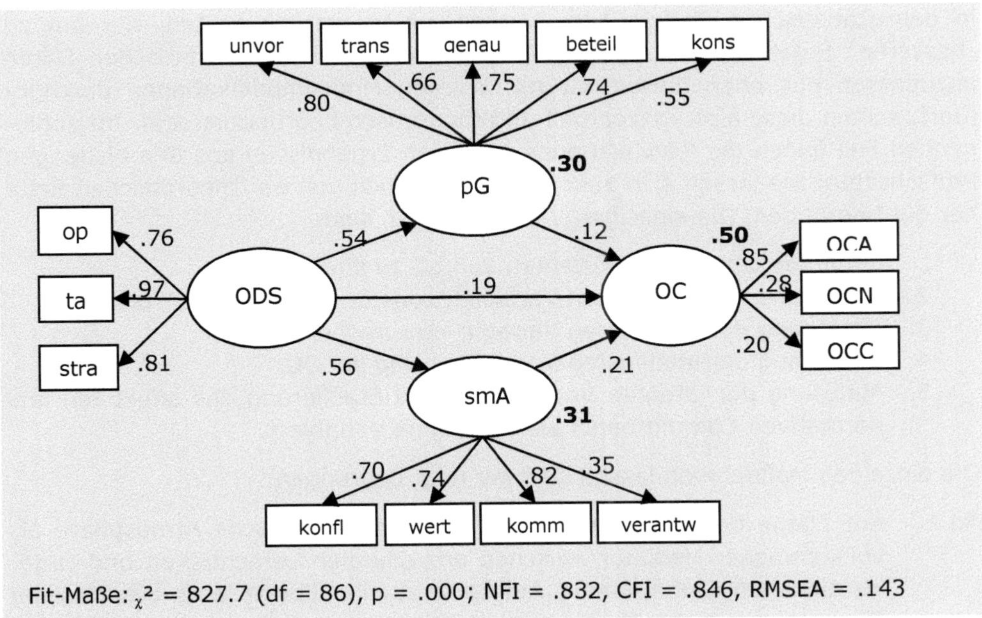


Abbildung 8.15: Ursprüngliches Rahmenmodell der Untersuchung mit Darstellung der signifikanten Pfadkoeffizienten sowie der verschiedenen Fit-Indizes

Die relevanten Fit-Indizes wie NFI und CFI liegen unter der empfohlenen Untergrenze (> 0.9), der RMSEA liegt mit .143 weit über dem kritischen Wert (.60 beziehungsweise .80). Insgesamt spricht dies für keine gute Passung zwischen Modell und Daten. Dieses Ergebnis ließ sich bereits erahnen. Gründe dafür liegen im fehlenden Pfad von der prozeduralen Gerechtigkeit zur soziomoralischen Atmosphäre, möglicherweise aber auch bei einigen manifesten Variablen, die durch mäßige Koeffizienten auffallen. Dies sind:

— prozedurale Gerechtigkeit: kons (Konsistenz) mit .55
— soziomoralische Atmosphäre: verantw (Verantwortung) mit .35
— Organisationales Commitment: abwäg (abwägend) mit .20

Dementsprechend wird ein modifiziertes Modell formuliert, welches im nächsten Abschnitt vorgestellt werden soll.

### 8.5.3 Modifiziertes Modell

Die Arbeit mit Strukturgleichungsmodellen hat sich seit der Entwicklung moderner Softwarepakete wie AMOS oder LISREL stark vereinfacht und ermöglicht es mit wenig Aufwand Parameter zu verändern. Dies ist einerseits sehr hilfreich für den Forscher, gleichzeitig aber auch sehr verführerisch. Auch für die Strukturgleichungsmethodik gilt der Grundsatz, dass keine willkürlichen Veränderungen in den statistischen Prüfmodellen vorgenommen werden sollten, nur um zu „besseren" Ergebnissen zu gelangen bzw. das Modell den empirischen Daten anzupassen aus eben diesem Grund. Werden Modellmodifikationen durchgeführt, sollten diese also konzeptuell und theoretisch begründbar sein. Im vorliegenden Fall folgen die Modifikationen zwar den Ergebnissen aus den bisherigen Prüfschritten. Sie lassen sich aber gleichzeitig auch von der theoretischen Seite her gut begründen. Die einzelnen Veränderungen sind:

1. Aufnahme des Pfadkoeffizienten von pG zu smA
2. Entfernung der manifesten Variablen *kons* und *beteil* bei der pG
3. Entfernung der manifesten Variable *verantw* bei der smA
4. Entfernung der manifesten Variable *abwäg* bei OC
5. Auflösung der latenten Variable OC und Etablierung des affektiven und normativen Commitments als abhängige Variablen

Die einzelnen Maßnahmen lassen sich wie folgt begründen:

Ad 1. Auf Ebene der Daten erwies sich die soziomoralische Atmosphäre als vollkommener Mediator zwischen prozeduraler Gerechtigkeit und Organisationalem Commitment. Auf konzeptueller Ebene lässt sich dies mit Elementen aus der Theorie von Kohlberg zum Moralerwerb (1996) begründen. Hier werden gerechte und faire Verfahren als eine der Entstehungsbedingungen für eine soziomoralische Atmosphäre beschrieben (vgl. Kapitel 4).

Ad 2. Die Begründung für die Entfernung der beiden manifesten Variablen Konsistenz und Beteiligung beim Konstrukt prozedurale Gerechtigkeit ist neben dem niedrigen Koeffizienten von Konsistenz vor allem der Ähnlichkeit der beiden Variablen auf Itemebene mit der Organisationalen Demokratie (ODS) geschuldet. Sowohl Beteiligung als auch Konsistenz fragen nach der Möglichkeit der Mitbestimmung bzw. Beteiligung an betrieblichen Entscheidungsprozessen. Diese Information ist aber bereits in den drei manifesten Variablen der Organisationalen-Demokratie-Struktur enthalten.

Ad 3. Die Entfernung der Variable Verantwortung aus dem Messmodell der soziomoralischen Atmosphäre trägt der inadäquaten Operationalisierung der Konstruktinhalte Rechnung. Bereits bei der Prüfung der Güte der Verfahren musste auf diesen wenig erfreulichen Aspekt verwiesen werden. Von den vier Items der Subskala mussten zwei Items herausgenommen werden. Die Reliabilität der Subskala ist nicht ausreichend.

Ad 4. Das abwägende Commitment wird nicht vorrangig aufgrund des niedrigen Koeffizienten herausgenommen, vielmehr wurde bereits bei der Hypothesenformulierung die Vermutung geäußert, dass ein Effekt der Prädiktoren auf das abwägende Commitment nur schwerlich anzunehmen ist. Die Begründung dafür ist in Kapitel 5.2 ausgeführt.

Ad 5. Durch die Streichung des abwägenden Commitment verbleiben das affektive und das normative Commitment im Modell. Beide Commitment-Dimensionen zeichnen sich sowohl durch unterschiedliche Entstehungsbedingungen als auch durch unterschiedliche Konsequenzen und Wirkungen aus (siehe Kapitel 3). Diesen, auf zahlreichen Studien beruhenden Ergebnissen Rechnung tragend, werden die beiden manifesten Variablen direkt in das Modell aufgenommen.

Werden die Modifikationen alle vorgenommen, zeigt sich das Modell wie in Abbildung 8.16 dargestellt. Die Pfadkoeffizienten folgen den Ergebnissen der vorangegangenen Regressionsanalysen und den vorgestellten praktischen und theoretischen Ableitungen. Das modifizierte Modell erreicht relativ zufrieden stellende Fit-Maße. NFI und CFI bewegen sich mit .975 und .985 näher bei 1.0 als bei .90. Der RMSEA liegt mit .056 deutlich unter der kritischen Marke von .08 bzw. bei strenger Prüfung von .06. Der Chi-Quadrat-Test fällt leider signifikant aus. Byrne (2001) stellt die Forderung nach Nicht-Signifikanz, weist aber gleichzeitig darauf hin, dass bei größeren Stichproben, wie hier bei N= 420, die Effekte rasch signifikant werden. Da alle anderen Fit-Indizes die Kriterien ohne weiteres erfüllen, kann die Signifikanz toleriert werden. Insgesamt wird das Model durch die empirischen Daten gut abgebildet. Die Verbesserung des Modells durch die Modifikationen schlägt sich auch in der aufgeklärten Varianz nieder. Während im ursprünglichen Modell 50 Prozent der Varianz des Organisationalen Commitments durch Prädiktor und Mediatoren aufgeklärt wurden, sind es nun insgesamt 62 Prozent (45 Prozent AC + 17 Prozent NC, siehe Abbildung 8.16). Bei der prozeduralen Gerechtigkeit sinkt die Varianzaufklärung von 30 auf 24 Prozent ab, dafür erhöht sich der aufgeklärte Anteil der soziomoralischen Atmosphäre von ursprünglich 31 Prozent auf rund 90 Prozent.

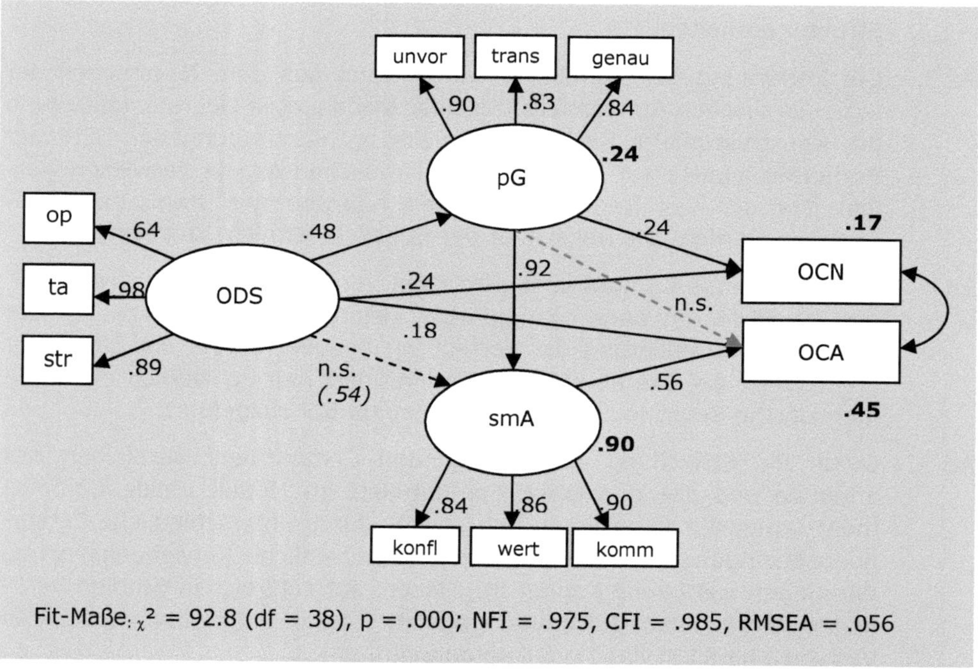


Abbildung 8.16: Modifiziertes Untersuchungsmodell

### *Affektives Commitment*

Der Blick auf die Pfadkoeffizienten zeigt einen wirkkräftigen Weg von der Organisationalen Demokratie über die prozedurale Gerechtigkeit und soziomoralische Atmosphäre zum affektiven Commitment (vgl. schematische Darstellung in Abbildung 8.17). In diesem Gefüge finden sich zwei Mediatoreffekte. Zunächst mediiert die prozedurale Gerechtigkeit den Zusammenhang ODS – smA vollständig, dann findet sich derselbe Effekt (vollständige Mediation) beim Zusammenhang pG – OCA, mediiert durch die soziomoralische Atmosphäre. Zusätzlich wirkt die Organisationale Demokratie noch direkt auf das affektive Commitment ein.

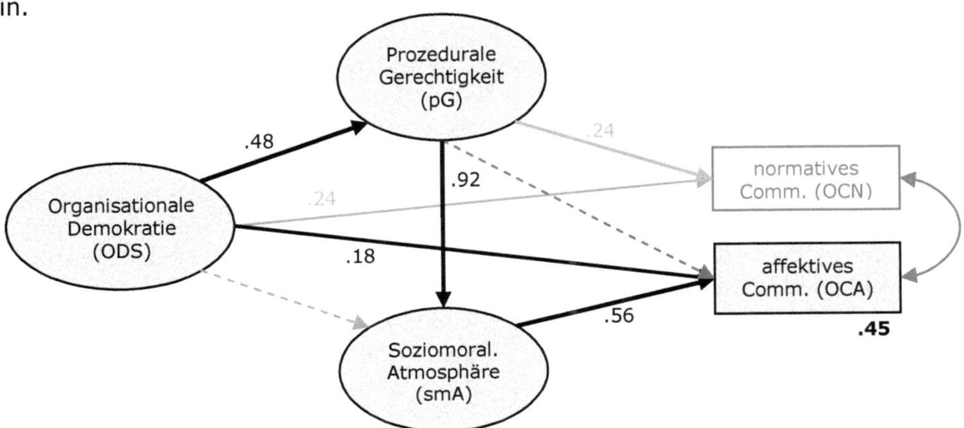


Abbildung 8.17: Schematische Darstellung Wirkgefüge ODS, pG, smA auf OCA

### *Normatives Commitment*

Das normative Commitment wird durch die soziomoralische Atmosphäre nicht signifikant beeinflusst. Die Effekte, die zu den 17 Prozent Varianzaufklärung der Variable führen, sind ein direkter Effekt von ODS zu OCN, sowie ein indirekter Effekt über die prozedurale Gerechtigkeit (partielle Mediation, siehe schematische Darstellung in Abbildung 8.18).

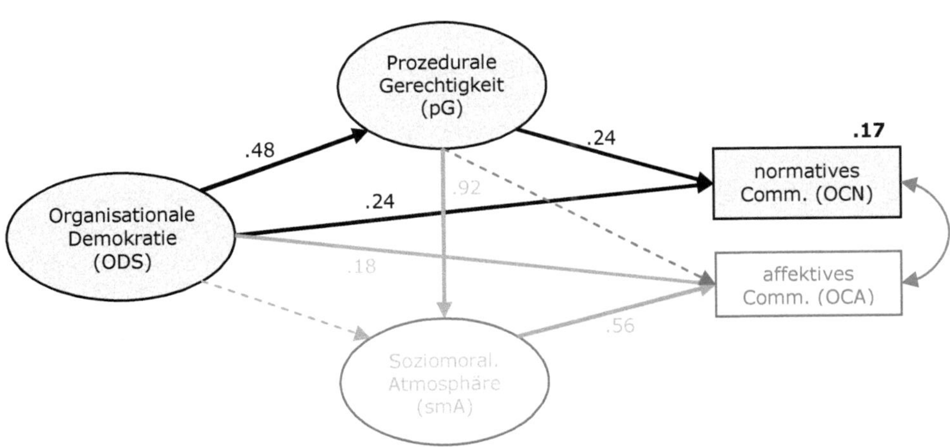


Abbildung 8.18: Schematische Darstellung Wirkgefüge ODS, pG, smA auf OCN

### 8.5.4 Zusammenfassende Bewertung der Modellprüfungen

Die zentrale Fragestellung der vorliegenden Untersuchung beschäftigt sich mit der Frage nach dem Einfluss von beteiligungsorientierten Strukturen und Verfahrensweisen auf die psychologische Bindung der Mitarbeitenden an ihr Unternehmen. Im Hintergrund steht die Vermutung, dass mit zunehmender Entscheidungsbeteiligung die emotionale und normative Bindung an die Organisation zunimmt. Aspekte eines beteiligungsorientierten Unternehmensansatzes sollten sich unter anderem in der Art der Prozessgestaltung und in einer spezifischen Form des Betriebsklimas abbilden und wieder finden lassen. Beide Organisationsmerkmale beeinflussen den Zusammenhang von Organisationaler Demokratie und den beiden Commitment-Dimensionen. Die Überprüfungen dieser Annahmen mit Hilfe der Strukturgleichungsmethode führen zu positiven Ergebnissen, d.h. affektives und normatives Commitment sind durch Organisationale Demokratie, prozedurale Gerechtigkeit und soziomoralische Atmosphäre positiv beeinflusst. Das affektive Commitment der Befragten kann durch diese Wirkfaktoren zu 45 Prozent erklärt werden.

Die Modifikationen des ursprünglichen Modells anhand praktischer und konzeptueller Überlegungen führen zu einem guten Fit zwischen dem formulierten Modell und den empirischen Daten (NFI = .975, CFI = .985, RMSEA = .059, $\chi^2$= 92.8, df = 38, p = .000). Generell kann damit festgehalten werden, dass mit zunehmender Entscheidungsbeteiligung, welche auch taktische und strategische Fragestellungen umfasst, affektives und normatives Commitment der Unternehmensmitglieder zunehmen. Dabei ist es von Bedeutung, dass die Verfahrensweisen als fair und nachvollziehbar erlebt werden und ein positives und wertschätzendes Unternehmensklima vorherrscht.

Eine weitere Bestätigung dieser Ergebnisse erhält man, wenn die Stichprobe aufgeteilt wird in jene Unternehmen, bei denen der Unternehmensmittelwert von ODS größer gleich 4.0 ist und in jene Unternehmen, bei denen der Unternehmensmittelwert von ODS unter 4.0 liegt. Damit enthält die erste Teilstichprobe jene Unternehmen, in denen die Unternehmensmitglieder (N = 86) eine durchschnittliche Entscheidungsbeteiligung von *wenigstens* verbindlicher Mitwirkung angeben. In dieser Stichprobe sammeln sich vor allem die Unternehmen der Unternehmenstypen 5 und 6, in denen die Unternehmensmitglieder über eine substanzielle Entscheidungsbeteiligung verfügen. Mit den Fit-Indizes von NFI =.943, CFI = .995, RMSEA = .033, $\chi^2$= 41.4 (df = 38), p = .323 zeigt das Modell für diese Stichprobe noch einmal eine bessere Passung als im Gesamtdatensatz. In der zweiten Teilstichprobe, in denen sich die Unternehmen sammeln, die einen Unternehmensmittelwert von unter 4.0 erreichen, zeigen die Fit-Maße nach wie vor gute Werte: NFI = .968, CFI = .981, RMSEA = .063, $\chi^2$= 88.1 (df = 38), p = .000 bei N = 334. Es zeigt sich aber insgesamt, dass das Modell besser die Datenlage der Unternehmen mit hohem Demokratiegrad abzubilden vermag als jene von Unternehmen mit geringer ausgeprägter Mitbestimmung.

# 9 Zusammenfassung und Diskussion

*Wann immer wir verändern,*
*sollten wir Raum für weitere Veränderungen lassen.*
*Wir sollten uns umblicken und prüfen,*
*um festzustellen, was wir bewirkt haben.*
*Dann können wir mit Zuversicht fortfahren.* [16]

Edmund Burke

Unter dem Stichwort *Organisationale Demokratie* beschäftigt sich die vorliegende Untersuchung mit Fragen der Mitarbeiterbeteiligung und deren Einfluss auf die affektive und normative Bindung von Mitarbeitern an ihr Unternehmen. Im Zentrum der Untersuchung stehen so genannte basisdemokratische bzw. selbstverwaltete Unternehmen. Die Arbeit will damit die in der organisationspsychologischen Forschung bislang stark vernachlässigte Organisationsform selbstverwalteter Unternehmen neu in den Blick rücken. Hinter diesem Untersuchungsanliegen steht die Überzeugung, dass die substanzielle Teilhabe, d.h. die Beteiligung von Organisationsmitgliedern an unternehmensrelevanten Entscheidungen sowie auch am Unternehmenskapital, einen wesentlichen Beitrag zur Bindung der Mitglieder an ihr Unternehmen leistet. Dabei werden in der vorliegenden Studie gleichzeitig die Auswirkungen der Beteiligungsmöglichkeiten auf bestimmte Klima- und Verfahrensmerkmale der Organisation und deren Einfluss auf das Commitment untersucht. Es wird mit einem Untersuchungsmodell gearbeitet, welches neben der Organisationalen Demokratie als Prädiktor und den zwei Commitment-Dimensionen als abhängigen Variablen zwei zusätzliche Mediatoren beinhaltet. Diese beiden Mediatoren, prozedurale Gerechtigkeit und soziomoralische Atmosphäre, sind zwischen Prädiktor und Kriterium geschaltet und beeinflussen den Zusammenhang zwischen der Organisationalen Demokratie und den beiden Commitment-Dimensionen. Graphisch veranschaulicht lassen sich die Zusammenhänge wie folgt darstellen:

[16] Vgl. Zimmer, 1995

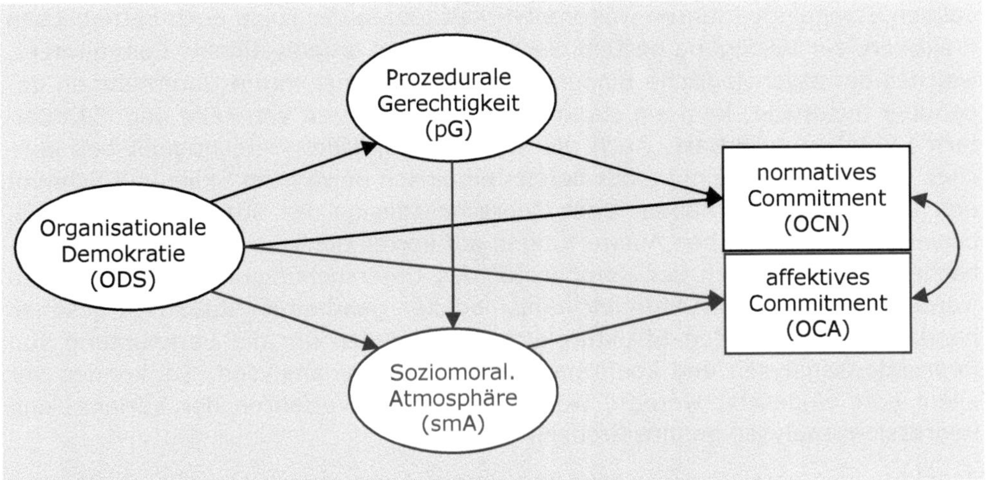


Abbildung 9.1: Untersuchungsmodell der Studie

Die Stichprobe umfasst insgesamt 420 Datensätze von Mitarbeitenden aus 30 Unternehmen. Die Unternehmen wurden zu einem großen Teil im Zuge des vom österreichischen Bundesministerium für Bildung, Wissenschaft und Kultur geförderten Forschungsprojekts ODEM[17] untersucht. Weitere Unternehmen konnten im Zuge eigener Untersuchungen gewonnen werden. Diese 30 Unternehmen gewährleisten durch ihre jeweiligen Organisationsformen - von bürokratisch über genossenschaftlich bis hin zu selbstverwaltet - eine breite Varianz in der unabhängigen Variable, der Organisationalen Demokratie. Die Ergebnisse basieren auf einer quantitativen Fragebogenuntersuchung. Im Sinne einer Triangulation wurden die quantitativen Daten durch qualitative Informationen aus leitfadengestützten Interviews mit mindestens jeweils einem betrieblichen Experten vor Ort, Betriebsbegehungen sowie aus umfassenden Dokumentenanalysen ergänzt.

Das Ausmaß der Beteiligung der Unternehmensmitglieder als Ausdruck des Demokratiemaßes im Unternehmen wurde über ein eigens entwickeltes Verfahren zur Analyse der Organisationalen-Demokratie-Struktur (Weber, 2004) erfasst. Auch das Verfahren zur Erhebung der soziomoralischen Atmosphäre wurde neu entwickelt (Weber et al., 2004). Es soll in weiteren Untersuchungen zu einem

---

17 Das Forschungsprojekt ODEM (Organisationale Demokratie - Ressourcen für soziale, demokratieförderliche Handlungsbereitschaften) wurde am Institut für Psychologie an der Universität Innsbruck unter der Leitung von Univ.-Prof. Dr. Wolfgang G. Weber in den Jahren 2004 bis 2006 durchgeführt und vom österreichischen Bundesministerium für Bildung, Wissenschaft und Kultur im Rahmen des Forschungsprogramms >node< new orientations for democracy in europe finanziert.

validen Screeningverfahren weiterentwickelt und in der Folge auch betrieblichen Praktikern zur Verfügung gestellt werden. Für das organisationale Commitment, welches die psychologische Bindung der Arbeitnehmer ihrem Unternehmen gegenüber ausdrückt, kam ein standardisiertes Verfahren von Felfe und Mitarbeitern (2004) zum Einsatz. Auch die Wahrnehmung der Gerechtigkeit betrieblicher Verfahren wurde mit einer bereits empirisch bewährten Skala von Schmidt und Dörfel (1995) erhoben. Dem Querschnittdesign der Studie entsprechend, basieren die statistischen Auswertungen auf korrelations- und regressionsanalytischen Verfahren. Um der Komplexität des Untersuchungsmodells gerecht zu werden, wurde mit Strukturgleichungsmodellen gearbeitet. Statistisch gesehen handelt es sich bei den Strukturgleichungsmodellen um die Verknüpfung von Regressionsanalysen und konfirmatorischen Faktorenanalysen. Sie können vor allem dort eingesetzt werden, wo die bekannten Verfahren der Varianz- und Regressionsanalysen an ihre Grenzen stoßen.

Aspekte eines beteiligungsorientierten Unternehmensansatzes sollten sich unter anderem in der Art der Prozessgestaltung und in einer spezifischen Form des Betriebsklimas abbilden lassen. Beide Organisationsmerkmale beeinflussen den Zusammenhang von Organisationaler Demokratie und den beiden Commitment-Dimensionen. Die Überprüfungen dieser Annahmen mit Hilfe der Strukturgleichungsmethode führen zu positiven Ergebnissen, d.h. affektives und normatives Commitment sind durch Organisationale Demokratie, prozedurale Gerechtigkeit und soziomoralische Atmosphäre positiv beeinflusst. Generell kann damit festgehalten werden, dass mit zunehmender Entscheidungsbeteiligung, welche auch taktische und strategische Fragestellungen umfasst, affektives und normatives Commitment der Unternehmensmitglieder zunehmen. Dabei ist es von Bedeutung, dass die Verfahrensweisen als fair und nachvollziehbar erlebt werden und ein positives und wertschätzendes Unternehmensklima vorherrscht.

Was in der vorliegenden Arbeit leider nicht abschließend geklärt werden konnte, ist der Zusammenhang zwischen den beiden Untersuchungsmerkmalen *prozedurale Gerechtigkeit* und *soziomoralische Atmosphäre*. Dies ist durchaus kritisch anzumerken, beruht aber auf der Tatsache, dass in der ursprünglichen ODEM-Studie aus ökonomischen Gründen auf die Erhebung der interaktionalen Gerechtigkeit verzichtet worden war, sodass ein direkter Abgleich der Inhalte der beiden Konstrukte hier empirisch nicht geleistet werden kann. Obwohl die Konzeption der soziomoralischen Atmosphäre aus einer Forschungsrichtung stammt, die sich unabhängig von der *justice-in-organizations*-Forschung mit den Anregungspotenzialen für die moralische (Weiter)Entwicklung in Arbeitsorganisationen beschäftigt, besteht eine große inhaltliche Nähe zu Aspekten der interaktionalen Gerechtigkeit. Die hohe Interkorrelation mit der prozeduralen Gerechtigkeit in der vorliegenden Untersuchung unterstreicht diese Annahme. Unter der Berücksichtigung, dass das Verfahren zur Erhebung der soziomoralischen Atmosphäre von der Forschungsgruppe um Weber zu einem wissenschaftlich fundierten und die psychometrischen Gütekriterien erfüllenden Analyseverfahren weiter entwickelt werden soll, ist die Klärung dieser Zusammenhänge bzw. der Distinktheit der Konstrukte in weiteren Untersuchungen dringend zu leisten.

Deutlich hingegen fallen die Ergebnisse zum Einfluss beteiligungsorientierter Strukturen und Verfahren auf die Klima- und Verfahrensmerkmale der Organisationen aus. Mit ansteigendem Beteiligungsgrad der Mitarbeiter werden die betrieblichen Verteilungsverfahren zunehmend als fair bewertet. Entscheidungsfindungen werden dann als gerecht erlebt, wenn gewisse Kriterien wie Beteiligung, Transparenz, Unvoreingenommenheit, Genauigkeit und die konsistente Anwendung definierter Entscheidungskriterien Berücksichtigung finden. Dies geschieht in Unternehmen, die sich durch strukturell verankerte Mitbestimmungsmöglichkeiten auszeichnen konsequenter und für die Mitarbeitenden überzeugender als in bürokratischen Unternehmen. Damit ist nicht ausgesagt, dass dies immer so sein muss. Es wird aber anhand der vorliegenden Daten noch einmal deutlich, dass verfassungsmäßig verankerte Werte eine Organisation in ihren Strukturmerkmalen, wie auch in ihrer Kultur, wesentlich prägen und die Ausgestaltung dieser Organisationsmerkmale ein Stück weit der Willkür der handelnden Personen entziehen. Dieses generelle Ergebnis wird ergänzt durch die Erkenntnis, dass die soziomoralische Atmosphäre – welche auch als Manifestation einer wertschätzenden Unternehmenskultur verstanden werden kann – mit 90 Prozent beinahe vollständig durch die beteiligungsorientierten Struktur- und Verfahrensmerkmale erklärt werden kann.

Dies lenkt den Blick auf den bestimmenden Einfluss von Strukturen und Rahmenbedingungen auf die Unternehmenskultur: „Kultur ist der Schatten der herrschenden Verhältnisse" (Wohland & Wiemeyer, 2006). Moderne Organisationen von heute sind gefordert, ihre Mitglieder zu hegen und zu pflegen. Kein Unternehmen kann Identifikation und Commitment erwarten, das seinen Mitarbeitenden nicht Fürsorge und Wertschätzung entgegen bringt. Dabei wird allerdings gerne auf die Bedeutsamkeit der Unternehmensstruktur vergessen und damit auf die das Unternehmen prägenden Verhältnisse. Wertschätzung ersetzt keinesfalls klare Strukturen: die Rahmenbedingungen, Verhältnisse müssen stimmen, sie stellen eine Notwendigkeit für effizientes Arbeiten dar. Die Kunst moderner Organisationsgestaltung liegt demnach darin, Unternehmensstrukturen zu entwickeln, welche sich durch Klarheit, Transparenz und Verbindlichkeit auszeichnen und damit auch durch Regeln, die dabei aber gleichzeitig den Menschen als werteorientiertes und nach Autonomie strebendes Individuum nicht aus dem Blick lassen, sondern ihm vielmehr die Möglichkeit bieten, seine individuellen Talente zur Lösung der jeweiligen Aufgabenstellung einzubringen. Übertragen auf Organisationsentwicklung bzw. Change Management, bedeutet dies vor allem an der Veränderung der Verhältnisse zu arbeiten:

> Kultur ist die unruhige Abbildung der Verhältnisse. Sie provoziert zum Bewahren und zum -> Lernen. Als Abbild (Schatten) entwickelt sie sich nur mit den Verhältnissen, die sie abbildet. Daher kann sich keine Organisation die Kultur aussuchen, die in ihr wirksam ist. Nur wenn sich die Verhältnisse ändern, ändern sich die Erkenntnisse und Erfahrungen, die die Kultur als Gedächtnis aufbewahrt. Es ist daher sinnlos, von einer Organisation eine bestimmte Kultur zu fordern. Wird eine Kultur durch Belehrung oder Forderung nach bestimmten Werten, die »gelebt« werden sollen belästigt, erscheinen ihre Träger als renitent, stur und konservativ. Kulturentwicklung als Erziehung von Menschen endet immer in einer -> Havarie. Weil das Kulturproblem nicht aus der Dummheit oder dem bösem Willen einzelner Personen besteht, kann es durch Belehrung und Ermahnung nicht gelöst werden. (...) Kultur ist der Schatten der herrschenden Verhältnisse. Sie ist -> kausal »hinten« und kann nur indirekt verändert werden. Da sie nicht Ursache, sondern Ergebnis der Verhältnisse ist, braucht sie nicht entwickelt zu werden. Wenn es gelingt, die Verhältnisse zu ändern, verändert sie sich von allein. (Wohland & Wiemeyer, 2006, S. 9 ff.)

Eine Veränderung der Verhältnisse war und ist das Ziel aller Ansätze im Bereich von Reformunternehmen, basisdemokratischen Unternehmensmodellen und letztlich auch des ursprünglichen Genossenschaftsgedankens. Was durch frühe Utopisten wie Thomas More (1478 – 1535), Sozialutopisten in Frankreich wie Henri de Saint-Simon (1760 – 1825), Charles Fourier (1772 – 1832) sowie in England durch Jeremy Bentham (1748 – 1832) und Robert Owen (1771 – 1858) grundgelegt und durch die redlichen Pioniere von Rochdale in der Mitte des 19. Jahrhunderts erstmals über längere Zeit hin erfolgreich realisiert wurde, lässt sich heute im sicherlich erfolgreichsten Genossenschaftsexperiment aller Zeiten, der *Mondragón Corporación Cooperativa (MCC)* im spanischen Baskenland wieder finden.

Der Unternehmenskomplex Mondragón umfasst heute an die 270 Unternehmen weltweit, wovon rund die Hälfte Genossenschaftsunternehmen sind. Inzwischen arbeiten mehr als 103.000 Menschen in diesen Unternehmen. Innerhalb der Genossenschaftsunternehmen sind rund 81 Prozent nach wie vor Genossenschaftler und damit Eigentümer der Unternehmen. Der geistige Grundstein für dieses seit über 50 Jahren erfolgreiche Experiment wurde von dem jungen Jesuiten und Priester Don José María Arizmendiarrieta (1915 – 1976) gelegt. Er strebte nach einem solidarischen Miteinander, in Form dessen, was er den „3. Weg“ zwischen ungezügeltem Kapitalismus und zentralisiertem Sozialismus nannte: Ein den Arbeitern gehörendes und von ihnen verwaltetes Unternehmen, welches Gemeinschaftsnutzen mit individuellen Anreizen verbindet (Berger, 2004). Was ihn quasi zu einem Realutopisten macht, ist nicht allein die Tatsache, dass das Mondragon-Experiment bis heute läuft, sondern vielmehr sein Drängen die Verhältnisse zu gestalten und nicht in Reflektionen und Theorien zu verharren. Er sah sich als Realist und plädierte dafür, nicht in einer „Traumwelt" zu leben, sondern die Welt zu verändern, indem man den realen Bedingungen ins Gesicht sieht und in der Praxis Handlungen setzt.

Heute beschreibt der Vorstandsvorsitzende José María Aldecoa das Wesen dieser „realen Utopie" wie folgt: „Die Mission von MONDRAGON verbindet die grundsätzlichen Ziele eines Unternehmens, das im Wettbewerb auf internationalen Märkten steht, mit dem Einsatz demokratischer Methoden in seiner Gesellschaftsstruktur und seinem speziellen Wirken zur Schaffung von Arbeitsplätzen, der menschlichen und beruflichen Förderung seiner Beschäftigten und der Verpflichtung gegenüber der Entwicklung seiner sozialen Umgebung[18]." Die Kriterien für ein langfristig erfolgreiches Genossenschaftsunternehmen lauten nach Don José:

- freier Beitritt zur Genossenschaft bei fachlicher Eignung und Bereitschaft zur Verantwortungsübernahme als Genossenschaftler
- obligatorische Kapitaleinlage bei Beitritt (ca. ein Jahresgehalt)
- Kapitalgewinnung über Mitgliedschaften (max. 10 % Nichtmitglieder pro Genossenschaftsunternehmen)
- Gewinn-, aber auch Verlustbeteiligung der Mitglieder
- Gewinn kommt zuerst den Rücklagen der Genossenschaft zugute, in zweiter Linie dem Kapital des Mitglieds
- Gehaltsspanne im Unternehmen max. 1:4,5 Bruttogehalt zwischen dem schlechtestbezahlten und dem bestbezahlten Genossenschaftler; reales Verhältnis 1:3 (Nettogehalt) zwischen einfachem Arbeiter und Manager.
- Begrenzte Unternehmensgröße: max. 500 Mitarbeiter pro Unternehmen/Genossenschaft; wird diese Anzahl überschritten erfolgt eine Genossenschaftsneugründung
- Ziel aller Unternehmensaktivitäten: Schaffung von Arbeitsplätzen
- Unterstützende Kooperativen (Genossenschaften 2. Ordnung): eigene Bank, Sozialversicherungsanstalt, Ausbildungszentren und Universität, Forschungs- und Entwicklungszentren sichern Mitglieder der Genossenschaften

Gerne möchte man in Zeiten der Finanz- und Wirtschaftskrise dieses Unternehmensmodell in weiten Teilen der Wirtschaft verbreitet sehen. Während in ande-

---

[18] Quelle: http://www.mondragon.mcc.es/ale/quienessomos/presidente.html, 21.02.2009

ren Großunternehmen externe Shareholder vom Unternehmenserfolg profitieren, sind es hier die Mitarbeiter und können damit nicht nur als Stakeholder, sondern als die eigentlichen, internen Shareholder betrachtet werden. Erwirtschaftete Gewinne verbleiben zum überwiegenden Teil im Unternehmen, und selbst mit den an die Mitglieder verteilten Gewinnen kann die Kooperative weiterarbeiten, da diese auf Kapitalkonten bei der eigenen Genossenschaftsbank angelegt sind. Zehn Prozent der Gewinne gehen in einen Sozialfonds, der regionalen Unterstützungs- und Entwicklungsprojekten zu Gute kommt. Eine definierte maximale Gehaltsspanne zwischen Führung und Arbeiter hält einer Elitenbildung entgegen. Die Beteiligung der Genossenschaftsmitglieder auch am wirtschaftlichen Verlust dämmt die in so vielen Unternehmen beklagte Verantwortungsdelegation ein. Zentraler Unternehmensauftrag ist die Schaffung und lebenslange Sicherung von Arbeitsplätzen.

Eine exemplarische Gegenüberstellung der Unterschiede zwischen dem Mondragón-Modell und klassischen kapitalistischen Unternehmensmodellen findet sich bei MacLeod (1997):

Tabelle 9.1: Unterschiede zwischen dem Montragón-Modell und dem kapitalistischen Unternehmensmodell nach MacLeod (1997)

| **Mondragón-Modell** | **Kapitalistisches Modell** |
|---|---|
| Vorrang der Personen. | Vorrang des Finanziellen, d.h. das Ziel ist der größtmögliche und schnellste Return of Investment. |
| Personen sind Teil der Unternehmung und Teil des Unternehmenszwecks. Verpflichtung lebenslange Beschäftigung für die Mitglieder zur Verfügung zu stellen. | Personen werden als „Mittel" zur Zielerreichung angesehen und sind austauschbar. |
| Die Unternehmenspolitik ist auf das langfristige Wohl der Gesellschaft ausgelegt. | Die Unternehmenspolitik ist auf kurzfristige Profite ausgerichtet. |
| Die Schaffung von Arbeitsplätzen wird als Erfolg gewertet. | Die Reduktion von Arbeitsplätzen wird als Erfolg gewertet. |
| Zugang zum externen Kapitalmarkt wird weitestgehend vermieden. | Vorrangig Zugang zum externen Kapitalmarkt. |
| Gewinne und Verluste werden proportional auf alle *Genossenschafter* verteilt. | An den Profiten haben nur einige wenige Teil. Verluste treffen alle (z.B. durch niedrigere Gehälter...). |

Die hier aufgeführten Unterschiede treffen sicherlich nicht auf alle Unternehmen kapitalistischer Prägung in gleicher Weise zu, sondern beschreiben wohl vorrangig börsenotierte Unternehmen. Die Übersicht kann dennoch auch auf die in der vorliegenden Studie untersuchten Unternehmen und die Unterscheidung zwischen demokratischen und bürokratischen Unternehmensformen übertragen werden. Und so verwundert es nicht weiter, dass das in den Ergebnissen beschriebene Wirkgefüge wesentlich besser die Effekte in den demokratischen Unternehmen abbildet als jene in den bürokratischen Unternehmen. Damit liefert die Studie einen wichtigen Erkenntnisfortschritt auf einem Gebiet mit hoher praktischer Relevanz. Wie die Ergebnisse belegen, nimmt die demokratische Teilhabe von Unternehmensmitgliedern an betrieblichen Verteilungs- und Entscheidungsfragen signifikanten Einfluss auf deren emotionale und normative Bindung und unterstützt damit die Identifikation und das Gefühl der Verbundenheit der Mitglieder mit dem Unternehmen. Diese Merkmale sind wiederum mit der Erwartung hoher Leistungs-, sowie hoher Teilnahmebereitschaft in Form geringer Fehlzeiten und geringer Fluktuationsneigung verbunden. Es gibt folglich nicht nur aus humanistischer Perspektive, sondern auch aus Sicht der Wirtschaft gute Gründe sich mit alternativen Unternehmensformen auseinander zu setzen, die auch vor einer Kapitalbeteiligung der Mitglieder bei entsprechenden Regelungen nicht zurückschrecken. Dass gesellschaftlich und sozial verantwortliches und gleichzeitig erfolgreiches Wirtschaften möglich ist, dafür sind Mondragón sowie die in der vorliegenden Arbeit untersuchten demokratischen und selbstverwalteten Unternehmen eindrücklicher Beweis.

---

*„Die wirtschaftliche Revolution wird moralisch sein,*
*oder sie wird scheitern.*
*Die moralische Revolution wird wirtschaftlich sein,*
*oder sie wird scheitern."*

Don José María Arizmendiarrieta

---

# Abbildungsverzeichnis

# Tabellenverzeichnis

# Literatur


Adams, J. S. (1965). Inequity in social exchange. In L. Berkowitz (Ed.), *Advances in experimental social psychology* (Vol. 2, pp. 267-299). New York: Academic Press.

Alexander, S. & Ruderman, M. (1987). *Understanding attitudes and predicting social behavior*. New York: Englewood Cliffs.

Allen, C. L., & Meyer, J. P. (1990). The measurement and antecedents of affective, continuance, and normative commitment to the organization. *Journal of Occupational Psychology, 63*, 1-18.

Angle, H.L. & Perry, J.L. (1981). An Empirical Assessment of Organizational Commitment and Organizational Effectiveness. *Administrative Science Quarterly, 26,* 1-14.

Arbuckle, J. L. & Wothke, W. (1999). *AMOS 4.0 user's guide.* Chicago: SPSS.

Baecker, D. (1995). Durch diesen schönen Fehler mit sich selbst bekannt gemacht: das Experiment der Organisation. *Managerie, 5,* 210-229.

Baker, T.L., Hunt, T.G. & Andrews, M.C. (2006). Promoting ethical behavior and organizational citizenship behaviors: The influence of corporate ethical values. *Journal auf Business Research, 59,* 849-857.

Baltes, P.B. (1999). Theoretical propositions of life-span developmental psychology: On the dynamics between growth and decline. In R.M. Lerner & J.V. Lerner (Vol. Eds.), *Adolescence: Development, diversity and context: Vol. 1. Theoretical foundations and biological bases of developmental in adolescence* (pp. 37-52). New York: Garland.

Barber, B.R. (1994). *Strong Democracy: Politics in the Participatory Mode*. Princeton: University Press.

Barnard, C.I. (1938). *The functions of the executive.* Cambridge, MA: Harvard University Press.

Baron, R. M. & Kenny, D. A. (1986). The moderator-mediator variable distinction in social psychological research: Conceptual, strategic, and statistical considerations. *Journal of Personality & Social Psychology,* 51, 1173-1182.

Bartölke K., Eschweiler, W., Flechsenberger, D., Palgi, M. & Rosner, M. (1985). *Participation and Control*. Spardorf: Wilfer.

Beck, U. (1996). Weltbürgergesellschaft – Individuelle Akteure und die Zukunftsfähigkeit der modernen Gesellschaft. In W. Fricke (Hrsg.), *Jahrbuch Arbeit und Technik* (S. 141-148). Bonn: Dietz Verlag.

Becker, H.S. (1960). Notes on the concept of commitment. *American Journal of Sociology*, 66, 32–42.

Berger, Ch. (2004). *Das Mondragón-Modell – eine „reale Utopie" als alternatives Wirtschaftsmodell?* (unveröff. Diplomarbeit). Graz: Karl-Franzens-Universität, Sozial- und Wirtschaftswissenschaftliche Fakultät.

Berne, E. (1967). *Spiele der Erwachsenen.* Reinbek: Rowohlt.

Bies, R.J. & Moag, J.S. (1986). Interactional justice; Communication criteria of fairness. In R.J. Lewicki, B.H. Sheppard & B.H. Bazerman (Eds.), *Research on negotiation in organizations, 1*, 43-55. Greenwich, CT: JAI Press.

Blau, P. (1964). *Exchange and power in social life*. New York: Wiley.

Bohlander, H. (2004). Unsere Qualität hat Wert(e) – Werteorientierte Organisationsentwicklung und ethische Kompetenzbildung. In H. Bohlander & M. Büscher (Hg.), *Werte im Unternehmensalltag erkennen und gestalten*, S.165-177. München: Hampp.

Bortz, J. & Döring, N. (1995). *Forschungsmethoden und Evaluation*. 2. Auflage. Berlin: Springer.

Bortz, J. & Döring, N. (2003). *Forschungsmethoden und Evaluation*. 3. Auflage. Berlin: Springer.

Browne, M.W. & Cudeck, R. (1993). Alternative ways of assessing model fit. In K.A. Bollen & J.S. Long (Eds.), *Testing Structural Equation Models* (pp. 136-162). Beverly Hills, CA: Sage.

Buchanan, B. (1974). Building Organizational Commitment: The Socialization of Managers in Work Organizations. *Administrative Science Quarterly*, 533-546.

Burke, M.J., Borucki, C.C. & Kaufman, J. (2002). Contemporary perspectives on the study of psychological and organizational climate: A commentary. *European Journal of Work and Organizational Psychology, 11*, 325-340.

Byrne, B.M. (2001). *Structural Equation Modeling with AMOS: Basic Concepts, Applications, and Programming*. Hillsdale, NJ: Erlbaum.

Cohen, E. (1966). Progress and communality: value dilemmas in the collective movement. *International Review of Community Develpment, 15-16*, 3-18.

Cohen, R.L. (1985). Procedural justice and participation. *Human Relations, 38*, 643–663.

Cohen-Carash, Y. & Spector, P.E. (2001). The role of justice in organizations: a meta analysis. *Organizational Behaviour and Human Decision Processes, 82* (2), 278-321.

Coleman, J.S. (1979). *Macht und Gesellschaftsstruktur*. Tübingen: Mohr.

Coleman, J.S. (1990). *Foundation of Social Theory*. Cambridge, MA: Harvard University Press.

Collins, L.M., Graham, J.W. & Flaherty, B.P. (1998). An alternative framework for defining mediation. *Multivariate Behavioral Research, 33*, 295-312.

Colquitt, J.A. (2001). On the dimensionality of organizational justice: A construct validation of a measure. *Journal of Applied Psychology, 86*, 386-400.

Colquitt, J.A., Conlon, D.E., Wesson, M.J. Porter, C.O.L.H. & Ng, K.Y. (2001). Justice at the millennium: A meta-analytic review of 25 years of organizational justice research. *Journal of Applied Psychology, 86*, 425-445.

Cooper-Hakim, A. & Viswesvaran, Ch. (2005). The Construct of Work Commitment: Testing an Integrative Framework. *Psycholgical Bulletin, 131*, 241-259.

Cropanzano, R. & Folger, R. (1996). Procedural justice and worker motivation. In R.M. Steers, L.W. Porter & G.A. Bigley (Eds.), *Motivation and leadership at work* ($6^{th}$ ed., pp, 72-83). New York: McGraw-Hill.

Cropanzano, R. & Greenberg, J. (1997). Progress in organizational justice: Tunneling through the maze. In C.L. Cooper & I.T. Robertson (Eds.), *International review of industrial and organizational psychology* (pp. 317–372). New York: John Wiley & Sons.

Dachler, H.P. & Wilpert, B. (1980). Dimensionen der Partizipation: Zu einem organisationswissenschaftlichen Analyserahmen. In H.-G. Lilge, W. Grunwald (Hrsg.), *Partizipative Führung* (S. 80-89). Bern: Paul Haupt.

Dahrendorf, R. (1959). *Sozialstruktur des Betriebes*. Wiesbaden.

Davis, L.E. & Cherns, A.B. (Eds.) (1975). *The Quality of Working Life: Problems, Prospects, and the State of the Art.* New York: Free Press.

De Jong, G. & van Witteloostuijn, A. (2004). Successful Corporate Democracy. Sustainable Cooperation of Capital and Labor in the Dutch Breman Group. *Academy of Management Executive,* 18, 54-66.

Deutsch, M. (1975). Equity, equality, and need: What determines which value will be used as the basis for distributive justice? *Journal of Social Issues, 31,* 137-149.

Deutsch, M. (1973). *The Resolution of Conflict*. New Haven: Yale University Press.

Dewey, J. (1959). *School and society*. Chicago: University of Chicago Press.

Dilger, A., Frick, B. & Speckbacher, G. (1999). Mitbestimmung als zentrale Frager der Corporate Governance. In B. Frick, N. Kluge & W. Streeck (Hg.), *Die wirtschaftlichen Folgen der Mitbestimmung* (S. 19-52). Frankfurt: Campus.

Dörfel, M. & Schmitt, M. (1997). *Procedural injustice at the workplace, sensitivity to befallen injustice, and job satisfaction.* Berichte aus der Arbeitsgruppe „Verantwortung, Gerechtigkeit, Moral", Nr. 103. Trier: Universität Trier, Fachbereich I – Psychologie.

Durkheim, E. (1988). *Über soziale Arbeitsteilung. Studie über die Organisation höherer Gesellschaften*. Frankfurt/M.: Suhrkamp.

Eisenberger, R., Armeli, S., Rexwinkel, B., Lynch, P.D. & Rhoades, L. (2001). Reciprocation of Perceived Organizational Support. *Journal of Applied Psychology, 86*, 42-51.

Elden, M. (1980). Autonomy at work and participation in politics. In A. Cherns (Ed.), *Quality of Working Life and the Kibbutz Experience* (pp.230-256). Norwood, PA: Norwood Editions.

Emery, F. & Thorsrud, E. (1982). *Industrielle Demokratie*. Bern: Huber.

Felfe, J., Six, B., Schmook, R., & Knorz, C. (2004). Fragebogen zur Erfassung von affektivem, kalkulatorischem und normativem Commitment gegenüber der Organisation, dem Beruf/der Tätigkeit und der Beschäftigungsform (COBB). In A. Glöckner-Rist (Eds.), *ZUMA-Informationssystem. Elektronisches Handbuch sozialwissenschaftlicher Erhebungsinstrumente. ZIS Version 8.00*. Mannheim: Zentrum für Umfragen.

Fisseni, H.-J. (1997). *Lehrbuch der psychologischen Diagnostik*. Göttingen: Hogrefe.

Flick, U. (2005). Triangulation in der qualitativen Forschung. In U. Flick, E. v. Kardoff & I. Steinke (Hrsg.), *Qualitative Forschung. Ein Handbuch* (S. 309-318). Reinbek bei Hamburg: Rowohlt Taschenbuch Verlag.

Flieger, B. (1997). *Produktivgenossenschaft als fortschrittsfähige Organisation. Theorie, Fallstudie, Handlungshilfen*. Marburg: Metropolis.

Foley, J.R. & Polanyi, M. (2006). Workplace Democracy: Why Bother? *Economic and Industrial Democracy,* 27 (1), 173-191.

Folger, R. (1977). Distributive and procedural justice. Combined impact of voice and improvement on experienced inequity. *Journal of Personality and Social Psychology,* 35, 108-119.

Folger, R. & Baron, R.A. (1996). Violence and hostility at work: A model of reactions to perceived injustice. In G.R. van den Bos & E.Q. Bulatao (Eds.), *Violence on the job: Identifying risks and developing solutions* (pp. 51-85). Waschington, DC.: APA.

Folger, R. & Konovsky, M. (1989). Effects of procedural and distributive justice on reactions to pay raise decisions. *Academy of Management Journal, 32*, 115–130.

Fourier, Ch. (1966). Theorie der vier Bewegungen und dere allgemeinen Bestimmungen [1808]. In Th.W. Adorno (Hg.), *Theorie der vier Bewegungen und der allgemeinen Bestimmungen.* Frankfurt/M.

Frese, M. & Zapf, D. (1994). Action as the core of work psychology: A German approach. In M.D. Dunnette, I.M. Hough, & H.C. Triandis (Eds.), *Handbook of Industrial and Organizational Psychology* (2nd ed.) (Vol.4) (pp.271-340). Palo Alto: Consulting Psychologists Press.

Frese, M., Greif, S. & Semmer, N. (Hrsg.) (1978). *Industrielle Psychologie*. Bern: Huber.

Frick, B., Kluge, N. & Streeck, W. (Hg.) (1999). *Die wirtschaftlichen Folgen der Mitbestimmung*. Frankfurt: Campus.

Friedeburg, L. (1963). *Soziologie des Betriebsklimas. Studien zur Deutung empirischer Untersuchungen in industriellen Großbetrieben*. Frankfurt/M.: Europäische Verlagsanstalt.

Gallup (2005). Engagement Index 2004. *Studie zur Messung der emotionalen Bindung von Mitarbeiterinnen*. The Gallup Organisation. Quelle: http://www.presseportal.de/pm/9766/607670/gallup_gmbh_deutschland. Zugriff am 01.10.2007.

Gardell, B. (1983). Worker participation and autonomy: a multi-level approach to democracy at the work place. In C.Crouch & F.A. Heller (Eds.), *Organizational Democracy and Political Processes* (pp. 353-387). Chichester: Wiley.

Gilliland, S.W. (1994). Effects of procedural and distributive justice on reactions to a selection system. *Journal of Applied Psychology,* 79, 691-701

Gilliland, S.W. & Chan, D. (2001). Justice in organizations: Theory, methods, and applications. In N. Anderson, D.S. Ones, H.K. Sinangil, & C. Viswesvaran (Eds.), *Handbook of Industrial, Work, and Organizational Psychology, Vol. 2 Organizational Psychology* (pp. 143-165). Thousands Oaks, CA: Sage.

Götte, M. (1962). *Betriebsklima*. Göttingen: Hogrefe.

Greenberg, E.S. (1986). *Workplace Democracy: the Political Effects of Participation*. Ithaca, N.Y.: Cornell University Press.

Greenberg, J. (1990). Employee theft as a reaction to underpayment inequity: The hidden costs of pay cuts. *Journal of Applied Psychology, 75,* 561-568.

Greenberg, J. (1993). The social side of fairness: Interpersonal and informational classes of organizational justice. In R. Cropanzano (Ed.), *Justice in the workplace: Approaching fairness in human resource management* (pp. 79–103). Hillsdale, NJ: Erlbaum.

Habermas, J. (1983). *Moralbewußtsein und kommunikatives Handeln*. Frankfurt/M.: Suhrkamp.

Hacker, W. (1986). Arbeitspsychologie. Schriften zur Arbeitspsychologie (Hrsg. E. Ulich), Band 41. Bern: Huber.

Hacker, W. (1994). Arbeitsanalyse zur prospektiven Gestaltung von Gruppenarbeit. In C.H. Antoni (Hrsg.), *Gruppenarbeit in Unternehmen* (S. 49-80). Weinheim: Beltz.

Hacker, W. (1998). *Allgemeine Arbeitspsychologie. Psychische Struktur und Regulation von Arbeitstätigkeiten.* Bern: Huber.

Hacker, W., Iwanowa, A. & Richter, P. (1983). *Tätigkeits-Bewertungs-System.* Berlin: Psychodiagnostisches Zentrum an der Humboldt-Universität.

Hackman, J.R. & Oldham, G.R. (1975). Development of the job diagnostic survey. *Journal of Applied Psychology*, *60*, 159-170.

Hackman, J.R. & Oldham, G.R. (1980). *Work Redesign*. Reading, MA: Addison-Wesley.

Haferkamp, H. (1983). *Soziologie der Herrschaft*. Opladen: Westdeutscher Verlag.

Harris, Th. (1975). *Ich bin o.k. Du bist o.k.* Reinbek: Rowohlt.

Harrison, J.S. & Freeman, R.E. (2004). Is organizational democracy worth the effort? Special Topic: Democracy in and around Organizations. *Academy of Management Executive, 18,* 49-53.

Hauser, F., Schubert, A. & Aicher, M. (2008). *Unternehmenskultur, Arbeitsqualität und Mitarbeiterengagement in den Unternehmen in Deutschland.* Abschlussbericht Forschungsprojekt Nr. 18/05 (Bundesministerium für Arbeit und Soziales).

Hauser-Ditz, A. & Kluge, N. (2000). *Vorteil Mitbestimmung: Vom Nutzen innerbetrieblicher Kooperation.* Quelle: www.unternehmenskultur.org/mitbest/index9-0.html. Zugriff am 14.11.2003.

Heide, H. (2002). *Massenphänomen Arbeitssucht – Historische Hintergründe und aktuelle Bedeutung einer neuen Volkskrankheit.* Bremen.

Heider, F., Hock, B. & Seitz, H.-W. (1997). *Kontinuität oder Transformation - zur Entwicklung selbstverwalteter Betriebe in Hessen.* Gießen: Focus.

Heinz, W.R. (1995). *Arbeit, Beruf und Lebenslauf. Eine Einführung in die berufliche Sozialisation.* Weinheim: Juventa.

Heller, F. (1998). Playing the devil's advocate: Limits to influence sharing in theory and practice. In F. Heller, E, Pusic, G. Strauss & B. Wilpert (Eds.), *Organizational Participation - Myth and Reality* (pp.144-189). Oxford: Oxford University Press.

Heller, F., Pusic, E., Strauss, G. & Wilpert, B. (1998). *Organizational Participation – Myth and Reality.* Oxford: Oxford University Press.

Heller, F.A., Drenth, P., Koopman, P. & Rus, V. (1988). *Decisions In Organizations: A Three Country Comparative Study.* London: Sage.

Herscovitch, L. & Meyer, J.P. (2002). Commitment to Organizational Change: Extension of a Three-Component Model. *Journal of Applied Psychology, 87,* 474-487.

Higgins, A. (1989). Das Erziehungsprogramm der Gerechten Gemeinschaft: Die Entwicklung moralischer Sensibilität als Ausdruck von Gerechtigkeit und Fürsorge. In G. Lind & G. Pollit-Gerlach (Hrsg.), *Moral in „unmoralischer" Zeit. Zu einer partnerschaftlichen Ethik in Erziehung und Gesellschaft* (S. 101-127). Heidelberg: Roland Asanger Verlag.

Hoff, E-H., Lappe, L. & Lempert, W. (1985). *Arbeitsbiographie und Persönlichkeitsentwicklung.* Schriften zur Arbeitspsychologie, Nr. 40. Bern: Huber.

Hoff, E.-H. & Lempert, W. (1990). Kontroll- und Moralbewußtsein im beruflichen und privaten Lebensstrang von Facharbeitern. In E.-H. Hoff (Hrsg.), *Die doppelte Sozialisation Erwachsener. Zum Verhältnis von beruflichem und privatem Lebensstrang* (S. 125-154). Weinheim: Juventa.

Hoff, E-H., Lempert W. & Lappe, L. (1991). *Persönlichkeitsentwicklung in Facharbeiterbiographien.* Bern: Huber.

Höffe, O. (2001). *Gerechtigkeit: eine philosophische Einführung.* München: Beck.

Homburg, C. & Hildebrandt, L. (1998). *Die Kausalanalyse.* Stuttgart: Schäffer Poeschel Verlag.

Hunton, J.E., Hall, T.W. & Price, K.H. (1998). The value of voice in participative decision-making. *Journal of Applied Psychology,* 83 (5), 788-797.

IDE International Research Group (1981). *Industrial Democracy in Europe.* London: Oxford University Press.

Iwanowa, A. (2004). *Das Ressourcen-Anforderungs-Stressoren-Modell. Bezüge zur Gesundheits- und Persönlichkeitsförderlichkeit in der Arbeitswelt* (unveröff. Habilitationsschrift). Innsbruck: Universität Innsbruck.

Jaros, S.J., Jermier, J.M., Koehler, J.W. & Sincich, T. (1993). Effects of continuance, affective, and moral commitment on the withdrawal process: An evaluation of eight structural equation models. *Academy of Management Journal, 36,* 951-995.

Johnson, E.H. (1990). *The deadly emotions: The role of anger, hostility and aggression in health and emotional well-being.* New York: Praeger Publischers.

Jöreskog, K. G. & Sörbom, D. (1996). *LISREL 8 user's reference guide.* Uppsala, Sweden: Scientific Software International.

Joy, V.L. & Witt, L.A. (1992). Delay of Gratification as a Moderator of the Procedural Justice Distributive Justice Relationship. *Group & Organization Management,* 17 (3), 297-308.

Judd, C. M. & Kenny, D. A. (1981). Process analysis: Estimating mediation in treatment evaluations. *Evaluation Review,* 5, 602-619.

Kaiser, M. (1985). „Alternativ-ökonomische Beschäftigungsexperimente" - quantitative und qualitative Aspekte. *Mitteilungen aus der Arbeitsmarkt und Berufsforschung, 19 (1),* 92-104.

Kandler, K.-H. (1995). *Nikolaus von Kues: Denker zwischen Mittelalter und Neuzeit.* Göttingen: Vandenhoeck & Ruprecht.

Karasek, R.A. (1978). *Job Socialisation: A Longtudinal Study of Work, Political and Leisure Activitiy.* Stockholm: Swedish Institute for Social Research.

Katz, D. & Kahn, R.L. (1966). *The social psychology of organizations*. New York: Wiley.

Kieser, A. & Kubicek, H. (1992). *Organisation*. Berlin: deGruyter.

Kiesler, C.H. (1971). *The Psychology of Commitment: experiments linking behaviour to belief.* New York: Academic Press.

Klages, H. (2001). Ist der Mensch modernisierbar? In H. Hill (Hg.), *Modernisierung – Prozess oder Entwicklungsstrategie*, S. 57-74. Frankfurt: Campus.

Klages, H. (2002). *Der blockierte Mensch – Zukunftsaufgaben gesellschaftlicher und organisatorischer Gestaltung*. Frankfurt: Campus.

Kline, R.B. (1998). *Principles and Practice of Structural Equation Modeling*. New York: Guilford Press.

Kline, R.B. (2005). *Principles and Practice of Structural Equation Modeling*. 2nd Edition. New York: Guilford Press.

Kohlberg, L. (1976). Moralstufen und Moralerwerb. Der kognitiv-entwicklungstheoretische Ansatz. In W. Althof (Hsrg.), *Die Psychologie der Moralentwicklung* (1996) (S. 123.174). Frankfurt/M.: Suhrkamp.

Kohlberg, L. (1984). Zum gegenwärtigen Stand der Theorie der Moralstufen. In W. Althof (Hsrg.), *Die Psychologie der Moralentwicklung* (1996) (S. 217-372). Frankfurt/M.: Suhrkamp.

Kohlberg, L. (1996). *Die Psychologie der Moralentwicklung.* Frankfurt/M.: Suhrkamp.

Kohlberg, L., Wassermann, E. & Richardson, N. (1978). Die Gerechte Schul-Kooperative. Ihre Theorie und das Experiment der Cambridge Cluster School. In G. Portele (Hg.), *Sozialisation und Moral: neuere Ansätze zur moralischen Entwicklung und Erziehung* (S. 215-259). Basel: Beltz.

Kohn, M.L. & Schooler, C. (1983). *Work and Personality*. Norwood: Ablex.

Koller, P. (1995). Soziale Gleichheit und Gerechtigkeit. In H.-P. Müller & B. Wegener (Hrsg.), *Soziale Ungleichheit und soziale Gerechtigkeit* (S. 53-79). Opladen: Westdeutscher Verlag.

Konovsky, M. & Folger, R. (1991). The effects of procedures, social accounts, and benefits level on victims' layoff reactions. *Journal of Applied Social Psychology,* 21, 630–650.

Konovsky, M. (2000). Understanding Procedural Justice and Its Impact on Business Organizations. *Journal of Management,* 26, 489-511.

Konovsky, M.A. & Organ, D.W. (1996). Dispositional and contextual determinants of organizational citizenship behavior. *Journal of Organizational Behavior*, 17, 253-266.

Konovsky, M.A. & Pugh, S.D. (1994). Citizenship behavior and social exchange. *Academy of Management Journal*, 37, 656–669.

Krauth, (1995). *Testkonstruktion und Testtheorie*. Weinheim: Beltz.

Kreutz, H., Maly, D. & Fröhlich, G. (1984). *Die Bedeutung alternativer Tätigkeitsfelder und Tätigkeitsverläufe für den Arbeitsmarkt.* Nürnberg: IAB-Projekt.

Kühl, S. (2001). Über das erfolgreiche Scheitern von Gruppenarbeitsprojekten. Rezentralisierung und Rehierarchisierung in Vorreiterunternehmen der Dezentralisierung. *Zeitschrift für Soziologie,* 30 (3), 199-222.

Kutzner, E. & Kock, K. (Hrsg.) (2002). *Dienstleistung am Draht – Ergebnisse und Perspektiven der Call-Center-Forschung.* Beiträge aus der Forschung Bd. 127. Dortmund.

Lehner, P.U. (1991). Mitbestimmung in Österreich. Geschichtliche Entwicklungen und Schwerpunkte. In H. Diefenbacher & H.G. Nutzinger (Hrsg.), *Mitbestimmung in Europa. Erfahrungen und Perspektiven in Deutschland, der Schweiz und Österreich* (S. 57-104). Heidelberg: Fest.

Lempert, W. (1993). Moralische Sozialisation im Beruf. *Zeitschrift für Erziehungssoziologie und Sozialisationsforschung,* 13 (1), 2-35.

Lempert, W. & Corsten, M. (1997). Soziale Bedingungen der Entwicklung moralischer Orientierungen im Beruf. *Zeitschrift für Erziehungssoziologie und Sozialisationsforschung*, 17, 339-355.

Leventhal, G.S. (1980). What should be done with equity theory? New approaches to the study of fairness in social relationships. In K. Gergen, M. Greenberg & R. Willis (Eds.), *Social Exchange: Advances in Theory and Research* (pp. 167-218). New York: Springer.

Leventhal, G.S., Karuza, J. & Fry, W.R. (1980). Es geht nicht nur um Fairness. Eine Theorie der Verteilungspräferenzen. In G. Mikula (Hrsg.), *Gerechtigkeit und soziale Interaktion.* Bern: Huber.

Lewin, K. (1920). Die Sozialisierung des Taylor-Systems. *Schriftenreihe Praktischer Sozialismus,* 4, 3-36.

Liebig, S. (1998). Ethik in Unternehmen aus sozialwissenschaftlicher Sicht. In G. Blickle (Hrsg.), *Ethik in Organisationen: Konzepte, Befunde, Praxisbeispiele* (S. 39-55). Göttingen: Verlag für Angewandte Psychologie.

Liebig, S. (2002). Arbeitslosigkeit und Moralökologie. Zu den Folgen des Verlusts moralischer Anregungs- und Anerkennungskontexte. In S. Liebig, H. Lengfeld & S. Mau (Hrsg.), *Verteilungsprobleme und Gerechtigkeit in modernen Gesellschaften* (S. 197-222). Frankfurt/M.: Campus.

Liebig, S. (2003). Gerechtigkeit in Organisationen. Theoretische Überlegungen und empirische Ergebnisse zu einer Theorie korporativer Gerechtigkeit. In J. Allemendinger & T. Hinz (Hrsg.), *Organisationssoziologie* (Sonderdruck Kölner Zeitschrift für Soziologie und Sozialpsychologie Nr. 42) (S. ). Braunschweig: Vieweg Verlag.

Lienert, G.A. & Raatz, U. (1994). *Testaufbau und Testanalyse*. Weinheim: Beltz.

Likert, R. (1967). *The human organization. Its management and value.* New York: McGraw-Hill.

Lind, E.A. & Tyler, T.R. (1988). *The social psychology of procedural justice*. New York: Plenum Press.

Lind, E.A., Kanfer, R. & Earley, P.C. (1990). Voice, control and procedural justice; Instrumental and non-instrumental concerns in fairness judgments. *Journal of Personality and Social Psychology*, 59, 952–959.

Lind, G. (1993). *Moral und Bildung*. Heidelberg: Asanger.

Lind, G. (2002). *Ist Moral lehrbar? Ergebnisse der modernen moralpsychologischen Forschung.* Berlin: Logos.

Luhmann, N. (1964). *Funktionen und Folgen formaler Organisationen.* Berlin: Duncker & Humblot.

Luhmann, N. (1992). *Beobachtungen der Moderne.* Opladen: Westdeutscher Verlag

Luther, M. (1883). *Werke. Kritische Gesamtausgabe* (Weimarer Lutherausgabe), 120 Bände (Sonderedition 2000-2007). Weimar.

MacKinnon, D.P., Lockwood, C.M., Hoffman, J.M., West, S.G. & Sheets, V. (2002). A comparison of methods to test mediation and other intervening variable effects. *Psychological Methods,* 7, 83-104.

Maslow, A. (1954). *Motivation and personality.* New York: Harper & Row.

Masterson, S., Lewis, K., Goldman, B.M. & Tyler, M.S. (2000). Integrating justice and social exchange: The differing effects of fair procedures and treatment on work relationships. *Academy of Management Journal,* 43, 738-748.

Mathieu, J.E. & Zajac, D.M. (1990). A review and meta-analysis of the antecedents, correlates, and consequences of organizational commitment. *Psychological Bulletin,* 108, 171–194.

Matiaske, W. & Weller, I. (2003). *Commitment als Ressource. Beitrag zur Tagung "Nachhaltigkeit von Arbeit und Rationalisierung",* TU Chemnitz, 01/2003. Quelle: www.tu-chemnitz/wirtschaft/bwl9/NAR/download/Matiaske%20Weller.pdf. Zugriff am 15.10.2003.

MacLeod, G. (1997). *From Mondragon to America.* Sydney: University College of Cape Breton Press.

McFarlin, D.B. & Sweeney, P.D. (1992). Distributive and procedural justice as predictors of satisfaction with personal and organizational outcomes. *Academy of Management Journal*, 35, 626–637.

McFarlin, D.B. & Sweeney, P.D. (1998). Does having a say matter only if you get your way? *Basic and Applied Psychology*, 18, 289–303.

McGee, G.W. & Ford, R.C. (1987). Two (or more?) dimensions of organizational commitment: Reexamination of the affective and continuance commitment scales. *Journal of Applied Psychology*, 72, 638–642.

McGregor, D. (1960). *The Human Side of Enterprise.* New York: McGraw-Hill.

Meyer, J.P. & Allen, N.J. (1990). The measurement and antecedents of affective, continuance, and normative commitment to the organization. *Journal of Occupational Psychology,* 63, 1-18.

Meyer, J.P. & Allen, N.J. (1991). A three-component Conzeptualization of Organizational Commitment. *Human Resource Management Review,* Vol. 1, No. 1, 61-89.

Meyer, J.P., Allen, N.J. & Smith, C.A. (1993). Commitment to organizations and occupations: Extension and test of a three-component-model. *Journal of Applied Psychology,* 78, 538-551.

Meyer, J.P. & Allen, N.J. (1997). *Commitment in the Workplace. Theory, Research, and Application.* Thousands Oaks: Sage Publications.

Meyer, J.P. & Herscovitch, L. (2001). Commitment in the workplace: Towards a general model. *Human Resources Management Review,* 11, 299-326.

Meyer, J.P., Stanley, D.J., Herscovitch, L. & Topolnytsky, L. (2002). Affective, Continuance, and Normative Commitment to the Organization: A Meta-analysis of Antecedents, Correlates, and Consequences. *Journal of Vocational Behavior,* 61, 20-52.

Mikula, G. (1974). Individuelle Entscheidungen und Gruppenentscheidungen über die Aufteilung gemeinsam erzielter Gewinne: Eine Untersuchung zum Einfluss der sozialen Verantwortung. *Psychologische Beiträge,* 16, 338-364.

Mikula, G. (Ed.) (1980). *Justice and Social Interaction*. Bern: Huber; New York: Springer.

Mikula, G. (1992). Austausch und Gerechtigkeit in Freundschaft, Partnerschaft und Ehe: Ein Überblick über den aktuellen Forschungsstand. *Psychologische Rundschau, 43*, 69-82.

Mikula, G. (2002). Distribution of tasks and organization of work: A view from social justice research. In S. Gilliland, D. Steiner & D. Skarlitzki (Eds.), *Emerging perspectives on managing organizational justice* (pp. 177-210). Greenwich, CT.: Information Age Publishing Inc.

Mikula, G. (2005). Some observations and critical thoughts about the present state of justice theory and research. In S. Gilliland, D. Steiner, D. Skarlitzki, & K. von den Bos (Eds.), *What motivates fairness in organizations* (pp. 197-209). Greenwich, CT.: Information Age Publishing Inc.

Miller, P.A., Bernzweig, J., Eisenberg, N. & Fabes, R.A. (1991). The development and socialisation of prosocial behavior. In R.A. Hinde & J. Groebel (Eds.), *Cooperation and Prosocial Behavior* (pp. 54-77). Cambridge: Cambridge University Press.

Moe, T.M. (1984). The New Economics of Organization. *American Journal of Political Science, 28*, 739-777.

Moldaschl, M. (1997). Internalisierung des Marktes. Neue Unternehmensstrategien und qualifizierte Angestellte. In SOFI/IfS/ISF/INIFES (Hrsg.), *Jahrbuch sozialwissenschaftliche Technikberichterstattung 1997. Schwerpunkt: Moderne Dienstleistungswelten.* Berlin.

Moldaschl, M. (2004). Partizipation und/als/statt Demokratie. Zum Entwicklungsverhältnis von gesellschaftlicher Demokratisierung und organisationaler Partizipation. In W. G. Weber, P.-P. Pasqualoni & C. Burtscher (Hrsg.), *Wirtschaft, Demokratie und Soziale Verantwortung* (S.216-245). Göttingen: Vandenhoeck & Ruprecht.

Montada, L. & Schneider, A. (1991). Justice and prosocial commitments. In L. Montada & H.W. Bierhoff (Eds.), *Altruism in social systems* (pp. 58-81). Toronto: Hogrefe.

Moorman, R.H. (1991). Relationship between organizational justice and organizational citizenship behaviors: Do fairness perceptions influence employee citizenship? *Journal of Applied Psychology, 76*, 845–855.

Moorman, R.H., Niehoff, B.P. & Organ, D.W. (1993). Treating employees fairly and organizational citizenship behavior: sorting out the effect of job satisfaction, organizational commitment, and procedural justice. *Employee Responsibilities and Rights Journal*, 6, 209-225.

Moosbrugger, H., Schermelleh-Engel, K. & Klein, A. (1997). Methodological problems of estimating latent interaction effects. *Methods of Psychological Research Online, 2*, 85-111. Quelle: www.ppm.ipn.uni-kiel.de/mpr/issue3/art9/moosbrugger.pdf. Zugriff: 10.01.2008

Morris, J.H. & Sherman, J.D. (1981). Generalizability of an Organizational Commitment Model. *Academy of Management Journal, 24*, 512-526.

Moser, K. (1996). *Commitment in Organisationen.* Bern: Huber.

Moser, K. (1997). Commitment in Organisationen. *Zeitschrift für Arbeits- und Organisationspsychologie*, 41 (4), 160-170.

Moser, K. (1998). Die negative Seite von Commitment. *Gruppendynamik, 29*, 263-274.

Mowday, R.T., Porter, L.W. & Steers, R.M. (1982). *Employee-Organization Linkages. The Psychology of Commitment, Absenteeism, and Turnover.* New York: Academic Press.

Nerdinger, F.W. (1998). Extra-Rollenverhalten in Organisationen. *Arbeit,* 1 (7), 21-38.

Nerdinger, F.W. (2006). Kapitalbeteiligung ist allein kein Motor. Interview von R. Jessl zum Thema Mitarbeiterbeteiligung. *PERSONALmagazin,* 6, 30-31.

Netz e.V. (Hrsg.) (1997). *Ökologie und Partizipation. Zwei Gesichter zukunftsfähigen Wirtschaftens.* Bonn: Stiftung Mitarbeit.

Neuberger, O. (1995). *Führen und geführt werden* (5. Aufl.). Stuttgart: Enke.

Niehoff, B.P. & Moorman, R.H. (1993). Justice as a mediator of the relationship between methods of monitoring and organizational citizenship behavior. *Academy of Management Journal,* 36, 527–556.

Nowakowski, J.M. & Conlon, D.E. (2005). Organizational justice: Looking back, looking forward. *International Journal of Conflict Management,* 16, 4-29.

Oberwittler, D. (2002). Die Messung und Qualitätskontrolle kontextbezogener Befragungsdaten mithilfe der Mehrebenenanalyse – am Beispiel des Sozialkapitals von Stadtvierteln. ZA-Information, 53, 11-41.

Oesterreich, R. (1999). Konzepte zu Arbeitsbedingungen und Gesundheit - Fünf Erklärungsmodelle im Vergleich. In R. Oesterreich & W. Volpert (Hrsg.), *Psychologie gesundheitsgerechter Arbeitsbedingungen* (S. 141-215). Bern: Huber.

Oesterreich, R. & Volpert, W. (Hrsg.) (1999). *Psychologie gesundheitsgerechter Arbeitsbedingungen.* Bern: Huber.

Organ, D.W. & Moorman, R.H. (1993). Fairness and Organizational Citizenship Behavior: What are the Connections? *Social Justice Research,* 6, 5-18.

Oser, F. (1995). Selbstwirksamkeit und Bildungsinstitution. In W. Edelstein (Hrsg.), *Entwicklungskrisen kompetent meistern* (S. 101-117). Heidelberg: Asanger.

Oser, F. & Althof, W. (1992). *Moralische Selbstbestimmung. Modelle der Entwicklung und Erziehung im Wertebereich. Ein Lehrbuch.* Stuttgart: Klett Cotta.

Oser, F. & Althof, W. (2001). Die Gerechte Schulgemeinschaft: Lernen durch Gestaltung des Schullebens. In w. Edelstein, K.E. Grözinger, s. Gruehn, J. Hillerich, A. Leschinsky & J. Lott (Hrsg.), *Lebensgestaltung – Ethik – Religionskunde. Zur Grundlegung eines neuen Schulfaches: Analysen und Empfehlungen* (S. 233-268). Weinheim: Beltz.

Palgi, M. (2004). Social Dilemmas and their Solution: The Case of the Kibbutz. In W.G. Weber, P.-P. Pasqualoni & C. Burtscher (Hg.), *Wirtschaft, Demokratie und Soziale Verantwortung* (S. 317-332). Göttingen: Vandenhoeck & Rupprecht.

Parsons, T. (1970). *The System of Modern Societies.* New York: Prentice-Hall.

Payne, R. & Pugh, D.S. (1976). *Handbook of industrial and organizational psychology.* Chicago: Rand McNally.

Perrow, C. (1989). Eine Gesellschaft von Organisationen. *Journal für Sozialforschung,* 29, 3-22.

Peters, J. (1967). *Einführung in die allgemeine Informationstheorie.* Berlin: Springer.

Peters, T. (1988). *Thriving on Chaos: Handbook for a Management Revolution.* London: Harper Paperbacks.

Pfandl, R. (2001). *Zusammenarbeit und Arbeitssituation in Genossenschaften.* (Unveröff. Dipl.-Arbeit). Innsbruck: Leopold-Franzens-Universität, Naturwissenschaftliche Fakultät.

Piaget, J. (1944). *Die geistige Entwicklung des Kindes.* Zürich: Metz.

Piaget, J. (1973). *Das moralische Urteil beim Kinde.* Frankfurt/M.: Suhrkamp.

Power, F.C., Higgins, A., Kohlberg, L. & Reimer, J. (1989). The just community approach: Democracy in a communitarian mode. In F.C. Power, A. Higgins & L Kohlberg (Eds.),

*Lawrence Kohlberg's Approach to Moral Education* (pp. 33-62). New York: Columbia University Press.

Powley, E.H., Fry, R.E., Barrett, F.J. & Bright, D.S. (2004). Dialogic democracy meets command and control: Transformation through the appreciative inquiry summit. *Academy of Management Executive,* 18 (3), 67-80.

Preacher, K.J. & Hayes, A.F. (2004). SPSS and SAS procedures for estimating indirect effects in simple mediation models. *Behavior Research Methods, Instruments, & Computers,* 36 (4), 717-731.

Pundt, A. & Nerdinger, F.W. (2006). *Typologie der Beteiligungsorientierung in Organisationen. Hintergrund, Entwicklung und erste empirische Befunde.* Arbeitspapier Nr. 8. Universität Rostock.

Quaas, W. (2006). Arbeit als soziale Interaktion – Zur gesellschaftlichen Dimension von Tätigkeiten in der handlungstheoretisch orientierten Arbeitspsychologie. In P. Sachse & W.G. Weber (Hrsg.) in Zusammenarbeit mit B.E. Schmid & C. Unterrainer, *Zur Psychologie der Tätigkeit* (S. 143-187). Bern: Huber.

Rahner, K. & Vorgrimler, H. (1966). *Kleines Konzilskompendium*. Freiburg i. Br.: Herder.

Ransford, H.E. (1968). Isolation, Powerlessness, and Violence: A Study of Attitudes and Participation in the Watts Riot, *American Journal of Sociology,* 73, 581-591.

Rawls, J. (1971). *A theory of justice*. Cambridge, MA: Belknap Press of Harvard University Press.

Reilly, N.P. & Orsak, C.L. (1991). A career stage analysis of career and organizational commitment in nursing. *Journal of Vocational Behavior, 39,* 311-330.

Rhodes, S.R. & Steers, R.M. (1981). Conventional vs. worker-owned organizations. *Human Relations,* 12, 1013-1035.

Riedel, M. (1973). Arbeit. In H. Krings, H.M. Baumgartner & C. Wild (Hrsg.), *Handbuch philosophischer Grundbegriffe* (Band 1, S. 125-141). München: Kösel.

Riketta, M. (2005). Organizational identification: A meta-analysis. *Journal of Vocational Behavior,* 66, 358-384.

Rogers, C. (1972). *Die klientbezogene Gesprächstherapie*. München: Kindler.

Rosner, M. (1998). *Future trends of Kibbutz – An assesement of recent changes*. Haifa: University of Haifa, The Institute for Study and Research of the Kibbutz and the Cooperative Idea.

Rosner, M. (1998). Work in the Kibbutz. In U. Leviatan, H. Oliver, & J. Quarter (Eds.), *Crisis in Israeli Kibbutz* (pp.27-40). Westport: Praeger.

Rotter, J. (1971). Generalized expectancies for interpersonal trust. *American Psychologist,* 26, 443-452.

Rürup, B. & Sesselmeier, W. (1999). Beschäftigungspolitische Implikationen von Mitbestimmung. In B. Frick, N. Kluge & W. Streeck (Hg.), *Die wirtschaftlichen Folgen der Mitbestimmung* (S. 129-170). Frankfurt: Campus.

Salancik, G.R. (1977). Commitment and the control of organizational behavior and belief. In B.M. Staw & G.R. Salancik (eds.), *New Directions in Organizational Behavior* (pp. 1-54). Chicago: St. Clair.

Schimank, U. (2001). Organisationsgesellschaft. In W. Jäger & U. Schimank (Hrsg.), *Organisationsgesellschaft – Facetten und Perspektiven* (S. 19-50). Wiesbaden: VS.

Schmid, B.E. (2004). *Betroffene Beteiligte. Organisationale Demokratie, Commitment und prosoziale Handlungsorientierung im Krankenhaus* (unveröff. Diplomarbeit). Innsbruck: Leopold-Franzens-Universität, Naturwissenschaftliche Fakultät.

Schmid, B.E. (2005). *Partizipation und Commitment. Mitbestimmung als Mittel zur Förderung der organisationalen Bindung von Unternehmensmitgliedern.* Unveröff. Master Thesis. Linz: Johannes Kepler Universität.

Schmidt, K.H., Hollmann, S. & Sodenkamp, D. (1998). Psychometrische Eigenschaften und Validität einer deutschen Fassung des 'Commitment'-Fragebogens von Allen und Meyer (1990). *Zeitschrift für Differentielle und Diagnostische Psychologie*, 19 (2), 93-106.

Schmitt, M. & Dörfel, M. (1995). *Verfahrensgerechtigkeit, dispositionelle Ungerechtigkeitssensibilität und Arbeitszufriedenheit im betrieblichen Kontext* (unveröff. Dipl.-Arbeit). Trier: Fachbereich 1 - Psychologie der Universität Trier.

Schmitt, M.J. (1993). *Abriss der Gerechtigkeitspsychologie.* Berichte aus der Arbeitsgruppe „Verantwortung, Gerechtigkeit, Moral", Nr. 70. Trier: Universität Trier, Fachbereich I - Psychologie.

Schmitt, M.I. & Hinkel, N. (o.J.). Prozesse der Organisations- und Kulturentwicklung in den Krankenhäusern der Waldbreitbacher Franziskanerinnen. In M.I. Schmitt & N. Hinkel (Hg.), *Betroffene beteiligen. Prozesse der Organisations- und Kulturentwicklung in den Krankenhäusern der Waldbreitbacher Franziskanerinnen,* Teil 1 (S. 14-30). Waldbreitbach.

Schneider, B. & Bartlett, C.L. (1970). Individual differences and organizational climate: II. Measurement of organizational climate by the multi-trait, multi-rater matrix. *Personnel Psychology,* 23, 493-512.

Scholl, W. (1995). Grundkonzepte der Organisation. In H. Schuler (Hrsg.), *Lehrbuch Organisationspsychologie* (S. 409-444). Bern: Huber.

Schwinger, T. (1980). Gerechte Güter-Verteilungen: Entscheidungen zwischen drei Prinzipien. In G. Mikula (Hrsg.), *Gerechtigkeit und soziale Interaktion* (S. 107-140). Bern: Huber.

Seeman, M. (1963). Alienation and Social Learning in a Reformatory. *American Journal of Sociology,* 69 (3), 270-284.

Seeman, M. (1966). Alienation, Membership, and Political Knowledge: A Comparative Study. *Public Opinion Quarterly,* 30, 353-367.

Seeman, M. (1967). On the Personal Consequences of Alienation in Work. *American Sociological Review,* 32, 273-285.

Selman, R.L. (1984). Interpersonale Verhandlungen. In W. Edelstein & J. Habermas (Hrsg.): *Soziale Interaktion und soziales Verstehen* (S.113-166). Frankfurt/M.: Suhrkamp.

Semler, R. (1995). *Maverick: The Success Story Behind the World´s Most Unusual Workplace.* Clayton: Warner Books.

Semmer, N. & Udris, I. (1995). Bedeutung und Wirkung von Arbeit. In H. Schuler (Hrsg.), *Lehrbuch Organisationspsychologie* (Kapitel 5, S. 133-166). Bern: Huber.

Shamir, B. (1991). Meaning, Self and Motivation in Organizations. *Organization Studies,* 12, 405-424.

Shapiro, D.L. (1993). Reconciling theoretical differences among procedural justice researchers by re-evaluation what it means to have one´s view "considered": Implications for third-party managers. In R. Cropanzano (Ed.), *Approaching fairness in human resource management* (pp. 51-78). Hillsdale: Erlbaum.

Shapiro, D.L., Trevino, L.K. & Victor, B. (1995). Correlates of employee theft: A multidimensional justice perspective. *The International Journal of Conflict Management,* 6, 404-414.

Shapiro, E.C. (1996). *Trendsurfen in der Chefetage: Unternehmensführung jenseits der Management-Moden*. Frankfurt/M.: Campus.

Shrout, P.E. & Bolger, N. (2002). Mediation in experimental and nonexperimental studies: New procedures and recommendations. *Psychological Methods, 7*, 422-445.

Skarlicki, D.P. & Folger, R. (1997). Retaliation in the workplace: The roles of distributive, procedural, and interactional justice. *Journal of Applied Psychology*, 82, 434–443.

Skarlicki, D.P. & Latham, G.P. (1997). Leadership training in organizational justice to increase citizenship behavior within a labor union: A replication. *Personnel Psychology*, 50, 617–633.

Sobel, M.E. (1982). Asymptotic confidence intervals for indirect effects in structural equation models. In S. Leinhart (Ed.), *Sociological methodology 1982* (pp. 290-312). San Francisco: Jossey-Bass.

Städler, A. (1984). *Hierarchie in Unternehmungen: Eine Analyse der theoretischen Grundlagen sowie der Möglichkeiten und Grenzen einer Enthierarchisierung durch Organisation und Partizipation*. Dissertation. Münster: Westfälische Wilhelms-Universität.

Steinmann, H. & Löhr, A. (Hrsg.) (1994). *Grundlagen der Unternehmensethik.* Stuttgart: Schäffer-Poeschel.

Susman, G.J. (1976). *Autonomy at work. A sociotechnical analysis of participative Management.* New York: Praeger.

Sweeney, P.D. & McFarlin, P.D. (1997). Process and outcome: gender differences in the assessment of justice. *Journal of Organizational Behavior,* 18, 83-98.

Sydow, J. (1999). Mitbestimmung in Unternehmensnetzwerken: eine betriebswirtschaftliche Analyse. In B. Frick, N. Kluge & W. Streeck (Hg.), *Die wirtschaftlichen Folgen der Mitbestimmung* (S. 171-222). Frankfurt: Campus.

Thibaut, J. & Walker, L. (1975). *Procedural justice: A psychological analysis*. Hillsdale, NJ: Erlbaum.

Towers Perrin (2006). *Global Workforce Study. Was Mitarbeiter bewegt zum Unternehmenserfolg beizutragen – Mythos und Realität*. Quelle: www.towersperrin.com/tp/getwebcachedoc?webc_HRS/DEU/2008/200801/TPGWSGermany.pdf. Zugriff: 20.01.2008

Tyler, T.R. (1989). The psychology of procedural justice: A test of the group-value model. *Journal of Personality and Social Psychology, 57*, 830–838.

Tyler, T.R. & Degoey, P. (1995). Collective restraint in social dilemmas: Procedural justice and social effects on support for authorities. *Journal of Personality and Social Psychology, 69*, 482-497.

Tyler, T.R. & Blader, S. (2000). *Cooperation in groups. Procedural justice, social identity, and behavioural engagement*. Philadelphia: Psychology Press.

Ulich, E. (2001). *Arbeitspsychologie* (5. Aufl.). Stuttgart: Poeschel/Zürich: vdf Hochschulverlag.

Ulrich, P. (2001). *Integrative Wirtschaftsethik. Grundlagen einer lebensdienlichen Ökonomie*. Bern: Huber.

Ulrich, P. (2004). Bürgerrechte im Unternehmen. In W.G. Weber, P.P. Pasqualoni & C. Burtscher (Hrsg.), *Wirtschaft, Demokratie und Soziale Verantwortung – Kontinuitäten und Brüche* (S. 169-180). Göttingen: Vandenhoeck & Rupprecht.

Urban, D. & Mayerl, J. (2006). *Regressionsanalyse: Theorie, Technik und Anwendung* (2. überarb. Auflage). Wiesbaden: VS Verlag.

Van den Bos, K. & Lind, E.A. (2002). Uncertainty management by means of fairness judgments. In M.P. Zanna (Ed.), *Advances in experimental social psychology* (Vol. 34). San Diego, CA: Academic.

Vanberg, V. (1983). Organisationsziele und individuelle Interessen. *Soziale Welt,* 34, 171-187.

Vanek, J. (Eds.) (1975). *Self-Management: Economic Liberation of Man*. Harmondsworth: Penguin.

Vermunt, R. & Shulman, S. (1996). Responding to an unfair procedure. *Nederlands Tijdschrift voor de Psychologie,* 51, 35-46.

Vermunt, R., Wit, A., Van den Bos, K. & Lind, E.A. (1996). The effects of unfair procedure on negative affect and protest. *Social Justice Research,* 9, 109-119

Vilmar, F. & Weber, W.G. (2004). Demokratisierung und Humanisierung der Arbeit. In W.G. Weber, P.-P. Pasqualoni & C. Burtscher (Hrsg.), *Wirtschaft, Demokratie und Soziale Verantwortung* (S.105-143). Göttingen: Vandenhoeck & Ruprecht.

Vilmar, F. (Hrsg.) (1973). *Menschenwürde im Betrieb. Modelle der Humanisierung und Demokratisierung der industriellen Arbeitswelt.* Reinbeck: Rowohlt Taschenbuch.

Volpert, W. (1975). Die Lohnarbeitswissenschaft und die Psychologie der Arbeitstätigkeit. In P. Großkurth & W. Volpert, *Lohnarbeitspsychologie* (S.13-196). Frankfurt/M.: Fischer.

Volpert, W. (1987). Die psychische Regulation von Arbeitstätigkeiten. In U. Kleinbeck & J. Rutenfranz (Hrsg.), *Arbeitspsychologie* (S. 1-42). [Enzyklopädie der Psychologie, Themenbereich D. Serie III, Band 1] Göttingen: Hogrefe.

Volpert, W. (1994). *Wider die Maschinenmodelle des Handelns. Aufsätze zur Handlungsregulationstheorie*. Lengerich: Papst.

von Rosenstiel, L. (2000). *Grundlagen der Organisationspsychologie* (4. Aufl.). Stuttgart: Schäffer-Poeschel.

von Rosenstiel, L. (2002). Persönliche berufliche Ziele und die soziale Integration beim Einstieg in das Beschäftigungssystem. In M. Moldaschl (Hrsg.), *Neue Arbeit – Neue Wissenschaft der Arbeit? Festschrift zum 60. Geburtstag von Walter Volpert* (S. 285-309). Heidelberg: Asanger.

von Rosenstiel, L. (2003). Grundlagen der Führung. In L. von Rosenstiel, E. Regnet & M.E. Domsch (Hrsg.), *Führung von Mitarbeitern. Handbuch für erfolgreiches Personalmanagement* (S. 3-25). Stuttgart: Schäffer-Poeschel.

von Rosenstiel, L. & Bögel, R. (1992). *Betriebsklima geht jeden an*. München: Bayrisches Staatsministerium für Arbeit und Sozialordnung, Familie, Frauen und Gesundheit. Quelle: www.stmas.bayern.de/arbeit/wissreihe.htm#betrklim. Zugriff: 14.01.2008.

Walster, E. & Walster, G.W. (1975). Equity and Social Justice. *Journal of Social Issues,* 31, 21-43.

Walster, E., Berscheid, E. & Walster, G.W. (1976). New directions in equity research. In L. Berkowitz (Ed.), *Advances in experimental social psychology* (Vol. 9, pp. 1-42). New York: Academic Press.

Wannenwetsch, B. (2004). Arbeit als elementares Schöpfungsgut. Theologische Erwägungen zu Zweck und Zeitlichkeit einer Kategorie menschlicher Tätigkeit. In W.G. Weber, P.-P. Pasqualoni & C. Burtscher (Hrsg.), *Wirtschaft, Demokratie und Soziale Verantwortung* (S. 37-54). Göttingen: Vandenhoeck & Ruprecht.

Wasti, S.A. (2005). Commitment profiles: Combinations of organizational commitment forms and job outcomes. *Journal of Vocational Behavior,* 67, 290-308.

Weber, M. (1972). *Wirtschaft und Gesellschaft. Grundriss einer verstehenden Soziologie.* 5. Aufl. Tübingen: Mohr.

Weber W.G. (1997). *Analyse von Gruppenarbeit - Kollektive Handlungsregulation in soziotechnischen Systemen.* Schriften zur Arbeitspsychologie (Bd. 57). Bern: Huber.

Weber, W.G. (1998). Kooperation in Organisationen unter arbeits- und sozialpsychologischen Gesichtspunkten - vom individual-utilitaristischen zum prosozialen Handeln? In E. Spieß & F. W. Nerdinger (Hg.), *Kooperation in Unternehmen* (Bd. Sonderband Zeitschrift für Personalforschung, S. 33-60). München: Hampp.

Weber, W.G. (1999). Gruppenarbeit in der Produktion. In M. Zölch, W.G. Weber & E. Leder (Hg.), *Praxis und Gestaltung kooperativer Arbeit* (Schriftenreihe Mensch - Technik - Organisation Bd.23) (S.13-69). Zürich: vdf Hochschulverlag.

Weber, W.G. (1999). Organisationale Demokratie - Anregungen für innovative Arbeitsformen jenseits bloßer Partizipation? *Zeitschrift für Arbeitswissenschaft,* 53 (4), 270-281.

Weber, W.G. (2002). Added Value statt Werten? - Zur Genese von Entfremdung in Arbeit und sozialer Interaktion. In C. Posch, S. Schuirer & A. J. Schuirer (Hg.), *Arbeit zwischen Befriedigung und Entfremdung.* Innsbruck: Studienverlag.

Weber, W.G. (2004). Genossenschaften und die gesellschaftliche Verantwortlichkeit der Wirtschaft. *Raiffeisenzeitung,* 1, S. 3.

Weber, W.G., Iwanowa, A.N., Schmid, B.E. & Unterrainer, C. (2004). *ODEM. Erster Zwischenbericht für die bm:bwk Projektträgerschaft >node<* (unveröff.). Innsbruck: Universität Innsbruck, Institut für Psychologie.

Weber, W.G., Iwanowa, A.N., Schmid, B.E. & Unterrainer, C. (2005). *ODEM. Zweiter Zwischenbericht für die bm:bwk Projektträgerschaft >node<* (unveröff.). Innsbruck: Universität Innsbruck, Institut für Psychologie.

Weber, W.G., Iwanowa, A.N., Schmid, B.E. & Unterrainer, C. (2006). *ODEM. Abschlussbericht zum Forschungsprojekt Organisationale Demokratie* (unveröff.). Innsbruck: Universität Innsbruck, Institut für Psychologie.

Weber, W.G. & Moldaschl, M.F. (2001). *Beyond the Selfishness Paradigm: Work-related Prosocial Orientations and Organizational Democracy.* o.A.

Weber, W.G., Ostendorp, C. & Wehner, T. (2003). Soziale Handlungsorientierungen und soziale Kompetenzen in interorganisationalen Netzwerken. *Zeitschrift für Arbeitswissenschaft,* 57 (5), 198-213.

Weber, W.G., Pasqualoni, P.-P. & Burtscher, C. (Hg.) (2004). *Wirtschaft, Demokratie und Soziale Verantwortung – Kontinuitäten und Brüche.* (Reihe Psychologie und Berufe, Bd. 2). Göttingeng: Vandenhoeck & Rupprecht.

Weber, W.G., Unterrainer, C., Schmid, B.E. & Iwanowa A.N. (2007). Solidarisches Handeln in demokratischen Betrieben – Illusion oder Realität? *Internationale Zeitschrift für Sozialpsychologie und Gruppendynamik in Wirtschaft und Gesellschaft,* 1, 22-37.

Weber, W.G., Unterrainer, C. & Schmid, B.E. (2009). Organizational Democracy, Sociomoral Atmosphere, and Prosocial and Community-Related Value Orientations of Employees. *Journal of Organizational Behavior,* 30.

Weinert, A. B. (1998). *Organisationspsychologie.* 4. Auflage. Weinheim: Beltz, Psychologie Verlags Union.

Weiskopf, R. (2004). Management, Organisation und die Gespenster der Gerechtigkeit. In G. Schreyögg & P. Conrad (Hrsg.), *Managementforschung* (S. 211-251). Wiesbaden: Gabler.

Weitbrecht, H. & Mehrwald, S. (1999). Mitbestimmung, Human Resource Management und neue Beteiligungskonzepte. In B. Frick, N. Kluge & W. Streeck (Hg.), *Die wirtschaftlichen Folgen der Mitbestimmung* (S. 89-128). Frankfurt: Campus.

Wiener, Y. (1982). Commitment in Organizations: A Normative View. *Academy of Management Review,* 7 (3), 418-428.

Wilpert, B. (1993). Das Konzept der Partizipation in der A&O-Psychologie. In W. Bungard & T. Herrmann (Hrsg.), *Arbeits- und Organisationspsychologie im Spannungsfeld zwischen Grundlagenorientierung und Anwendung* (S. 357-368). Bern: Huber.

Wilpert, B. (1993). Das Konzept der Partizipation in der Arbeits- und Organisationspsychologie. In W. Bungard & T. Herrmann (Hrsg.), *Arbeits- und Organisationspsychologie im Spannungsfeld zwischen Grundlagenorientierung und Anwendung* (S. 357-368). Bern: Huber.

Wilpert, B. (1997). Mitbestimmung. In S. Greif et al. (Hrsg.), *Arbeits- und Organisationspsychologie* (S. 324-328). Weinheim: Beltz, Psychologie Verlags Union.

Wilpert, B. & Rayley, J. (1983). *Anspruch und Wirklichkeit der Mitbestimmung*. Frankfurt/M.; New York: Campus Verlag.

Wohland, G. & Wiemeyer, M. (2006). *Denkwerkzeuge für dynamische Märkte. Ein Wörterbuch*. MV Wissenschaft.

Zimmer, R. (1995). Edmund Burke zur Einführung. Hamburg: Junius.